"十三五"高等职业教育规划教材

# 嵌入式技术及应用

主　编　陈祥生

副主编　姚　成　朱志国　徐守政

主　审　张成叔

中国铁道出版社有限公司
CHINA RAILWAY PUBLISHING HOUSE CO., LTD.

# 内 容 简 介

本书共分 16 章，主要内容包括：嵌入式系统概述、STM32 嵌入式 C 语言编程特点、STM32 嵌入式开发基础知识，并以 STM32 的片上外设、常用外围器件及典型应用等为主体，设计了 11 个实践项目、1 个阶段项目和 1 个综合项目，以及 13 个拓展项目。相关的知识点配有二维码，读者可以扫描二维码在线观看视频。

本书适合作为高等职业院校电子信息类相关专业"嵌入式技术及应用"课程的教材，也可作为工程技术人员学习 STM32 微控制器编程的快速入门参考书。

## 图书在版编目（CIP）数据

嵌入式技术及应用 / 陈祥生主编 .—北京：中国
铁道出版社有限公司，2020.8（2024.5重印）
"十三五"高等职业教育规划教材
ISBN 978-7-113-27151-0

Ⅰ.①嵌…　Ⅱ.①陈…　Ⅲ.①微处理器-系统设计-
高等职业教育 - 教材　Ⅳ.① TP332

中国版本图书馆 CIP 数据核字(2020)第144957 号

书　　名：嵌入式技术及应用
作　　者：陈祥生

策　　划：翟玉峰　　　　　　　　　　　编辑部电话：（010）51873135
责任编辑：汪 敏 绳 超
封面设计：付 巍
封面制作：刘 颖
责任校对：张玉华
责任印制：樊启鹏

出版发行：中国铁道出版社有限公司（100054，北京市西城区右安门西街 8 号）
网　　址：https://www.tdpress.com/51eds/
印　　刷：三河市宏盛印务有限公司
版　　次：2020 年 8 月第 1 版　2024 年 5 月第 3 次印刷
开　　本：850 mm×1 168 mm 1/16　印张：18　字数：420 千
书　　号：ISBN 978-7-113-27151-0
定　　价：49.80 元

　　为了实现现代高等职业教育的培养目标，结合地方技能型高水平大学建设，更好地贯彻"教学做一体化"课程教学改革精神，编者在自己多年教学实践的基础上，以"理论够用、实践够重、案例驱动、方便教学"为原则编写了本书。本书概念准确、讲述详尽、实例丰富，在内容的编排上循序渐进、深入浅出。

　　本书是校企合作共同开发的"新形态一体化"教材，得到了合作企业杭州朗迅科技有限公司、北京创先泰克科技有限公司以及安徽皖仪科技股份有限公司的大力支持。在合作企业工程师的参与下，设计了每章的学习目标和任务描述，所有项目均来源于工程实践，项目代码详尽，注释清晰，相关的知识点配有二维码，读者可以扫描二维码在线观看视频。

　　本书选用 STM32F103ZE 微控制器作为实践项目平台，该微控制器是意法半导体公司（ST）出品的。ST 公司作为第一家与 ARM 公司合作正式出品 Cortex-M3 内核微处理器的半导体公司，于 2007 年推出 STM32F1 系列微控制器芯片。最近十几年，以 STM32 为代表的 Cortex-M3 内核微控制器逐渐在全球 32 位控制器市场中占据主导地位，并不断向下占据 8 位单片机的市场。

　　为了适应微控制器市场的这一发展趋势，多数高职院校应用电子技术等专业在 2014 年前后就开设了以 STM32 微控制器为学习对象的"嵌入式技术及应用"课程。该课程的前导课程有"C 语言程序设计"及"单片机技术及应用（C51）"。所以，本书的定位就是在"单片机技术及应用（C51）"的基础上，使学生具备对复杂对象的嵌入式 C 语言编程能力。

　　本书具有以下特点：

　　1. 案例驱动，更加符合职业教育的要求

　　除第 1 ~ 3 章外，每章内容均按照一个具体案例的制作过程和所需的知识点展开，循序渐进，当该章内容结束时，该案例即完成。这样更加符合职业教育的要求，也更加符合教学的规律和学习的规律。

　　2. 注重教学内容的实用性，典型案例与软件功能相融合

　　所精选的案例遵照由浅入深、循序渐进、可操作性强的原则组织，并

将知识点融入案例中。培养学生将所学与所用结合，以所学为所用，培养发现问题、解决问题和综合应用能力。

3．应用项目教学法优选项目，项目与工程应用相结合

书中优选了 11 个实践项目、1 个阶段项目和 1 个综合项目，以及 13 个拓展项目。这些项目来源于实际工程的抽象，注重学生实际编程能力的培养，项目编排合理，让学生可以轻松自然地掌握知识和技能，并且可以在实际工程中加以运用。

4．提供"立体化"教学资源，服务教学

本书配套有线上教学资源，可以扫描二维码直接观看，并配套相关的课程教学方案、电子教案、课件和源程序文件等，以方便教师教学备课和上课，更有利于学生课后的复习、巩固和提高。

本书适合作为高等职业院校电子信息类相关专业"嵌入式技术及应用"课程的教材，也可作为工程技术人员学习 STM32 微控制器编程的快速入门参考书。本书建议安排 72 课时，理论讲授课时和实训课时的比例可安排为 1∶1。

本书由安徽财贸职业学院陈祥生任主编，安徽财贸职业学院姚成和朱志国、杭州朗迅科技有限公司徐守政任副主编，安徽财贸职业学院赵春柳和张世平、北京创先泰克科技有限公司童学松、安徽皖仪科技股份有限公司杨凯等参与了编写，全书由安徽财贸职业学院张成叔主审。具体编写分工如下：第 1 章和第 2 章由赵春柳编写，第 3 章、第 4 章和第 11 章由赵春柳、童学松编写，第 5 章、第 6 章和第 14 章由姚成、杨凯编写，第 7 章、第 8 章、第 9 章和第 10 章由陈祥生编写，第 12 章和第 13 章由张世平、徐守政编写，第 15 章和第 16 章由朱志国编写。全书由陈祥生统稿和定稿。

在本书的策划和出版过程中，得到了中国铁道出版社有限公司编辑的大力支持，也得到了合作企业工程师们的鼎力相助，同时还得到了许多从事嵌入式教学同仁们的关心和帮助，在此一并表示感谢。

本书的出版是安徽省质量工程"高水平高职教材建设"项目中"嵌入式技术及应用（2018yljc300）"建设项目之一，得到了该项目建设资金的支持。

本书所配电子教案和教学相关资源均可从 http://www.tdpress.com/51eds/ 下载或直接与编者联系，电子邮箱为 xs_chen@126.com，微信号为 18956007608。

由于编者水平有限，书中难免有疏漏和不足之处，敬请广大读者批评指正。

编　者

2020 年 4 月

# 目　录

# 嵌入式系统概述

本章从基本概念开始，讲解计算机与嵌入式系统、精简指令集与复杂指令集、普林斯顿结构和哈佛结构，并介绍 ARM 公司及其处理器，以及 ST 公司的基于 Cortex-M3 内核的 STM32F103 系列微控制器。

## 学习目标

- 理解单片机、嵌入式系统的基本概念，了解嵌入式系统的发展过程及其特点。
- 掌握精简指令集与复杂指令集的基本概念，理解指令集对性能的影响。
- 掌握普林斯顿结构和哈佛结构的概念，理解结构对系统性能的影响。
- 了解 ARM 公司及其商业模式，了解 ARM 的产品体系，重点理解 Cortex-M 核心的微处理器系列及其特点。
- 掌握 STM32 处理器的资源分布、特点和选型。

## 任务描述

通过学习基本概念，了解嵌入式系统的结构和指令集，理解结构和指令集对嵌入式系统性能的影响，学会 STM32 处理器的选型。

## 1.1 从单片机到嵌入式系统

单片机、嵌入式都是耳熟能详的名词，到底什么是单片机？什么是嵌入式呢？

### 1.1.1 单片机系统

单片机（single-chip microcomputer）是一种集成电路芯片，是采用超大规模集成电路技术把具有数据处理能力的中央处理器（CPU）、随机存储器（RAM）、只读存储器（ROM）、多种 I/O 口和中断系统、定时器/计数器等功能（可能还包括显示驱动电路、脉宽调制电路、模拟多路转换器、A/D 转换器等电路）集成到一块硅片上构成的一个小而完善的微型计算机系统。从 20 世纪 80 年代，由当时的 4 位、8 位单片机，发展到现在的 32 位 300 MHz 的高速单片机。

单片机又称单片微控制器，它不是完成某一个逻辑功能的芯片，而是把一个计算机系统集成到一个芯片上，相当于一个微型的计算机。和计算机相比，单片机只缺少了 I/O 设备。

概括来讲：一块芯片就成了一台计算机。相对功能比较强大的个人计算机（PC），单片机的运算能力是有限的，但是单片机凭借体积小、功耗低、质量小、价格便宜等特点，已经渗透日常生产生活的方方面面，在工业控制、国防技术、智能仪表、通信设备、导航系统、家用电器、消费电子产品等领域得到了广泛应用。

从 20 世纪 90 年代开始，单片机技术就已经发展起来，随着时代的进步与科技的发展，目前该技术的实践应用日渐成熟，单片机被广泛应用于各个领域。现如今，人们越来越重视单片机在智能电子技术方面的开发和应用，单片机的发展进入到新的时期，无论是自动测量还是智能仪表的实践，都能看到单片机技术的身影。当前工业发展进程中，电子行业属于新兴产业，工业生产中人们将电子信息技术成功运用，让电子信息技术与单片机技术相融合，有效提高了单片机的应用效果。作为计算机技术中的一个分支，单片机技术在电子产品领域的应用，丰富了电子产品的功能，也为智能化电子设备的开发和应用提供了新的出路，实现了智能化电子设备的创新与发展。

随着电子产品人机交互界面彩屏化、触摸化以及通信网络化的趋势，运算能力有限的 8 位乃至 16 位单片机已经越来越不能满足需求，具有较强运算能力的 32 位嵌入式系统的优势日益突显。

## 1.1.2　嵌入式系统

### 1. 嵌入式系统的定义

嵌入式系统（embedded system）是以应用为中心，以现代计算机技术为基础，能够根据用户需求（功能、可靠性、成本、体积、功耗、环境等）灵活裁剪软硬件模块的专用计算机系统。

（1）以应用为中心。强调嵌入式系统的目标是满足用户的特定需求。就绝大多数完整的嵌入式系统而言，用户打开电源即可直接享用其功能，无须二次开发或仅需少量配置操作。

（2）专用性。嵌入式系统的应用场合大多对可靠性、实时性有较高要求，这就决定了服务于特定应用的专用系统是嵌入式系统的主流模式，它并不强调系统的通用性和可扩展。这种专用性通常也导致嵌入式系统是一个软硬件紧密集成的最终系统，因为这样才能更有效地提高整个系统的可靠性并降低成本，并使之具有更好的用户体验。

（3）以现代计算机技术为核心。嵌入式系统的最基本支撑技术，大致上包括集成电路设计技术，系统结构技术，传感与检测技术，嵌入式操作系统和实时操作系统技术，资源受限系统的高可靠软件开发技术，系统形式化规范与验证技术，通信技术，低功耗技术，特定应用领域的数据分析、信号处理和控制优化技术等，它们围绕计算机基本原理，集成特定的专用设备就形成了一个嵌入式系统。

（4）软硬件可裁剪。嵌入式系统针对的应用场景众多，并带来差异性极大的设计指标要求（功能、性能、可靠性、成本、功耗），以至于现实上很难有一套方案满足所有的系统要求，因此根据需求的不同，灵活裁剪软硬件、组建符合要求的最终系统是嵌入式技术发展的必然技术路线。

### 2. 嵌入式系统的发展

嵌入式计算机的真正发展是在微处理器问世之后。1971 年 11 月，算术运算器和控制器电路成功地被集成在一起，推出了第一款微处理器，其后各厂家陆续推出了 8 位、16 位微处理器。以这些微处理器为核心所构成的系统广泛地应用于仪器仪表、医疗设备、机器人、家用电器等领域。微处理器的广泛应用形成了一个广阔的嵌入式应用市场,计算机厂家开始大量地以插件方式向用户提供 OEM(原始设备制造商)产品,再由用户根据自己的需要选择一套适合的 CPU 板、存储器板及各式 I/O 插件板,从而构成专用的嵌入式计算机系统,并将其嵌入自己的系统设备中。

20 世纪 80 年代,随着微电子工艺水平的提高,集成电路制造商开始把嵌入式计算机应用中所需要的微处理器、I/O 接口、A/D 转换器、D/A 转换器、串行接口,以及 RAM、ROM 等部件全部集成到一个 VLSI(超大规模集成电路)中,从而制造出面向 I/O 设计的微控制器,即俗称的单片机。单片机成为嵌入式计算机中异军突起的一支新秀。20 世纪 90 年代,在分布控制、柔性制造、数字化通信和信息家电等巨大需求的牵引下,嵌入式系统进一步快速发展。面向实时信号处理算法的 DSP(数字信号处理)产品向着高速、高精度、低功耗的方向发展。21 世纪是一个网络盛行的时代,将嵌入式系统应用到各类网络中是其发展的重要方向。

嵌入式系统的发展大致经历了以下三个阶段:

第一阶段:嵌入式技术的早期阶段。嵌入式系统以功能简单的专用计算机或单片机为核心的可编程控制器形式存在,具有监测、伺服、设备指示等功能。这种系统大部分应用于各类工业控制和飞机、导弹等武器装备中。

第二阶段:以高端嵌入式 CPU 和嵌入式操作系统为标志。这一阶段系统的主要特点是计算机硬件出现了高可靠、低功耗的嵌入式 CPU,如 ARM、PowerPC 等,且支持操作系统,支持复杂应用程序的开发和运行。

第三阶段:以芯片技术和 Internet 技术为标志。微电子技术发展迅速,SoC(片上系统)使嵌入式系统越来越小,功能却越来越强。目前大多数嵌入式系统还孤立于 Internet 之外,但随着 Internet 的发展及 Internet 技术与信息家电、工业控制技术等结合日益密切,嵌入式技术正在进入快速发展和广泛应用的时期。

### 3. 嵌入式系统的特点

嵌入式系统的硬件和软件必须根据具体的应用任务,以功耗、成本、体积、可靠性、处理能力等为指标来进行选择。嵌入式系统的核心是系统软件和应用软件,由于存储空间有限,因而要求软件代码紧凑、可靠,且对实时性有严格要求。

从构成上看,嵌入式系统是集软硬件于一体的、可独立工作的计算机系统;从外观上看,嵌入式系统像是一个"可编程"的电子"器件";从功能上看,它是对目标系统(宿主对象)进行控制,使其智能化的控制器。从用户和开发人员的不同角度来看,与普通计算机相比较,嵌入式系统具有如下特点:

(1)专用性强。由于嵌入式系统通常是面向某个特定应用的,所以嵌入式系统的硬件和软件,尤其是软件,都是为特定用户群设计的,通常具有某种专用性的特点。

(2)体积小型化。嵌入式计算机把通用计算机系统中许多由板卡完成的任务集成在芯片内部,从而有利于实现小型化,方便将嵌入式系统嵌入目标系统中。

(3)实时性好。嵌入式系统广泛应用于生产过程控制、数据采集、传输通信等场合,主要用来对宿主对象进行控制,所以对嵌入式系统有或多或少的实时性要求。例如,对武器中的嵌入式系统、某些工业控制装置中的控制系统等的实时性要求就极高。有些系统对实时性要求也并不是很高，例如，近年来发展速度比较快的掌上计算机等。但总体来说，实时性是对嵌入式系统的普遍要求，是设计者和用户应重点考虑的一个重要指标。

（4）可裁剪性好。从嵌入式系统专用性的特点来看，嵌入式系统的供应者理应提供各式各样的硬件和软件以备选用，力争在同样的硅片面积上实现更高的性能，这样才能在具体应用中更具竞争力。

（5）可靠性高。由于有些嵌入式系统所承担的计算任务涉及被控产品的关键质量、人身设备安全，甚至国家机密等重大事务，且有些嵌入式系统的宿主对象工作在无人值守的场合，如在危险性高的工业环境和恶劣的野外环境中的监控装置。所以，与普通系统相比较，嵌入式系统对可靠性的要求极高。

（6）功耗低。有许多嵌入式系统的宿主对象是一些小型应用系统，如移动电话、MP3、数码照相机等，这些设备不可能配置交流电源或容量较大的电源，因此低功耗一直是嵌入式系统追求的目标。

（7）嵌入式系统本身不具备自我开发能力，必须借助通用计算机平台来开发。嵌入式系统设计完成以后，普通用户通常没有办法对其中的程序或硬件结构进行修改，必须有一套开发工具和环境才能进行。

（8）嵌入式系统通常采用"软硬件协同设计"的方法实现。早期的嵌入式系统设计方法经常采用的是"硬件优先"原则，即在只粗略估计软件任务需求的情况下，首先进行硬件设计与实现，然后在此硬件平台之上进行软件设计。采用传统的设计方法，一旦在测试中发现问题，需要对设计进行修改时，整个设计流程将重新进行，对成本和设计周期的影响很大。系统的设计在很大程度上依赖于设计者的经验。20 世纪 90 年代以来，随着电子和芯片等相关技术的发展，嵌入式系统的设计和实现出现了软硬件协同设计方法，即使用统一的方法和工具对软件和硬件进行描述、综合和验证。在系统目标要求的指导下，通过综合分析系统软硬件功能及现有资源，协同设计软硬件体系结构，以最大限度地挖掘系统软硬件能力，避免由于独立设计软硬件体系结构而带来的种种弊病，得到高性能、低代价的优化设计方案。

### 4．嵌入式系统、单片机系统与通用计算机系统的关系

图 1-1 描述了嵌入式系统、单片机系统与通用计算机系统的关系。首先，嵌入式系统包括单片机系统，但是嵌入式系统的运算能力远超过传统的单片机。其次，嵌入式系统不等于通用计算机系统，它以应用为中心，以现代计算机技术为基础，软硬件可裁剪，适用于对功能、可靠性、成本、体积、功耗等有严格要求的专用计算机系统。不过随着嵌入式技术的发展，嵌入式系统与通用计算机系统之间出现了一定程度融合的趋势。

图 1-1　嵌入式系统、单片机系统与通用计算机系统

## 1.2 精简指令集计算机与复杂指令集计算机

学习嵌入式系统，必须要提到两组与电子计算机架构和体系结构相关的概念，一组是精简指令集计算机（reduced instruction set computer，RISC）和复杂指令集计算机（complex instruction set computer，CISC），另一组是普林斯顿结构和哈佛结构。下面首先了解 RISC 和 SISC。

RISC 和 CISC 是当前微处理器使用的两种基本架构，它们的区别在于使用了不同的 CPU 设计理念和方法。

计算机处理器包含有实现各种功能的指令或微指令，指令集越丰富，为微处理器编写程序就越容易，但是丰富的微指令集会影响其性能。复杂指令集计算机（CISC）体系结构的设计策略是使用大量的指令，包括复杂指令。与其他设计相比，在 CISC 中进行程序设计要比在其他设计中容易，因为每一项简单或复杂的任务都有一条对应的指令。程序设计者不需要写一大堆指令去完成一项复杂的任务。但指令集的复杂性使得 CPU 和控制单元的电路非常复杂，带来的副作用是价格和功耗较高。典型的 CISC 处理器包括 Intel 的 X86 架构处理器以及 8051 单片机。

CISC 包括一个丰富的微指令集，这些微指令简化了在处理器上运行的程序的创建。指令由汇编语言组成，把一些原来由软件实现的常用功能改用硬件的指令系统实现，编程者的工作因而减少许多，在每个指令期同时处理一些低阶的操作或运算，以提高计算机的执行速度，这种系统就称为复杂指令系统。

在 CISC 指令集的各种指令中，其使用频率相差悬殊，大约有 20% 的指令会被反复使用，占整个程序代码的 80%。而余下的 80% 的指令却不经常使用，在程序设计中只占 20%。CISC 处理器的复杂结构只是为使用率不高的复杂运算指令服务，这显然是不划算的，于是精简指令集计算机（RISC）处理器应运而生。

RISC 的指令系统相对简单，它只要求硬件执行很有限且最常用的那部分指令，大部分复杂的操作则使用成熟的编译技术，由简单指令合成。目前在中高档服务器中普遍采用这一指令系统的 CPU，特别是高档服务器全都采用 RISC 指令系统的 CPU。在中高档服务器中采用 RISC 指令的 CPU 主要有 Compaq（康柏，即新惠普）公司的 Alpha、HP 公司的 PA-RISC、IBM 公司的 Power PC、MIPS 公司的 MIPS 和 SUN（已于 2009 年被 Oracle 公司收购）公司的 Sparc。

RISC 是相对于 CISC 而言的。所谓 CISC 是依靠增加机器的硬件结构来满足对计算机日益增加的性能要求。计算机结构的发展一直是被复杂性越来越高的处理机垄断着，为了减少计算机操作与高级语言的差别，改善机器的运行特性，机器指令越来越多，指令系统也越来越复杂。特别是早期的较高速度的 CPU 和较慢速度的存储器间的矛盾，为了尽量减少存取数据的次数，提高机器的速度，大大发展了复杂指令集。但随着半导体工艺技术的发展，存储器的速度不断提高，特别是高速缓冲存储器的使用，使计算机体系结构发生了根本性的变化，硬件工艺技术提高的同时，软件方面也发生了同等重要的进展，出现了优化编译程序，使程序的执行时间尽可能减少，并使机器语言所占的内存减至最小。在具有先进的存储器技术和先进的编译程序的条件下，CISC 体系结构已不再适用，因而诞生了 RISC 体系结构，RISC 技术的基本出发点就是通过精简机器指令系统来减少硬件设计的复杂程度，提高指令执行速度。在 RISC 中，计算机实际上每一个机器周期都执行指令，无论简单或复杂的操作，均由简单指令的程序块完成，具有较强的仿真能力。

在 RISC 机器中，要求在单机器周期时间内执行所有的指令，而系统最根本的吞吐率限制是由程序运行中访存时间比例所决定的，因此，只要 CPU 执行指令的时间与取指时间相同，即可获得最大的系统吞吐率（对于一个机器周期执行一条指令而言）。RISC 机器中，采用硬件控制并采用较少的指令和简单寻址模式，通过固定的指令格式来简化指令译码和硬件控制逻辑。

RISC 设计方案是根据 John Cocke 在 IBM 所做的工作形成的。John Cocke 发现大约 20% 的计算机指令完成大约 80% 的工作。因此，基于 RISC 的系统通常比 CISC 系统速度快。它的 80/20 规则促进了 RISC 体系结构的发展。RISC 把主要精力放在那些常用的指令上，尽量使它们简单高效。对不常用的复杂运算，通常采用指令组合来完成，因此在 RISC 处理器中进行复杂运算时效率可能较低，但是可以利用流水线技术加以弥补。

从硬件角度看，CISC 处理的是不等长指令，它必须对不等长指令进行分割，在执行单一指令的时候，需要进行较多的处理工作；而 RISC 处理的是等长指令，CPU 在执行指令的时候速度较快且性能稳定，在并行处理方面，RISC 明显优于 CISC，RISC 可同时执行多条指令，将一条指令分割成若干个进程或线程，交由多个处理器同时执行。

由于 RISC 执行的是精简指令集，对应的处理器硬件结构相对而言复杂度不高，所以它的制造工艺简单且成本相对低廉。

当然，也不能简单地认为 RISC 架构就可以取代 CISC 架构。事实上，RISC 和 CISC 各有优势，而且界限并不那么明显。现代的 CPU 往往采用 CISC 的外围，内部加入了 RISC 的特性，如超长指令集 CPU 就是融合了 RISC 和 CISC 的优势，成为未来的 CPU 发展方向之一。

CISC 与 RISC 已走向融合，奔腾 Pro 芯片就是一个最典型的例子，它的内核基于 RISC 架构，处理器在运行 CISC 指令时将其分解成 RISC 指令，以便在同一时间内能够执行多条指令。

## 1.3　普林斯顿结构和哈佛结构

普林斯顿结构和哈佛结构是两种计算机体系结构。它们的主要区别在于计算机的运算内核与程序存储器和数据存储器的连接方式不同。

### 1.3.1　普林斯顿结构

普林斯顿结构又称冯·诺依曼结构，如图 1-2 所示，它是一种将程序存储器和数据存储器合并在一起的计算机结构，也就是说，程序存储器和数据存储器共用一条地址总线和数据总线。由于程序指令存储地址和数据存储地址指向同一个存储空间的不同物理位置，因此，程序指令和数据的宽度相同，例如 Intel 8086 处理器的程序指令和数据都是 16 位。

使用普林斯顿结构的处理器包括 Intel 8086、ARM 公司的 ARM7、MIPS 公司的 MIPS 处理器等。

数学家冯·诺依曼提出了计算机制造的三个基本原则，即采用二进制逻辑、程序存储执行以及计算机由五个部分组成（运算器、控制器、存储器、输入设备、输出设备），这套理论被称为冯·诺依曼体系结构。

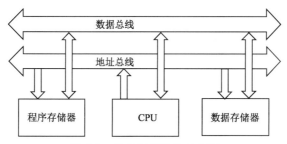

图 1-2　普林斯顿结构示意图

**1．普林斯顿结构的特点**

现代计算机发展所遵循的基本结构形式始终是冯·诺依曼体系结构。这种结构特点是"程序存储，共享数据，顺序执行"，需要 CPU 从存储器取出指令和数据进行相应的计算。主要特点有：

（1）单处理机结构，机器以运算器为中心；

（2）采用程序存储思想；

（3）指令和数据一样可以参与运算；

（4）数据以二进制表示；

（5）将软件和硬件完全分离；

（6）指令由操作码和操作数组成；

（7）指令顺序执行。

**2．普林斯顿结构的局限**

CPU 与共享存储器间的信息交换的速度成为影响系统性能的主要因素，而信息交换速度的提高又受制于存储元件的速度、存储器的性能和结构等诸多条件。

传统冯·诺依曼体系结构的存储程序方式造成了系统对存储器的依赖，CPU 访问存储器的速度制约了系统运行的速度。

冯·诺依曼体系结构的缺陷分析如下：

（1）指令和数据存储在同一个存储器中，形成系统对存储器的过分依赖。如果存储器件的发展受阻，系统的发展也将受阻。

（2）指令在存储器中按其执行顺序存放，由指令计数器（PC）指明要执行的指令所在的单元地址；然后取出指令执行操作任务。所以，指令的执行是串行，影响了系统执行的速度。

（3）存储器是按地址访问的线性编址，按顺序排列的地址访问，利于存储和执行的机器语言指令，适用于作数值计算。但是高级语言表示的存储器则是一组有名字的变量，按名字调用变量，不按地址访问。机器语言与高级语言在语义上存在很大的间隔，称为冯·诺依曼语义间隔。消除语义间隔成了计算机发展面临的一大难题。

（4）冯·诺依曼体系结构计算机是为算术和逻辑运算而诞生的，目前在数值处理方面已经到达较高的速度和精度，而非数值处理应用领域发展缓慢，需要在体系结构方面有重大的突破。

（5）传统的冯·诺依曼体系结构属于控制驱动方式。它是执行指令代码对数值代码进行处理，只要指令明确，输入数据准确，启动程序后自动运行而且结果是预期的。一旦指令和数据有错误，机器不会主动修改指令并完善程序。而人类生活中有许多信息是模糊的，事件的发生、发展和结果是不能预期的，现代计算机的智能是无法应对如此复杂任务的。

### 1.3.2　哈佛结构

为避免将程序和指令共同存储在存储器中，并共用同一条总线，使得 CPU 和内存的信息流访问存取成为系统的瓶颈，人们设计了哈佛结构，原则是将程序和指令分别存储在不同的存储器中，分别访问。

哈佛结构的计算机分为三大部件：（1）CPU；（2）程序存储器；（3）数据存储器。它的特点是将程序指令和数据分开存储，由于数据存储器与程序存储器采用不同的总线，因而较大地提高了存储器的带宽，使数字信号处理性能更加优越。

哈佛结构是一种将程序指令存储和数据存储分开的存储器结构，如图 1-3 所示。中央处理器（CPU）首先到程序存储器中读取程序指令内容，解码后得到数据地址，再到相应的数据存储器中读取数据，并进行下一步的操作（通常是执行）。程序指令存储和数据存储分开，可以使指令和数据有不同的数据宽度，如 Microchip 公司的 PIC16 芯片的程序指令是 14 位宽度，而数据是 8 位宽度。

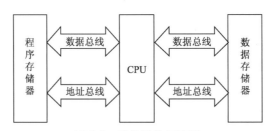

图 1-3　哈佛结构示意图

哈佛结构的处理器有两个明显的特点：使用两个独立的存储器模块，分别存储指令和数据，每个存储模块都不允许指令和数据并存；使用独立的两条总线，分别作为 CPU 与每个存储器之间的专用通信路径，而这两条总线之间毫无关联。

哈佛结构的处理器通常具有较高的执行效率，其独立的程序总线和数据总线使得处理器很容易实现流水线操作，也就是在执行当前指令时可预先读取下一条指令。使用哈佛结构的处理器有很多，例如 Microchip 公司的 PIC 单片机，Atmel 公司的 AVR 单片机和 ARM 公司的 ARM9 内核之后的处理器等，8051 单片机也属于哈佛结构。

目前的高性能处理器的发展趋势是在芯片内部使用结构复杂、效率较高的哈佛结构，在芯片外部使用结构简单的普林斯顿结构。

本书中所用的 STM32 微控制器使用了 ARM 公司的 Cortex-M3 内核，是一款采用哈佛结构的 RISC 处理器。

## 1.4　ARM 公司及其微处理器

目前，采用 ARM 公司内核的嵌入式系统占据了全球市场的绝对主导地位，接下来介绍一下 ARM 公司及其微处理器。

## 1.4.1 ARM 公司简介

1978 年 12 月，剑桥处理器（Cambridge Processor Unit）公司在英国剑桥创办，公司的创始人是一个名叫 Hermann Hauser 的奥地利籍物理学博士，还有他的朋友，一个名叫 Chris Curry 的英国工程师，主要从事电子设备设计和制造的业务。1979 年合并其他公司后改名 Acorn Computer Ltd。

1981 年，公司迎来了一个难得的机遇——英国广播公司（BBC）打算在整个英国播放一套提高计算机普及水平的节目，他们希望 Acorn 能生产一款与之配套的计算机。Acorn 公司赢得了 BBC Micro 生产的合同。产品推向市场后取得了意想不到的成功，预计销售 1.2 万台，结果却卖出了 150 万台，Acorn 初战告捷。

1982 年，Acorn 公司打算使用摩托罗拉公司的 16 位处理器芯片，但是发现这种芯片太慢也太贵，转而向 Intel 公司索要 80286 处理器芯片的设计资料却遭到拒绝，于是被迫开始自行研发。

1985 年，Acorn 公司设计了自己的第一代 32 位、主频 6 MHz 的 RISC 处理器 ARM1，简称 ARM（Acorn RISC Machine）。在 ARM1 之后，Acorn 陆续推出了好几个系列，例如 ARM2，ARM3。

1990 年，Acorn 为了和苹果合作，专门成立了一家公司，名叫 ARM（Advanced RISC Machines）。ARM 是一家合资公司，苹果投了 150 万英镑，芯片厂商 VLSI 投了 25 万英镑，Acorn 本身则以 150 万英镑的知识产权和 12 名工程师入股。苹果公司使用 ARM610 芯片作为 Apple Newton PDA 的 CPU。

随着市场环境的变化，ARM 公司决定改变他们的产品策略——他们不再生产芯片，转而以授权的方式，将芯片设计方案转让给其他公司，即 Partnership 开放模式。ARM 所采取的是 IP（intellectual property，知识产权）授权的商业模式，收取一次性技术授权费用和版税提成。

ARM 公司的商业运行模式如图 1-4 所示。

图 1-4 ARM 公司的商业运行模式

具体来说，ARM 有三种授权方式：处理器、POP 以及架构授权。

处理器授权是指授权合作厂商使用 ARM 设计好的处理器，对方不能改变原有设计，但可以根据自己的需要调整产品的频率、功耗等。

POP（processor optimization pack，处理器优化包）授权是处理器授权的高级形式，ARM 出售优化后的处理器给授权合作厂商，方便其在特定工艺下设计、生产出性能有保证的处理器。

架构授权是 ARM 会授权合作厂商使用自己的架构，方便其根据自己的需要来设计处理器（例如，后来高通的 Krait 架构和苹果的 Swift 架构，就是在取得 ARM 的授权后设计完成的）。

1998 年 4 月 17 日，业务飞速发展的 ARM 控股公司，同时在伦敦证交所和纳斯达克上市。在 ARM 公司上市之后，处于后乔布斯时代的苹果公司，逐步卖掉了所持有的 ARM 股票，把资金投入到 iPod 产品的开发上。

鉴于苹果研究人员对 ARM 芯片架构非常熟悉，iPod 也继续使用了 ARM 芯片。

2007 年，真正的划时代产品 iPhone 的出现，彻底颠覆了移动电话的设计，开启了全新的时代。第一代 iPhone，使用了 ARM 设计、三星制造的芯片。iPhone 的热销，App Store 的迅速崛起，让全球移动应用彻底绑定在 ARM 指令集上。紧接着，2008 年，谷歌推出了 Android（安卓）系统，也是基于 ARM 指令集。至此，智能手机进入了飞速发展阶段，ARM 也因此奠定了在智能手机市场的霸主地位。同年，ARM 芯片的出货量达到了一百亿块。

2011 年，微软也宣布 Windows 8 平台将支持 ARM 架构。

2010 年 6 月，苹果公司向 ARM 董事会表示有意以 85 亿美元的价格收购 ARM 公司，但遭到 ARM 董事会的拒绝。

2016 年 7 月 18 日，曾经投资阿里巴巴的韩裔日本商人孙正义和他的日本软银集团，以 243 亿英镑（约 309 亿美元）收购了 ARM 集团。

至此，ARM 成为软银集团旗下的全资子公司。不过，软银集团表示，不会干预或影响 ARM 未来的商业计划和决策。

### 1.4.2　ARM 的产品体系

ARM 处理器发展到现在，其内核架构从 ARM v1 发展到 ARM v8。ARM 11 芯片之前，每一块芯片对应的架构关系如表 1-1 所示，实际的芯片型号并不止这些。ARM11 芯片之后，也就是从 ARM v7 架构开始，ARM 的命名方式有所改变，不再沿用过去的数字命名方式，在新的处理器家族，以 Cortex 命名，并分为 Cortex-A、Cortex-R 和 Cortex-M 三个系列。

表 1-1　ARM 11 芯片之前每一块芯片对应的架构关系

| 体系架构 | 处理器家族 |
| --- | --- |
| ARM v1 | ARM1 |
| ARM v2 | ARM2、ARM3 |
| ARM v3 | ARM6、ARM600、ARM610、ARM7、ARM700、ARM710 |
| ARM v4 | StrongARM、ARM8、ARM810、ARM7-TDMI、ARM9-TDMI |

续表

| 体系架构 | 处理器家族 |
|---|---|
| ARM v5 | ARM7EJ、ARM9E、ARM10E、XScale |
| ARM v6 | ARM11 |

### 1. Cortex-A 系列（A：Application）

针对日益增长的消费娱乐和无线产品设计，用于具有高计算要求、运行丰富操作系统及提供交互媒体和图形体验的应用领域，如智能手机、平板计算机、汽车娱乐系统、数字电视等。ARM 公司部分 Cortex-A 系列内核如图 1-5 所示。

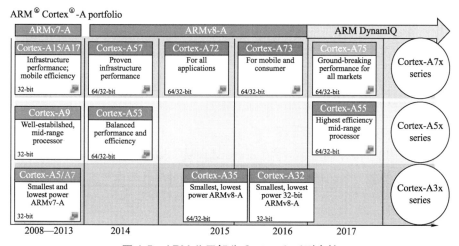

图 1-5　ARM 公司部分 Cortex-A 系列内核

### 2. Cortex-R 系列（R：Real-time）

针对需要运行实时操作的系统应用，面向如汽车制动系统、动力传动解决方案、大容量存储控制器等深层嵌入式实时应用。ARM 公司部分 Cortex-R 系列内核如图 1-6 所示。

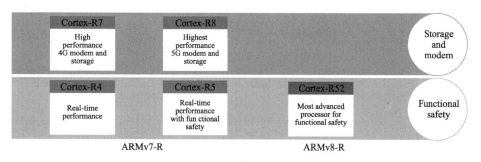

图 1-6　ARM 公司部分 Cortex-R 系列内核

### 3. Cortex-M 系列（M：Microcontroller）

该系列面向微控制器领域，主要针对成本和功耗敏感的应用，如智能测量、人机接口设备、汽车和工业控制系统、家用电器、消费性产品和医疗器械等。ARM 公司部分 Cortex-M 系列内核如图 1-7 所示。

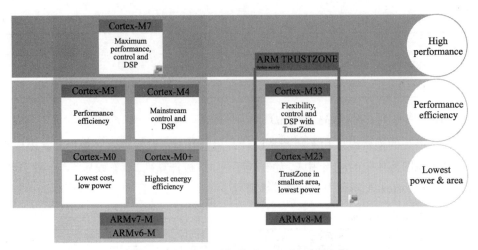

**图 1-7　ARM 公司部分 Cortex-M 系列内核**

其实，除了上述三大系列之外，还有一个主打安全的 Cortex-SC 系列（SC：Secure Core），主要用于政府安全芯片。

### 1.4.3　ARM Cortex-M 系列处理器

本书主要关注用于微控制器领域的 Cortex-M 内核。图 1-8 所示的 Cortex-M 系列内核发展进化图是按照运算能力强弱排列的，注意内核的序号并不代表内核推出的时间顺序。

**图 1-8　Cortex-M 系列内核的进化**

Cortex-M 内核处理器家族如表 1-2 所示。从 2004 年推出了 M3 核发展到 2016 年推出的 M33 核。

基于性价比考虑，目前市场上中端控制应用领域仍然以采用 Cortex-M3 系列处理器为主，其具有以下主要特点。

（1）速度相对早期用于控制领域的 ARM7 快三分之一，功耗低四分之三。

（2）完全基于硬件进行中断处理，具有更快的中断速度。

（3）由于非常高的性能和极低的中断延迟，支持多达 240 个外部中断，内建了嵌套中断向量控制器（nested vectored interrupt controller，NVIC）。

（4）低成本、高效率再加上强大的位操作指令，非常适合数据通信应用，尤其是无线网络。

（5）在市场上已经有很多基于 Cortex-M3 内核的处理器产品，价格便宜，非常适合对价格敏感的消费类电子产品。

表 1-2　Cortex-M 内核处理器家族

| 发布时间 | 内核名称 | 应用面向及主要特点 |
|---|---|---|
| 2004 年 10 月 | Cortex-M3 | 针对低功耗微控制器设计的处理器，面积小但是性能强劲，支持处理器快速处理复杂任务的丰富指令集。具有硬件除法器和乘加指令（MAC），并且 M3 支持全面的调试和跟踪功能，使软件开发更加高效 |
| 2007 年 3 月 | Cortex-M1 | 面向现场可编程门阵列（FPGA）中应用设计实现的 ARM 处理器，利用 FPGA 上的存储器块实现了紧耦合内存（TCM）和 Cortex-M0 有相同的指令集 |
| 2009 年 2 月 | Cortex-M0 | 面向低成本，超低功耗的微控制器和深度嵌入应用的非常小的处理器，采用普林斯顿结构 |
| 2010 年 2 月 | Cortex-M4 | 在 M3 内核基础上增加了单精度浮点运算、数字信号处理（DSP）等功能，以满足数字信号控制市场的需求 |
| 2012 年 3 月 | Cortex-M0+ | 针对小型嵌入式系统的最高能效的处理器，与 Cortex-M0 处理器接近的尺寸大小和编程模式，但是具有扩展功能，如单周期 I/O 接口和向量表重定位功能 |
| 2014 年 9 月 | Cortex-M7 | 针对高端微控制和数据处理密集的应用开发的高性能处理器。在 M4 内核的基础上进一步提升计算性能和数字信号处理能力。支持双精度浮点运算，具备扩展的存储器功能 |
| 2016 年 | Cortex-M23 | 面向超低功耗，低成本应用设计的小尺寸处理器，和 Cortex-M0 相似，但是支持各种增强的指令集和系统层面的功能特性。增加了安全技术 TrustZone |
| | Cortex-M33 | 主流的处理器设计，与 M3、M4 类似，但系统设计更加灵活。因采用全新架构 ARM v8，能效比更高效，性能更高。增加了安全技术 TrustZone，Cortex-M33 性能相较 M4 提升了20%，而能效方面保持一致。另外，与 Cortex-A5 比较，其体积要小 80% |

# 1.5　STM32F103 系列微控制器

Cortex-M3 处理器内核是单片机的中央处理器（CPU）。完整的基于 Cortex-M3 的 MCU还需要很多其他组件，如图 1-9 所示。在芯片制造商得到 Cortex-M3 处理器内核的使用授权后，就可以把 Cortex-M3 内核用在自己的硅片设计中，添加存储器、外设、I/O 以及其他功能块。不同厂家设计出的单片机会有不同的配置，包括存储器容量、类型、外设等都各具特色。如果想要了解某个具体型号的处理器，还需要查阅相关厂家提供的文档。

## 1. STM32F10x 系列微控制器

STM32F10x 系列微控制器是由 ST 公司于 2007 年 6 月推出的基于 Cortex-M3 内核开发生产的 32 位微控制器，专为高性能、低成本、低功耗的嵌入式应用设计。

STM32F10x 系列微控制器具体资源分布情况如图 1-10 所示。根据资源分布的差异，分为几个不同的系列。

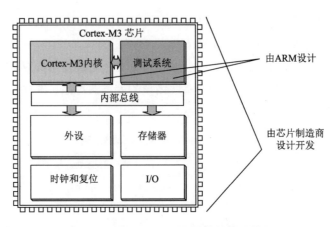

图 1-9 基于 Cortex-M3 核的处理器简图

| STM32 F1 Product line | FCPU (MHz) | FLASH (B) | RAM (KB) | USB 2.0 FS | USB 2.0 FS OTG | FSMC | CAN 2.0B | 3-phase MC timer | PS | SDIO | Ethernet IEEE1588 | HDMI CEC |
|---|---|---|---|---|---|---|---|---|---|---|---|---|
| STM32F100 Value line | 24 | 16 K to 512K | 4 to 32 | | | • | | • | | | | • |
| STM32F101 | 36 | 16 K to 1M | 4 to 80 | | | • | | | | | | |
| STM32F102 | 48 | 16K to 128K | 4 to 16 | • | | | | | | | | |
| STM32F103 | 72 | 16 K to 1M | 6 to 96 | • | | • | • | • | • | • | | |
| STM32F105 STM32F107 | 72 | 64 K to 256K | 64 | | • | | • | • | | | • | |

Cortex®-M3 (DSP+FPU)-Up to 72 MHz
· -40 to +105℃ range
· USART,SPI,I²C
· 16-and 32-bit timers
· Temperature sensor
· Up to 3 x 12-bitADC
· Dual 12-bit DAC
· Low voltage 2.0 to 3.6V (5V tolerant I/Os)

图 1-10 STM32F10x 系列微控制器具体资源分布情况

（1）STM32F100 为"超值型"，主频最高达到 24 MHz，具有电动机控制和消费电子控制（consumer electronics control，CEC）功能。

（2）STM32F101 为"基本型"，主频最高达到 36 MHz，具有高达 1 MB 的闪存。

（3）STM32F102 为"USB 基本型"，主频最高达到 48 MHz，具有全速（full speed，FS）USB 接口。

（4）STM32F105/107 为"互联型"，主频最高达到 72 MHz，具有以太网 MAC 层协议接口、CAN 总线接口和 USB2.0 OTG 接口。

（5）STM32F103 为"增强型"，主频最高达到 72 MHz，是同类产品中接口最完备、性能最强的。STM32F103 系列微控制器最多拥有 1 MB 闪存（Flash）存储空间和 96 KB 内存，具有 GPIO、通用定时器、RTC、ADC、USART、SPI 等传统外设，以及高级定时器、USB、SDIO、FSMC、DMA、DAC 等增强型外设。

### 2. 增强型 STM32F103 系列微控制器

增强型 STM32F103 根据处理器芯片闪存容量的不同，可以分为低密度型芯片（16~32 KB）、中密度型芯片（64~128 KB）、高密度型芯片（256~512 KB）、超高密度型芯片（768KB~1MB）。表 1-3 所示为 STM32F103 系列微控制器资源分布表。

**表 1-3　STM32F103 系列微控制器资源分布表**

| 引脚数量 | 低密度 | | 中密度 | | 高密度 | | | 超高密度 | |
|---|---|---|---|---|---|---|---|---|---|
| | 16 KB 闪存 | 32 KB 闪存 | 64 KB 闪存 | 128 KB 闪存 | 256 KB 闪存 | 384 KB 闪存 | 512 KB 闪存 | 768 KB 闪存 | 1 MB 闪存 |
| | 6 KB RAM | 10 KB RAM | 20 KB RAM | 2 KB RAM | 64 KB RAM | 64 KB RAM | 64 KB RAM | 96 KB RAM | 96 KB RAM |
| 144 | 2 个 USART，2 个 16 位定时器，1 个 SPI，1 个 I2C，USB、CAN，1 个 PWM 定时器，2 个 ADC | | 3 个 USART，3 个 16 位定时器，2 个 SPI，2 个 I2C，USB、CAN，1 个 PWM 定时器，1 个 ADC | | 3 个 USART+2 个 UART，4 个 16 位定时器，2 个基本定时器，3 个 SPI，2 个 I2S，2 个 I2C、USB、CAN，2 个 PWM 定时器，3 个 ADC，1 个 DAC，1 个 SDIO、FSMC(100 和 144 引脚封装 ) | | | 3 个 USART+2 个 UART，10 个 16 位定时器，2 个基本定时器、3 个 SPI，2 个 I2S，2 个 I2C，USB、CAN，2 个 PWM 定时器，3 个 ADC、DAC、SDIO、FSMC | |
| 100 | | | | | | | | | |
| 64 | | | | | | | | | |
| 48 | | | | | | | | | |
| 36 | | | | | | | | | |

STM32F103 系列微控制器按照特定规则进行命名。下面以本书使用的 STM32F103ZET6 为例，如图 1-11 所示。由此可见，STM32F103ZET6 是一款通用增强型、144 引脚、512 KB 闪存的高密度型芯片，采用了 LQFP 封装，工作温度为 -40~85 ℃。

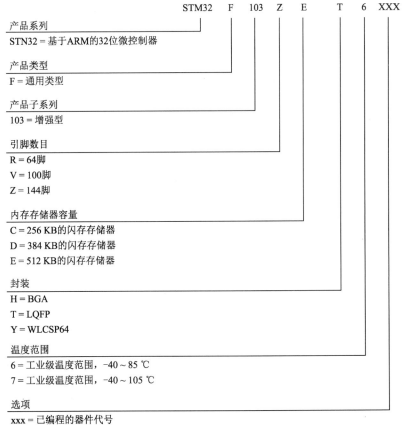

```
STM32   F   103   Z   E   T   6   XXX
```

产品系列
STN32 = 基于ARM的32位微控制器

产品类型
F = 通用类型

产品子系列
103 = 增强型

引脚数目
R = 64脚
V = 100脚
Z = 144脚

内存存储器容量
C = 256 KB的闪存存储器
D = 384 KB的闪存存储器
E = 512 KB的闪存存储器

封装
H = BGA
T = LQFP
Y = WLCSP64

温度范围
6 = 工业级温度范围，-40 ~ 85 ℃
7 = 工业级温度范围，-40 ~ 105 ℃

选项
**xxx** = 已编程的器件代号
TR = 卷带式包装

**图 1-11　STM32F103 系列微控制器命名规则**

　　STM32F103 系列微控制器的选型可以利用官网（https://www.stmcu.com.cn）的在线选型工具进行。表 1-4 列出了 STM32F103 系列微控制器型号分布表。

表 1-4　STM32F103 系列微控制器型号分布表

| 引脚<br>存储容量 | 36 引脚<br>QFN | 48 引脚<br>LQFP/QFN | 64 引脚<br>BGA/CSP/LQFP | 100 引脚<br>LQFP | 144 引脚<br>BGA/LQFP |
|---|---|---|---|---|---|
| 1 MB/96 KB | | | STM32F103RGT6 | STM32F103VGT6 | STM32F103ZGH6 |
| 768 KB/96 KB | | | STM32F103RFT6 | STM32F103VFT6 | STM32F103ZFH6 |
| 512 KB/64 KB | | | STM32F103RET6 | STM32F103VET6 | STM32F103ZEH6 |
| 384 KB/64 KB | | | STM32F103RDT6 | STM32F103VDT6 | STM32F103ZDH6 |
| 256 KB/64 KB | | | STM32F103RCT6 | STM32F103VCT6 | STM32F103ZCH6 |
| 128 KB/20 KB | STM32F103TBU6 | STM32F103CBU6 | STM32F103RBT6 | STM32F103VBT6 | |
| 64 KB/20 KB | STM32F103T8U6 | STM32F103C8U6 | STM32F103R8T6 | STM32F103V8T6 | |
| 32 KB/10 KB | STM32F103T6U6 | STM32F103C6U6 | STM32F103R6T6 | | |
| 16KB/6KB | STM32F103T4U6 | STM32F103C4U6 | STM32F103R4T6 | | |

# STM32 嵌入式 C 语言编程特点

本章首先讲述宏指令的含义和使用，其次介绍了 STM32 嵌入式 C 语言编程中几个重要的关键字及标准外设库的基本数据类型、结构体类型及枚举类型的定义及使用方法，最后介绍了 C 语言编程的常用代码格式规范，提高程序代码的可读性。

## 学习目标

- 掌握宏指令的使用。
- 掌握 STM32 嵌入式 C 语言编程的常用关键字的使用。
- 掌握结构体和枚举类型的定义，理解数据类型的含义，了解枚举类型和结构体指针的定义和作用。
- 掌握 C 语言编程的常用的代码风格。

## 任务描述

通过学习 STM32 嵌入式 C 语言编程特点，掌握嵌入式编程过程中常使用的关键词的含义，为后续章节以及标准库编程学习扫清障碍。理解数据类型的含义，学会宏指令、结构体、枚举在编程中的应用。

## 2.1　宏指令的使用及其意义

现在多数微控制器编程都支持 C 语言，正确使用 C 语言里的宏指令可以提高代码的移植性、可读性、便捷性，也可以使程序结构更加合理。

C 语言的宏指令与 C 语言的编译预处理是密不可分的。所谓编译预处理是指在进行 C 语言第一遍扫描（词法扫描和语法扫描）之前所做的工作。编译预处理是 C 语言编译的一个重要功能，由编译预处理命令即宏指令完成。当对一个 C 语言源码文件进行编译时，系统将自动引用宏指令对源码中的预处理部分进行处理，处理完成后自动进入对源码程序的编译。

宏指令是以 # 号开头的代码行，# 号必须是该行除了任何空白字符外的第一个字符。# 后是指令关键字，在关键字和 # 号之间允许存在任意个数的空白字符，整行语句构成了一条预处理指令，该指令将在编译器进行编译之前对源代码做某些转换。例如"文件包含"宏指

令 #include、"宏定义"指令 #define 等。常用的宏指令功能介绍如表 2-1 所示。

表 2-1　常用的宏指令功能介绍

| 宏指令 | 功　　能 |
|---|---|
| #include | 文件包含命令 |
| #define | 定义宏 |
| #undef | 取消已定义的宏 |
| #if | 条件编译命令，如果给定条件为真，则编译下面代码 |
| #ifdef | 判断某个宏是否已经定义，如果宏已经定义，则编译下面代码 |
| #ifndef | 与 #ifdef 相反，如果宏没有定义，则编译下面代码 |
| #elif | 若 #if、#ifdef、#ifndef 或前面的 #elif 给定条件不满足，则编译 #elif 后面代码 |
| #else | 若 #if、#ifdef、#ifndef 的条件不满足，则编译 #else 后面代码 |
| #endif | 结束一个 #if、#iifdef、#ifndef 条件编译块 |
| #line | 表示下一行行号会指定为 line_number（必须是大于 0 的十进制常量） |
| #message | 在编译信息输出窗口中输出相应的信息 |
| #error | 会让预处理器发出错误消息 |
| #pragma | 向编译器提供额外信息的标准方法 |

下面对几个常用的宏指令加以说明。

### 1. #include 命令

#include 命令称为文件包含命令。编译器发现 #include 命令后，就会寻找指令后面的文件名，并把这个文件的内容包含到当前文件中。被包含的文件中的文本将替换源代码文件中的 #include 命令，就像把被包含文件中的全部内容复制到源文件中的 #include 命令所在的位置一样。

#include 命令有两种格式：

#include " 文件名 "

#include < 文件名 >

这两种形式的区别在于：首先，使用尖括号表示编译系统会到系统头文件存放的目录路径去搜索系统头文件，而不是在源程序文件路径下搜索；其次，使用双引号表示编译器首先在当前的源文件目录路径下搜索，若没有找到再到系统头文件存放的目录下搜索系统头文件。所以，一般情况下系统头文件通常使用尖括号，用户定义的头文件通常使用双引号。

文件包含命令可以出现在文件的任何位置，但考虑到作用范围，通常集中放在文件的开头处。一条 #include 命令只能指定一个被包含的文件，但文件包含允许嵌套，即在被包含的文件中可以包含另一个文件。

例如代码清单 2-1 所示，标准外设库文件"stm32f10x_CONF.h"称为头文件的头文件，里面包含了标准外设的头文件，编程时包含这个头文件的头文件即可。

代码清单 2-1　实践项目 7 "main.c"文件中的代码

```
22 /* Define to prevent recursive inclusion --------------------------*/
23 #ifndef__STM32F10x_CONF_H
24 #define__STM32F10x_CONF_H
25
26 /* Includes -----------------------------------------------*/
27
```

```
28 #include "stm32f10x_adc.h"
29 #include "stm32f10x_bkp.h"
30 #include "stm32f10x_can.h"
31 #include "stm32f10x_cec.h"
32 #include "stm32f10x_crc.h"
33 #include "stm32f10x_dac.h"
34 #include "stm32f10x_dbgmcu.h"
35 #include "stm32f10x_dma.h"
36 #include "stm32f10x_exti.h"
37 #include "stm32f10x_flash.h"
38 #include "stm32f10x_fsmc.h"
39 #include "stm32f10x_gpio.h"
40 #include "stm32f10x_i2c.h"
41 #include "stm32f10x_iwdg.h"
42 #include "stm32f10x_pwr.h"
43 #include "stm32f10x_rcc.h"
44 #include "stm32f10x_rtc.h"
45 #include "stm32f10x_sdio.h"
46 #include "stm32f10x_spi.h"
47 #include "stm32f10x_tim.h"
48 #include "stm32f10x_usart.h"
49 #include "stm32f10x_wwdg.h"
50 #include "misc.h"
51 #endif /* __STM32F10x_CONF_H */
```

**2. #define 命令**

C 语言中允许用一个标识符来表示一个字符串，称为宏定义。宏定义的格式如下：

#define　标识符（宏名）字符串

被定义为"宏"的标识符称为"宏名"。在编译预处理时，对代码中出现的所有"宏名"，都会用宏定义的字符串去代替，称为"宏代换"或"宏展开"。

如代码清单 2-2 所示，宏定义允许带参数和嵌套。代码第 1 行定义了宏 uchar，在编译预处理时替换为字符串 unsigned char，第 2、3、4 行定义了带参数的宏，带参数的宏替换时将替换字符串中的参数用实际符号替换，如 MEM_ADDR(4+1) 替换后结果为：*((volatile unsigned long*)(4+1)) 这里只做简单的字符替换，不能随意运算后再替换。

代码第 2 行定义了宏 BITBAND(addr, bitnum)，第 5、6 行定义了宏 GPIOA_ODR_Addr 和 GPIOA_IDR_Addr，代码第 7、8 行调用上述三个宏又定义了宏 PAout(n) 和 PAin(n)，这里就使用了嵌套宏定义。嵌套定义时，需要先定义被调用的宏，然后才能定义嵌套的宏。嵌套宏展开式，依次做简单的字符串替换即可。

代码清单 2-2　宏定义示例

```
1 #define uchar unsigned char
2 #define BITBAND(addr, bitnum)
            ((addr&0xF0000000)+0x2000000+((addr &0xFFFFF)<<5)+(bitnum<<2))
3 #define MEM_ADDR(addr)    *((volatile unsigned long*)(addr))
4 #define BIT_ADDR(addr,bitnum)   MEM_ADDR(BITBAND(addr,bitnum))
5 #define GPIOA_ODR_Addr    (GPIOA_BASE+12) //0x4001080C
6 #define GPIOA_IDR_Addr    (GPIOA_BASE+8)  //0x40010808
```

```
7 #define PAout(n)    BIT_ADDR(GPIOA_ODR_Addr,n)    // 输出
8 #define PAin(n)     BIT_ADDR(GPIOA_IDR_Addr,n)    // 输入
```

在嵌入式 C 语言中，宏定义除了用于常量和变量外，还经常用于函数，即用明确的单词来表示一个特定的动作。

例如，下面的两个宏定义：

#define D3_G_ON  GPIO_ResetBits(GPIOB, GPIO_Pin_0)

#define D3_G_OFF GPIO_SetBits(GPIOB, GPIO_Pin_0)

经过这两个宏定义后，在代码中用 D3_G_ON 表示 D3 的绿灯亮，用 D3_G_OFF 表示 D3 的绿灯熄灭，显然要直观得多。

### 3. #ifndef 和 #endif 命令

所有的标准外设库的外设驱动的头文件中都使用 #include 包含了"stm32f10x.h"文件，如果编程时用到了多个外设库，那么必须将对应的外设库头文件都包含进源程序中。但是 C 语言编译器是不允许重复包含同一文件的，为了避免这种情况，在每个外设驱动头文件的开始位置都会添加宏指令 #ifndef 和 #define，在结束位置处添加宏指令 #endif。如代码清单 2-3 所示头文件完整的代码结构。

代码清单 2-3　头文件完整的代码结构

```
1 #ifndef  __STM32F10x_H
2 #define  __STM32F10x_H
3 ……省略代码主体内容
4 #endif                  /* __STM32F10x_H */
```

这样，当 C 语言编译器在编译预处理时，首先在第 1 行通过 #ifndef 宏指令判断"__STM32F10x_H"是否被宏定义过，如果文件第一次被包含，显然"__STM32F10x_H"未被定义过，则执行第 2 行的宏命令定义宏"__STM32F10x_H"，然后执行后面的语句。如果第一行指令判断宏已经被定义过，则表明文件被重复包含，此时 C 语言编译器会略过后续指令，直接跳转到最后一行的 #endif，从而有效避免文件主体内容的重复编译。

为了避免重复包含，建议在所有头文件中都采用这种头文件结构。

### 4. #if…#else…#endif 命令

这也是一种条件编译语句。有些程序在调试、兼容性、平台移植等情况下可能想要通过简单地设置一些参数就生成一个不同的软件，这当然可以通过变量设置，把所有可能用到的代码都写进去，在初始化时配置，但在不同的情况下可能只用到一部分代码，就没必要把所有的代码都写进去，就可以用条件编译，通过预编译指令设置编译条件，在不同需要时编译不同的代码。

C 语言编译器在编译时，用 #if 来检查条件是否为真，从而决定哪部分代码参加编译。比如代码清单 2-4 所示，通过一个宏 MY_PRINTF_EN 实现条件编译。

代码清单 2-4　条件编译示例

```
1 #define MY_PRINTF_EN 1
2 #if  MY_PRINTF_EN==1
3     MY_PRINTF_EN 为 1 时参加编译的代码
4 #else
5     MY_PRINTF_EN 不为 1 时参加编译的代码
6 #endif
```

## 2.2 STM32 嵌入式 C 语言编程中几个重要的关键字

与简单的 C51 程序不同,在基于标准外设库的 STM32 库开发编程中,会经常使用到几个重要的关键字,下面分别介绍。

### 1. typedef

关键字 typedef 的作用是为一种已知数据类型定义别名,这里的数据类型包括系统内部的数据类型(如 int、char)和用户自定义数据类型。

在编程中,使用 typedef 的目的主要有两个:一个是为已知数据类型取一个方便记忆且意义明确的新名称,另一个是简化一些复杂的类型声明。

例如在代码清单 2-5 中第 1 行,给已知数据类型 unsigned char 起个新名字 uint8_t,这样在编程中就可以 uint8_t 来定义 unsigned char 类型的变量,而且字面上能清晰地知道此变量是 8 位的。

代码清单 2-5　typedef 定义示例

```
1   typedef unsigned char uint8_t;
2   typedef uint8_t   u8;
3   typedef struct GPIO_Type
4   {
5       __IO uint32_t CRL;
6       __IO uint32_t CRH;
7       __IO uint32_t IDR;
8       __IO uint32_t ODR;
9       __IO uint32_t BSRR;
10      __IO uint32_t BRR;
11      __IO uint32_t LCKR;
12  } GPIO_TypeDef;
```

利用 typedef 定义别名实现跨平台移植。例如代码清单 2-5 第 2 行,就是实现 STM32 标准库与老版本的数据类型的兼容。再比如定义一个称为 REAL 的浮点类型,在目标平台一上,让它表示最高精度的类型为:typedef long double REAL;在不支持 long double 的平台二上,改为 typedef double REAL;在连 double 都不支持的平台三上,改为:typedef float REAL;当跨平台时,只要修改 typedef 定义即可,不用对其他源码做任何修改。

如代码清单 2-5,第 3 ~ 12 行,实际上有两个功能:首先定义一个名为 struct GPIO_Type 结构体,然后用 typedef 定义结构体类型 GPIO_TypeDef。

定义该结构体变量的操作如下:

struct GPIO_Type　　GPIOa;

GPIO_TypeDef　　GPIOa;

这里,GPIO_TypeDef 相当于 struct GPIO_Type,两者的作用相同,都是定义了结构体变量 GPIOa。

### 2. volatile

关键字 volatile 又称易失性,它会影响到编译器的编译结果,其作用是通知编译器被 volatile 修饰的变量是随时可能发生变化的。与 volatile 变量有关的运算不要进行优化以免出错。关键字 volatile 修饰的变量包括指向硬件寄存器（如状态寄存器）的变量、可能会被中断服务子程序改写的变量、多线程应用中被几个任务共享的变量等。

由于嵌入式程序员经常要同硬件、中断、RTOS（实时操作系统）等打交道，若未能正确掌握关键字 volatile 的使用方法将会带来严重后果。毫不夸张地说，这可能是区分普通 C 语言编程和嵌入式 C 语言编程的最基本之处。

### 3．const

在定义变量的时候，如果加上关键字 const，则变量值在程序运行期间不能改变，当然也不能再赋值。这种变量称为常变量（constant variable）或只读变量（read only variable）。const 和变量类型可以互换位置，二者是等价的。

编译器在遇到 const 关键字时，一般会将其修饰的常变量放置于程序存储器中。例如，以下语句定义的共阴数码管段码表数组 table，在编译后被存放在 STM32 微控制器的片内闪存存储器中。

```
const uint8_t table[]={0x3f,0x06,0x5b,0x4f,0x66,0x6d,0x7d,0x07,0x7f,0x6f};
```

## 2.3　STM32 嵌入式 C 语言编程的基本数据类型

基本数据类型包括两方面的定义：一是 Keil-MDK-ARM C 语言编译器的数据类型，在 MDK 的帮助文件里可以找到表 2-2 中列出的数据类型定义。

表 2-2　MDK C 语言编译器的数据类型

| 数据类型 | 字节数 | 数据类型 | 字节数 |
| --- | --- | --- | --- |
| char | 1 | float，int，long | 4 |
| short | 2 | long long，double，long double | 8 |

二是 STM32 标准外设库规定的数据类型，又分成 3.0 版本标准外设库使用的数据类型和 3.0 版本以后标准外设库使用的 CMSIS 数据类型。3.0 版本以后的数据类型与之前版本数据类型有所不同，但仍能够兼容。在标准外设库文件"stm32f10x.h"中可以找到如代码清单 2-6 所示代码。

代码清单 2-6　"stm32f103x.h"文件中关于数据类型兼容的代码

```
 1 typedef int32_t   s32;
 2 typedef int16_t   s16;
 3 typedef int8_t    s8;
 4
 5 typedef const int32_t sc32;      /*!< Read Only */
 6 typedef const int16_t sc16;      /*!< Read Only */
 7 typedef const int8_t  sc8;       /*!< Read Only */
 8
 9 typedef __IO int32_t  vs32;
10 typedef __IO int16_t  vs16;
11 typedef __IO int8_t   vs8;
12
13 typedef __I int32_t vsc32;        /*!< Read Only */
14 typedef __I int16_t vsc16;        /*!< Read Only */
```

```
15  typedef    __I int8_t vsc8;            /*!< Read Only */
16
17  typedef uint32_t  u32;
18  typedef uint16_t  u16;
19  typedef uint8_t   u8;
20
21  typedef const uint32_t uc32;           /*!< Read Only */
22  typedef const uint16_t uc16;           /*!< Read Only */
23  typedef const uint8_t uc8;             /*!< Read Only */
24
25  typedef    __IO uint32_t  vu32;
26  typedef    __IO uint16_t  vu16;
27  typedef    __IO uint8_t   vu8;
28
29  typedef    __I uint32_t vuc32;         /*!< Read Only */
30  typedef    __I uint16_t vuc16;         /*!< Read Only */
31  typedef    __I uint8_t vuc8;           /*!< Read Only */
```

由以上这段代码可以得出 CMSIS 和旧版本 STM32 标准外设库数据类型对应情况，如表 2-3 所示。

表 2-3　CMSIS 与 STM32 标准外设库数据类型对照表

| 旧版本固件库数据类型 | CMSIS 数据类型 | 描述 |
| --- | --- | --- |
| s32 | int32_t | 有符号 32 位数据 |
| s16 | int16_t | 有符号 16 位数据 |
| s8 | int8_t | 有符号 8 位数据 |
| sc32 | const int32_t | 只读有符号 32 位数据 |
| sc16 | const int16_t | 只读有符号 16 位数据 |
| sc8 | const int8_t | 只读有符号 8 位数据 |
| vs32 | __IO int32_t | 易失性读 / 写访问有符号 32 位数据 |
| vs16 | __IO int16_t | 易失性读 / 写访问有符号 16 位数据 |
| vs8 | __IO int8_t | 易失性读 / 写访问有符号 8 位数据 |
| vsc32 | __I int32_t | 易失性只读有符号 32 位数据 |
| vsc16 | __I int16_t | 易失性只读有符号 16 位数据 |
| vsc8 | __I int8_t | 易失性只读有符号 8 位数据 |
| u32 | uint32_t | 无符号 32 位数据 |
| u16 | uint16_t | 无符号 16 位数据 |
| u8 | uint8_t | 无符号 8 位数据 |
| uc32 | const uint32_t | 只读无符号 32 位数据 |
| uc16 | const uint16_t | 只读无符号 16 位数据 |
| uc8 | const uint8_t | 只读无符号 8 位数据 |
| vu32 | __IO uint32_t | 易失性读 / 写访问无符号 32 位数据 |
| vu16 | __IO uint16_t | 易失性读 / 写访问无符号 16 位数据 |
| vu8 | __IO uint8_t | 易失性读 / 写访问无符号 8 位数据 |
| vuc32 | __I uint32_t | 易失性只读无符号 32 位数据 |
| vuc16 | __I uint16_t | 易失性只读无符号 16 位数据 |
| vuc8 | __I uint8_t | 易失性只读无符号 8 位数据 |

在 Keil-MDK-ARM 的 C 语言编译器下进行基于 STM32 标准外设库的编程时，以上数据类型都可以被识别，但是基于书写的习惯和便利性，旧版本的 STM32 标准外设库的数据类型的使用仍然常见。对于初学者，建议使用 CMSIS 数据类型。

# 2.4 结构体与结构体指针

与 C51 编程不同，结构体与结构体指针在基于 STM32 标准外设库的嵌入式 C 语言编程中被广泛使用，本节结合标准外设库的使用进行说明。

结构体是一个可以包含不同数据类型成员的集合体，它是一种可以自己定义的数据类型。定义结构体时应力争使结构体只代表一种现实事物的抽象，而不应同时代表多种。结构体中的各成员应代表同一事物的不同侧面，而不应把描述没有关系或关系不密切的不同事物的成员放到同一结构体中。

相同结构体类型的结构体变量之间是可以相互赋值的，结构体变量可以作为函数的参数，也可以作为函数的返回值。

结构体指针是一个结构体变量在内存中的地址，使用指针而不是直接使用变量，往往会带来数据传递效率上的提升和灵活。

例如，在 STM32 标准外设库的 GPIO 驱动库头文件"stm32f10x_gpio.h"中，可以找到 GPIO 初始化使用的结构体 GPIO_InitTypeDef，定义如代码清单 2-7 所示。

代码清单 2-7 "stm32f10x_gpio.h" 文件中 GPIO_InitTypeDef 的定义

```
1  typedef struct
2  {
3   uint16_t GPIO_Pin;
4   GPIOSpeed_TypeDef  GPIO_Speed;
5   GPIOMode_TypeDef   GPIO_Mode;
6  }GPIO_InitTypeDef;
```

在需要进行 GPIO 外设初始化时，首先要定义结构体变量并赋值，如代码清单 2-8 所示。

代码清单 2-8 GPIO 端口初始化代码

```
1  void LED_GPIO_Init(void)
2  {
3    GPIO_InitTypeDef GPIO_InitStructure;          // 定义结构体变量
4
5    RCC_APB2PeriphClockCmd( RCC_APB2Periph_GPIOB,  ENABLE );
6    // 结构体成员赋值
7    GPIO_InitStructure.GPIO_Mode=GPIO_Mode_Out_PP;
8    GPIO_InitStructure.GPIO_Pin=GPIO_Pin_0|GPIO_Pin_1|GPIO_Pin_5;
9    GPIO_InitStructure.GPIO_Speed=GPIO_Speed_50MHz;
10   GPIO_Init(GPIOB, & GPIO_InitStructure);
11 }
```

将一个结构体变量作为函数的参数有两种方法：第一种是将结构体变量直接作为函数参数，程序直观易懂，但效率不是太高；第二种是将指向结构体变量的指针作为函数参数，这种方法开销较小，效率较高。在 STM32 标准外设库中就是采用第二种方法，例如，GPIO 的初始化函数就是使用以上结构体的指针作为参数，该函数的原型如下：

```
void GPIO_Init(GPIO_TypeDef* GPIOx, GPIO_InitTypeDef* GPIO_InitStruct)
```

这里的 GPIO_InitStruct 是结构体指针，而前面提到的 GPIO_InitStructure 是结构体变量，在对结构体成员操作时，要注意符号"->"和"."的不同。例如，对结构体指针 GPIO_InitStruct 中的成员赋值时，要写成：

```
GPIO_InitStruct->GPIO_MODE=GPIO_Mode_Out_PP;
```

另外，在 STM32 标准外设库中，利用结构体的存储特性来封装寄存器，具体将在第 4 章的相关知识中介绍。

## 2.5 枚举

在程序设计中，可以利用宏指令"#define"为某些整数定义一个别名，如代码清单 2-9 所示。

代码清单 2-9　define 定义整型常量

```
1 #define       MON      1
2 #define       TUE      2
3 #define       WED      3
4 #define       THU      4
5 #define       FRI      5
6 #define       SAT      6
7 #define       SUN      7
```

这种定义，需要为每一个宏指定一个替换的常量，比较麻烦。在实际的编程中，经常利用 C 语言提供的枚举类型定义来实现。同结构体相似，枚举类型也是一种用户构造数据类型，需要用关键字 enum 先定义数据类型，然后在代码中才可以使用。

如代码清单 2-10 所示，使用枚举定义完成上面宏指令"#define"的工作。

代码清单 2-10　枚举定义示例代码

```
1 enum  DAY
2 {
3       MON=1,TUE,WED,THU,FRI,SAT,SUN
4 };
5 enum  DAY date;
6 date=TUE;
```

枚举类型其实是整型常量的列表，在枚举定义时，可以分别为每个元素指定常量值（必须不同），也可以指定部分元素，在编译器编译程序时，会给枚举类型的每个元素一个整型常量值。没有指定的元素的值在前一个成员值的基础上加一。例如，代码清单 2-10 中，第一个枚举元素的值指定为整型的 1，后续枚举元素的值在前一个元素的值基础上加 1，也可以人为设定枚举成员的值，后续枚举成员的值仍然是递增的关系。如果所有元素都没有指定值，则整型常量值从 0 开始依次递增 1。

定义了枚举类型之后，就可以定义该类型的变量，如代码清单 2-10 第 5 行所示。枚举类型的变量可以被赋值为枚举类型定义中的元素，例如代码清单 2-10 第 6 行将变量 date 赋值为整型常量 2。

在 STM32 标准外设库中，大量使用了枚举类型的定义，然后用枚举类型定义结构体的成员，方便编程时对结构体成员进行赋值。例如，STM32 的 GPIO 外设的标准驱动库头文件

"stm32f10x_gpio.h"中，可以找到GPIO初始化时使用的枚举类型GPIOSpeed_TypeDef和GPIOMode_TypeDef的定义，如代码清单2-11所示。

代码清单2-11　标准外设库中枚举定义示例代码

```
1  typedef enum
2  {
3      GPIO_Speed_10MHz=1,
4      GPIO_Speed_2MHz,
5      GPIO_Speed_50MHz
6  }GPIOSpeed_TypeDef;
7  typedef enum
8  {
9      GPIO_Mode_AIN=0x0,
10     GPIO_Mode_IN_FLOATING=0x04,
11     GPIO_Mode_IPD=0x28,
12     GPIO_Mode_IPU=0x48,
13     GPIO_Mode_Out_OD=0x14,
14     GPIO_Mode_Out_PP=0x10,
15     GPIO_Mode_AF_OD=0x1C,
16     GPIO_Mode_AF_PP=0x18
17 }GPIOMode_TypeDef;
```

代码第1～6行定义了枚举类型GPIOSpeed_TypeDef，代码第8～17行定义了枚举类型GPIOMode_TypeDef。如代码清单2-7，在GPIO初始化结构体GPIO_InitTypeDef的定义中，后两个成员就是这两个枚举类型。在代码清单2-8中，这两个成员被赋值为对应枚举定义的元素。

## 2.6　C语言编程的代码格式

"具有良好的编程风格和编程习惯"是很多企业在招聘软件工程师时很看重的一个要求。代码的清晰、简洁以及风格的统一可以使代码易于实现、方便维护并保证团队合作的顺畅。

C语言是一个书写格式比较随意的编程语言，但是随意不等于随便，在业界和很多企业内部对C语言编程是有着比较严格的约定或者规范的。

下面仅就C语言编程的代码格式和命名规范做简单介绍。

（1）程序块要采用缩进风格，缩进的空格数为4个。函数或过程的开始、结构的定义及循环、判断等语句中的代码都要采用缩进风格，case语句下的处理语句也要遵循语句缩进要求。

（2）相对独立的程序块之间、变量说明之后必须加空行。

（3）一行程序以小于80个字符为宜，不要写得过长。较长的语句（大于80个字符）要分成多行书写；长表达式要在低优先级操作符处划分断行，操作符放在新行之首，划分出的新行进行适当的缩进，使排版整齐、语句可读。

（4）不允许把多条短语句写在一行中，即一行只写一条语句。这样的代码容易阅读，并且便于写注释。

（5）if、for、do、while、case、switch、default等关键字独占一行，且if、for、do、while等语句的执行语句部分无论多少行都要加大括号{}。

（6）程序块的分界符（大括号"{"和"}"）应独占一行且位于同一列，同时与引用它们的语句左对齐。

（7）变量和函数的命名要清晰明了，有明确的含义，尽量使用完整的单词和短语，单词和短语最好"见名知意"。如果命名中包含多个单词，可以在单词间采用下画线连接，但下画线的数量不宜超过两个。

（8）对于变量命名，禁止用单个字符（如 i、j、k 等），建议除了要有具体含义外，还要表明其变量类型、数据类型，但 i、j、k 作局部变量是允许的。

（9）变量的命名建议使用全小写字母，函数的命名建议关键字的首字母使用大写字母，宏定义的命名则使用全大写字母。

（10）注意运算符的优先级，建议使用括号来明确表达式的操作顺序，避免使用默认的优先级，以防止因默认的优先级与设计思想不符而导致程序出错。

（11）C 语言中一行注释一般采用 //，多行注释必须采用 /*…*/。注释通常用于重要的代码行或段落提示。在一般情况下，源程序有效注释量必须在 20% 以上。虽然注释有助于理解代码，但注意不可过多地使用注释。

# 第3章

# STM32 嵌入式开发基础知识

本章首先介绍了 CMSIS 标准，重点介绍了 STM32 官方标准外设库的结构、组成及各个文件的功能，并介绍了标准外设库的命名规则。简要介绍了本书使用的开发板、仿真器等硬件平台，并介绍了软件集成开发环境。最后讲解了 Keil-MDK-ARM 环境下，新建工程模板、程序调试、编译、下载的具体步骤和方法。

## 学习目标

- 了解 STM32 标准库的结构体系和命名规则。
- 了解本书开发板板载资源分布。
- 掌握 Keil-MDK-ARM 安装以及工程创建的步骤方法。
- 掌握基本调试器的设置，程序的下载。

## 任务描述

学习 CMSIS 标准软件接口以及 STM32 标准外设库的基础知识，学会在 MDK 集成开发环境下新建工程模板，编译并下载到配套的硬件开发平台运行。

## 3.1 CMSIS 与 STM32 标准外设库

### 3.1.1 ARM Cortex 微控制器软件接口标准 CMSIS

ARM 公司的商业模式是为各个芯片厂商提供相同的芯片内核，各个厂商通过片上外设做出芯片的差异会导致程序软件在相同内核、不同厂商的微处理器芯片间移植困难。为了解决这个问题，保证不同芯片公司生产的芯片能在软件上基本兼容，ARM 公司和下游芯片厂商共同制定了内核与外设、实时操作系统和中间设备之间的通用接口标准——CMSIS (Cortex microcontroller software interface standard) 标准，即 "ARM Core 微控制器软件接口标准"。

CMSIS 标准是 Cortex-M 系列处理器与供应商无关的硬件抽象层。使用 CMSIS 可以为处理器和外设实现一致且简单的软件接口，从而简化软件的重用和移植、缩短微控制器开发人员的学习过程、缩短产品和工程的研发时间。

CMSIS 可以分为多个软件层次，分别由 ARM 公司和芯片厂商提供，一个典型的 CMSIS

应用程序的基本结构如图 3-1 所示。

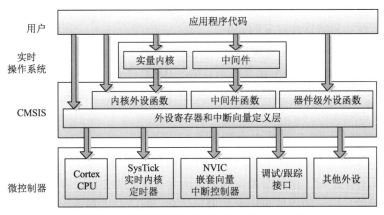

图 3-1　典型的 CMSIS 应用程序的基本结构

　　CMSIS 的内核外设函数包括用于访问内核寄存器以及内核外设寄存器的名称、地址定义，主要由 ARM 公司提供。外设寄存器和中断向量定义层则提供了核外外设的地址和中断定义，主要由芯片厂商提供。

　　ST 官方库（STM32 固件库）就是根据这套标准设计的，CMSIS 共分三个基本功能层：

　　（1）核内外设访问层：ARM 公司提供的访问，定义处理器内部寄存器地址以及功能函数。

　　（2）中间件访问层：定义访问中间件通用的 API，由 ARM 公司提供。

　　（3）外设访问层：定义硬件寄存器的地址以及外设的访问函数。

　　CMSIS 向下负责与内核和各个外设直接打交道，向上负责提供实时操作系统用户程序调用的函数接口。如果没有 CMSIS 标准，那么各个芯片厂商就会设计出各自风格的库函数，而 CMSIS 标准就要强制规定，芯片生产公司的库函数必须按照 CMSIS 这套规范来设计。

　　另外，CMSIS 还对各个外设驱动文件的文件名字规范化、函数名字规范化等做了一系列规定。比如用到的 GPIO_ResetBits 函数，其名字是不能随便定义的，必须遵循 CMSIS规范。

　　又如，在使用 STM32 芯片时，首先要进行系统初始化。CMSIS 就规定系统初始化函数名必须是 SystemInit，所以各个芯片公司设计自己的库函数时，都必须用 SystemInit 对系统进行初始化。

　　可以看出，CMSIS 位于微控制器外设和用户应用程序之间，为用户提供与具体芯片厂商无关的统一的硬件驱动接口，通过对用户屏蔽具体硬件之间的差异，方便软件的移植。

## 3.1.2　STM32 标准外设库

　　所有的微控制器编程都是对处理器内部的各种控制寄存器进行操作。在结构相对简单的8 位甚至 16 位单片机中，控制寄存器的数量不多，每个寄存器的位数只有 8 位或 16 位。所以，编程往往是通过编程语言直接对寄存器进行读写操作。

　　但是，对于 32 位的 STM32 微控制器而言，内核与外设都非常复杂，功能也非常强大，控制寄存器的数量也非常庞大，而且每个寄存器都是 16 位或 32 位的。在这种情况下，直接对寄存器进行操作需要记忆或查询的工作量将变得十分巨大，无疑会增加学习的难度不利于产品的推广，同时也影响软件开发的效率。

有没有什么办法可以快捷地解决这一问题呢？答案是肯定的。熟悉 C 语言编程的读者，对于 C 语言标准输入 / 输出函数库（stdio：standard input&output）一定不会陌生。例如，在 C 语言中，经常使用 printf() 和 scanf() 函数，就是标准输入 / 输出函数库中封装的函数。

在使用标准输入 / 输出函数库中的函数时，首先，需要在代码中加入语句 #include <stdio.h>，将标准输入 / 输出函数库的头文件包含到源程序中。其次，在使用具体函数时，只需要了解该函数的作用、函数参数及返回值的意义和使用方法，并不需要关心该函数代码具体是如何实现的。以上两点值得读者把握和领会，对这两点和使用习惯的延伸，对于快速掌握 STM32 标准外设库的使用方法是很有帮助的。

为了减轻 STM32 微控制器开发人员的编程负担，提高编程效率，意法半导体公司（ST）组织技术人员按照 CMSIS 标准为 STM32 微控制器中的各个外设（包括内核外设和核外外设）的操作，编写了比较规范和完备的 C 语言标准外设驱动函数。在使用 STM32 编程时，如果需要对外设进行配置和操作，只需按照函数使用说明，调用这些外设的标准驱动函数即可，并不需要了解这些函数具体在代码中的实现细节。这些驱动函数按照不同外设的分类编排在不同的 C 语言文件中，并对应各自的头文件，这些文件的集合就构成了 STM32 的标准外设库。

STM32 标准外设库又称固件函数库或简称固件库，是一个固件函数包，它由程序、数据结构和宏组成，包括了微控制器所有外设的性能特征。该函数库还包括每一个外设的驱动描述和应用实例，为开发者访问底层硬件提供了一个中间 API。通过使用固件函数库，无须深入掌握底层硬件细节，就可以轻松应用每一个外设。因此，使用固件函数库可以大大减少用户的程序编写时间，进而降低开发成本。每个外设驱动都由一组函数组成，这组函数覆盖了该外设所有功能。

STM32 标准外设库自 2007 年 10 月发布 V1.0 版本之后，陆续发布了 V2.0 版、V3.0 版本、V3.5 版本。虽然 ST 公司后来又推出了更为抽象化的 HAL 库，但是目前占据市场统治地位的 STM32F10x 和 STM32F40x 系列微控制器芯片的编程，仍然以采用标准外设库为主流。

对图 3-1 的内容进行细化，可以得到基于 STM32 标准外设库的应用程序基本结构，如图 3-2 所示。结合后面具体外设库文件功能的介绍，可以进一步系统地了解标准外设库的组织结构。

ST 公司提供的 STM32F10x 标准外设库文档组织结构如图 3-3 所示，其中，CMSIS 文件夹里是与 Cortex-M 内核相关的文件。STM32F10x_StdPeriph_Driver 文件夹里存放的是标准外设库的源代码和头文件，其中 src 文件夹中包含所有的标准外设库的源码文件，inc 文件夹中包含所有的标准外设库的头文件。如图 3-4 所示，每个外设都有两个驱动文件，一个源码文件（.c）和一个同名的头文件（.h）。

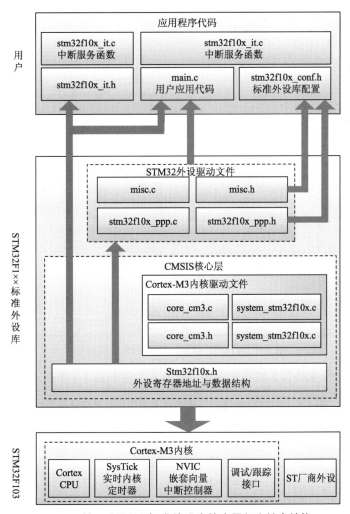

图 3-2 基于 STM32 标准外设库的应用程序基本结构

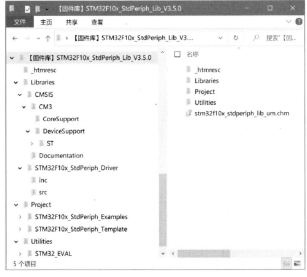

图 3-3 STM32 Flox 标准外设库文档组织结构

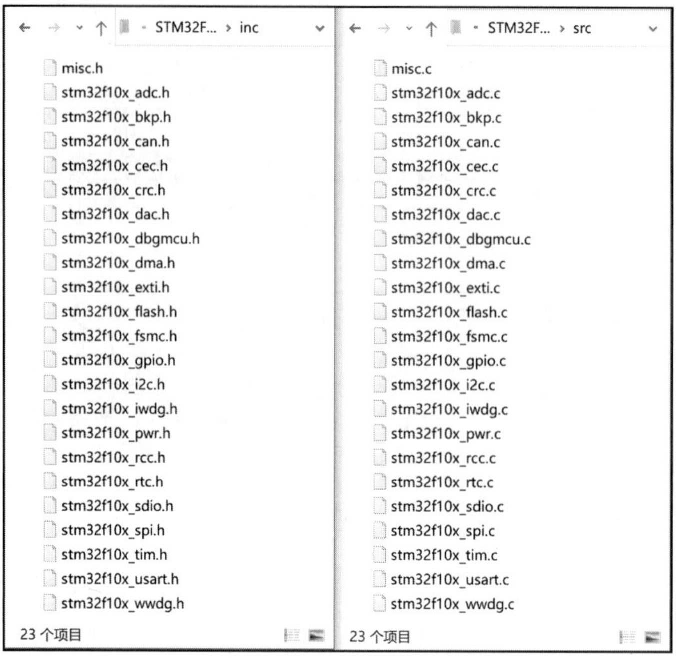

图 3-4　STM32 标准外设库的外设驱动文件

STM32 标准外设库的目录结构和主要文件及其功能如表 3-1 所示。

表 3-1　STM32 标准外设库的目录结构和主要文件及其功能

| 文件夹 | | | 主要文件 | 功能 |
|---|---|---|---|---|
| Libraries | CMSIS-><br>CM3 | Core<br>-Support | core_cm3.c<br>core_cm3.h | 访问 CM3 内核及设备的变量和函数（NVIC、SysTick） |
| | | Device<br>-Support<br>->ST<br>->STM32F10x | stm32f10x.h | STM32F10x 微控制器所有外设寄存器的定义、位定义、中断向量表、存储空间的地址映射等 |
| | | | system_stm32f10x.c<br>system_stm32f10x.h | 微控制器初始化函数和系统时钟频率的设置 |
| | | | startup_stm32f10x_cl.s | 互联型芯片的启动文件 |
| | | | startup_stm32f10x_ld.s | 低密度型芯片的启动文件 |
| | | | startup_stm32f10x_md.s | 中密度型芯片的启动文件 |
| | | | startup_stm32f10x_hd.s | 高密度型芯片的启动文件 |
| | | | startup_stm32f10x_xl.s | 超高密度型芯片启动文件 |
| | | | startup_stm32f10x_ld_vl.s | 低密度超值型的启动文件 |
| | | | startup_stm32f10x_md_vl.s | 中密度超值型的启动文件 |
| | | | startup_stm32f10x_hd_vl.s | 高密度超值型的启动文件 |
| | STM32F10x<br>_StdPeriph<br>_Driver | inc | misc.h | NVIC 中断控制器的头文件 |
| | | | stm32f10x_adc.h<br>stm32f10x_bkp.h<br>……<br>stm32f10x_usart.h<br>stm32f10x_wwdg.h | STM32F10x 微控制器外设驱动库头文件 |
| | | src | misc.c | NVIC 中断管理相关函数 |
| | | | stm32f10x_adc.c<br>stm32f10x_bkp.c<br>……<br>stm32f10x_usart.c<br>stm32f10x_wwdg.c | STM32F10x 微控制器外设驱动库函数定义文件 |

| 文件夹 | | | 主要文件 | 功能 |
|---|---|---|---|---|
| Project | STM32F10x _StdPeriph _Examples | ADC BKP …… USART WWDG | | 各个外设应用实例的源代码文件 |
| | STM32F10x _StdPeriph _Template | MDK-ARM | 集成开发环境的项目文件 | 推荐将项目文件放在这里 |
| | | | main.c | 应用源代码文件 |
| | | | stm32f10x_conf.h | 标准外设库选择配置文件 |
| | | | stm32f10x_it.c stm32f10x_it.h | 中断服务函数文件 |
| | | | system_stm32f10x.c | 微控制器初始化函数和系统时钟频率的设置 |
| Utilities | STM32_ EVAL | | | STM32 评估板资源文件夹 |

一般来说，标准外设库 Libraries 文件夹中的文件是不能修改的，对于标准外设库中资源的调配和参数设置，应该在表 3-1 中 STM32F10x_StdPeriph_Template 文件夹中所列出的文件中完成，简要介绍如下：

（1）main.c 文件：推荐在此文件中定义 main() 函数，当然也可以添加其他应用代码。

（2）stm32f10x_conf.h 文件：该文件使用 #include 宏命令包含了所有外设的头文件，用户按需注释或取消注释，即可完成所需要的外设头文件的配置。需要注意的是，项目使用的外设驱动库头文件必须被包含，项目未使用的驱动头文件也可以被包含，并不影响最后的编译和运行结果，只是会占用较长的编译时间而已。

（3）stm32f10x_it.c 和 stm32f10x_it.h 文件：推荐在该文件中编写中断服务函数，文件中已经定义了系统异常中断服务函数的框架，内容为空，其他外设的中断服务函数需要用户自己添加。

需要注意的是，在 STM32 标准外设库中中断服务函数的名称（接口）已经规定好了，可以在相应的启动文件中找到。如果用户弄错了中断服务函数的名称，编译器不会报错，只会影响运行结果。

需要说明的是，在实际编程时，中断服务函数也可以放在其他的文件中，并不是强制要求放在 stm32f10x_it.c 文件中。

（4）system_stm32f10x.c 文件：该文件中定义了芯片初始化函数 SystemInit()，用来配置系统的时钟频率，包括时钟源、确定 PLL 电路的倍频系数等。注意：该文件的原始位置是在 CMSIS 内核文件夹里面，我们编程时应该尽量避免对 STM32 标准库文件夹中文件的任何形式的修改，所以很多时候会将修改了默认主频后的此文件存放在用户应用代码文件夹中。

### 3.1.3 STM32 标准外设库的命名规则

标准外设库中包含了众多的变量定义和功能函数，掌握它们的命名规范和使用规律，可以更加灵活地使用标准外设库，也将极大增强程序的规范性和易读性，同时，标准外设库的命名规范也值得我们在开发编程时借鉴。

#### 1．缩写定义

标准外设库中的主要外设均采用了英文名称的首字母组合的缩写形式，通过这些缩写可以很容易地辨认对应的外设，而且缩写通常以全部大写的形式出现。表 3-2 为标准外设库部分缩写汉字对照表。

表 3-2　标准外设库部分缩写汉字对照表

| 缩　　写 | 外设 / 单元 | 缩　　写 | 外设 / 单元 |
|---|---|---|---|
| ADC | 模 / 数转换器 | IWDG | 独立看门狗 |
| BKP | 备份寄存器 | PWR | 电源 / 功耗控制 |
| CAN | 控制器局域网模块 | RCC | 复位与时钟控制器 |
| CRC | CRC 计算单元 | RTC | 实时时钟 |
| DAC | 数 / 模转换器 | SDIO | SDIO 接口 |
| DBGMCU | 调试支持 | SPI | 串行外设接口 |
| DMA | 直接内存存取控制器 | TIM | 定时器 |
| EXTI | 外部中断事件控制器 | USART | 通用同步 / 异步收发器 |
| FLASH | 闪存存储器 | WWDG | 窗口看门狗 |
| FSMC | 灵活的静态存储器控制器 | NVIC | 嵌套中断向量列表控制器 |
| GPIO | 通用输入 / 输出 | SysTick | 系统嘀嗒定时器 |
| I2C | IIC 接口 | | |

**2．命名规则**

标准外设库的命名规则，主要遵循以下几点：

（1）PPP 表示任意外设缩写，全部大写，例如：ADC。

（2）源程序文件和头文件命名都以"stm32f10x_"开头。

（3）常量仅被应用于一个文件的，定义于该文件中；被应用于多个文件的，在对应头文件中定义。所有常量都用大写字母表示。

（4）寄存器作为常量处理。它们的名称都用大写英文字母表示。在大多数情况下，它们与缩写规范一致。

（5）外设函数的命名以该外设的缩写加下画线开头。缩写全部大写，每个单词的第一个字母大写，该单词其余字母小写，例如：SPI_SendData。在函数名中，只允许存在一个下画线，用以分隔外设缩写和函数名的其他部分，下画线后通常代表函数的功能，不同外设的驱动函数名称只要下画线后面的部分相同,函数功能基本相同。常用函数命名及其功能如表 3-3 所示。

表 3-3　STM32 标准外设库中常用函数命名及其功能

| 函数名 | 功　　能 | 举例 |
|---|---|---|
| PPP_Init | 根据 PPP_InitTypeDef 中指定的参数，初始化外设 PPP | ADC_Init |
| PPP_DeInit | 复位外设 PPP 的所有寄存器至默认值 | TIM_DeInit |
| PPP_StructInit | 通过设置 PPP_InitTypeDef 结构的各种参数来定义外设的功能 | USART_StructInit |
| PPP_Cmd | 使能或禁止外设 PPP | SPI_Cmd |
| PPP_ITConfig | 使能或禁止外设 PPP 某中断源 | RCC_ITConfig |
| PPP_DMAConfig | 使能或禁止外设 PPP 的 DMA 请求 | TIM1_DMAConfig |
| PPP_GetFlagStatus | 获取外设 PPP 某事件标志位状态 | I2C_GetFlagStatus |
| PPP_ClearFlag | 清除外设 PPP 事件标志位 | I2C_ClearFlag |
| PPP_GetITStatus | 获取外设 PPP 的中断标志位状态 | I2C_GetITStatus |
| PPP_ClearITPendingBit | 清除外设 PPP 中断悬挂标志位 | I2C_ClearITPendingBit |

按照这种命名规则，程序的可读性大大提高，为编写代码也带来了便利，在编程中加以

利用，可以取得事半功倍的效果。

## 3.2　STM32 嵌入式开发板简介

本书项目配套的硬件平台为野火 STM32F103ZE 开发平台，型号简称"霸道"，如图 3-5 所示。其含有基础实验所具有的丰富资源。

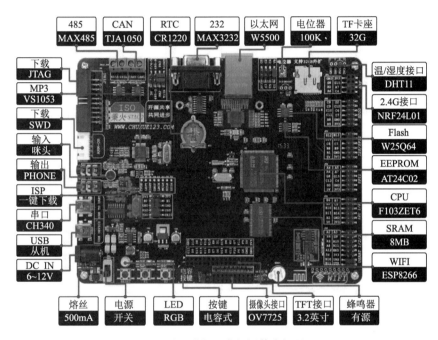

图 3-5 "霸道"开发板板载资源图

实验平台使用 STM32F103ZET6 作为主控芯片，配备一个 1MB 的 SRAM，使用 3.2 英寸（1 英寸 =2.54 cm）液晶屏进行交互。可通过以太网及 Wi-Fi 的形式接入互联网，支持使用串口、RS-485、CAN、USB 协议与其他设备通信，具有音乐播放、录音功能，板载 Flash、EEPROM 存储器、全彩 RGBLED 灯，还提供了各式通用接口，能满足初学者的学习以及常用开发的需求。

## 3.3　仿真器

仿真器是 STM32 开发的必备硬件之一，其作用是连接计算机（开发工具）和开发平台（开发对象），将在计算机上编译完成的程序代码下载到目标板，并且可以实现在计算机上实时硬件调试，仿真器的连接示意图如图 3-6 所示。

图 3-6　仿真器的连接示意图

### 3.3.1 仿真器的分类

对于使用 Cortex-M 内核的微控制器而言，目前常用的仿真器有以下几种。

**1．J-Link 仿真器**

如图 3-7 所示，J-Link 是 SEGGER 公司为支持仿真 ARM 内核芯片推出的 JTAG 仿真器。配合 Keil-MDK-ARM、IAR-EWARM、ADS、WINARM、RealView 等集成开发环境，支持所有 ARM7/ARM9/ARM11、Cortex M0/M1/M3/M4、Cortex A5/A8/A9 等内核芯片的仿真，与 IAR、Keil 等编译环境无缝连接，是一款通用性很强的开发工具，在速度、效率和功能方面比较均衡。

**2．ST-LINK 等专用仿真器**

ST-LINK 是专门针对意法半导体公司生产的 STM8 以及 STM32 系列微处理器开发的仿真器，兼容 JTAG/SWD 标准接口。其他的芯片厂商，如 NXP、TI 等也有自己的专用仿真器。

ST-LINK/V2 是意法半导体为评估、开发 STM8 系列和 STM32 系列 MCU 而设计的集在线仿真与下载为一体的开发工具，如图 3-8 所示。

图 3-7　J-Link 仿真器

图 3-8　ST-LINK 仿真器

STM8 系列通过 SWIM 接口与 ST-LINK/V2 连接；STM32 系列通过 JTAG/SWD 接口与 ST-LINK/V2 连接。ST-LINK/V2 通过高速 USB2.0 与 PC 端连接。其支持性有限，特别适合 STM32 编程。

**3．ULink 仿真器**

ULink 仿真器是 Keil 公司推出的仿真器，其升级版本为 ULink2 和 ULink Pro。需要注意的是，ULink 只支持在 Keil-MDK-ARM 开发环境下使用，并不支持其他开发环境。

**4．CMSIS-DAP 仿真器**

CMSIS-DAP 仿真器源于 ARM 公司的 Mbed 项目，是 ARM 公司官方推出的开源仿真器，支持所有的 Cortex-A/R/M 器件，以及 JTAG/SWD 标准接口。

Fire-Debugger 是野火开发的一款 CMSIS-DAP 仿真器，如图 3-9 所示。遵循 ARM 公司的 CMSIS-DAP 标准，支持所有基于 Cortex-M 内核的单片机，支持下载和在线仿真调试。

相比前三种仿真器，CMSIS-DAP 仿真器没有版权限制，价格相对更便宜，而且不需要安装驱动，即插即

图 3-9　Fire-Debugger 仿真器

用非常方便。本书实践项目推荐使用 CMSIS-DAP 仿真器。

## 3.3.2 JTAG 和 SWD 接口

仿真器与开发板的连接接口大多使用 JTAG 和 SWD 接口，在 Keil-MDK-ARM 开发环境下需要对相关参数进行配置，下面简要介绍一下。

### 1. JTAG 接口

JTAG（joint test action group，联合测试行动小组）是一种国际标准测试协议（IEEE 1149.1 兼容），主要用于芯片内部测试。现在多数的高级器件都支持 JTAG 协议，如 ARM、DSP、FPGA 器件等。常用的 JTAG 接口的物理规格有 20 针、14 针、10 针等，通用的是 20 针，引脚定义如图 3-10（a）所示。

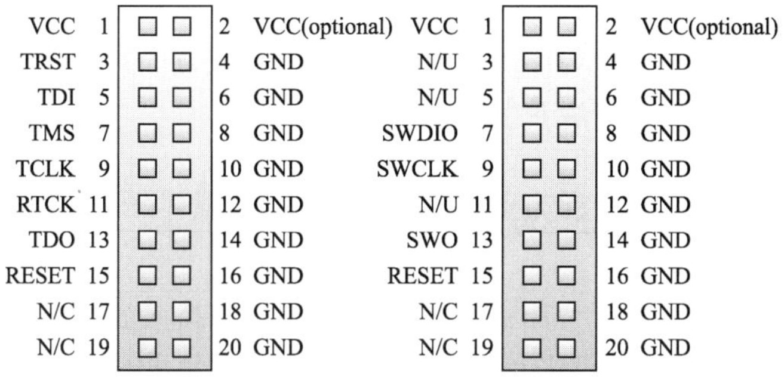

```
VCC     1 □ □  2 VCC(optional)   VCC   1 □ □  2 VCC(optional)
TRST    3 □ □  4 GND             N/U   3 □ □  4 GND
TDI     5 □ □  6 GND             N/U   5 □ □  6 GND
TMS     7 □ □  8 GND           SWDIO   7 □ □  8 GND
TCLK    9 □ □ 10 GND           SWCLK   9 □ □ 10 GND
RTCK   11 □ □ 12 GND             N/U  11 □ □ 12 GND
TDO    13 □ □ 14 GND             SWO  13 □ □ 14 GND
RESET  15 □ □ 16 GND           RESET  15 □ □ 16 GND
N/C    17 □ □ 18 GND             N/C  17 □ □ 18 GND
N/C    19 □ □ 20 GND             N/C  19 □ □ 20 GND

 (a) JTAG接口引脚定义          (b) SWD接口引脚定义
```

**图 3-10  仿真器的 JTAG 接口与 SWD 接口**

标准的 JTAG 接口有七根线（不含复位与电源），最少只需要四根线：TMS（模式选择）、TCK（时钟）、TDI（数据输入）、TDO（数据输出），就可以进行程序下载和基本的调试工作。JTAG 接口的引脚定义及其功能如表 3-4 所示。

**表 3-4  JTAG 接口的引脚定义及其功能**

| 序号 | 引　　脚 | 功　　能 |
| --- | --- | --- |
| 1 | TMS（Test Mode Select） | 测试模式选择 |
| 2 | TCK（Test Clock Input） | 测试时钟输入 |
| 3 | TDI（Test Data Input） | 测试数据输入 |
| 4 | TDO（Test Data Output） | 测试数据输出 |
| 5 | TRST（Test Reset Input） | 测试复位输入 |
| 6 | RTCK（Return Test Clock） | 测试时钟返回 |
| 7 | nSRST（System Reset） | 目标系统复位 |

在 STM32 内部固化有 JTAG 部件，仿真器对 JTAG 接口的支持也非常全面，程序下载速度较快。

### 2. SWD 接口

SWD（serial wire debug，串行线调试）是 ARM 公司开发的仿真调试接口 [见图 3-10（b）]。如表 3-5 所示，SWD 只需要三根线（不含复位与电源），最少只需要两根线就可以完成程序的下载和仿真调试。相对于 JTAG 接口，结构简单，可以节约硬件端口资源，但是使用范围没有 JTAG 接口广泛，主流调试器上也是后来才加的 SWD 调试模式。

表 3-5　SWD 接口引脚定义及其功能

| 序号 | 引　脚 | 功　　能 |
|---|---|---|
| 1 | SWDIO（Serial Wire Data Input & Output） | 串行输入/输出信号 |
| 2 | SWCLK（Serial Wire Clock） | 串行时钟信号 |
| 3 | SWO（Serial Wire Output Trace Port） | 串行输出跟踪信号 |

在 STM32 内部固化有 SWD 部件，最新的仿真器也大多支持 SWD 接口。SWD 模式比 JTAG 在高速模式下更加可靠。在大数据量的情况下 JTAG 下载程序会失败，但是 SWD 失败的概率会小很多。基本使用 JTAG 仿真模式的情况下是可以直接使用 SWD 模式的，只要仿真器支持，推荐使用这个模式。

除了使用仿真器进行代码下载，STM32 芯片内部还固化了一段通过串口 1（USART1）进行软件下载的程序，可以实现在线可编程（in system programming，ISP），但是这种方法下载程序速度较慢，也不能实现程序仿真调试。在性价比极高的开源仿真器日益普及的情况下，初学阶段并不推荐使用该方法下载程序。

# 3.4　软件集成开发环境

对于 STM32F103ZE 开发平台而言，ST 公司推出了支持其芯片的多款集成开发环境。考虑到 Cortex-M 内核芯片跨厂商平台的通用性，目前业界使用的主流集成开发环境仍然是 Keil-MDK-ARM 和 IAR-EWARM 两种。在项目的搭建、配置、编译、调试运行等流程上，两种开发环境都大同小异，本书选用 Keil MDK-ARM 集成开发环境。

Keil 是一家德国软件公司（现已被 ARM 公司收购），专注于提供微处理器集成开发工具。

Keil-MDK-ARM 软件（简称 MDK）是目前 ARM 的 Cortex-M 内核微处理器开发的主流工具，提供了包括 C 语言编译器、宏汇编、连接器、库管理和一个功能强大的仿真调试器在内的完整开发方案，并通过一个完整的开发环境 μVision 将这些功能组合在一起。 MDK-ARM 专为微控制器应用而设计，而且功能强大，可以自动配置启动代码，集成了 Flash 烧写模块，具备强大的 Simulation 设备模拟、性能分析等功能，能够满足大多数苛刻的嵌入式应用。

目前最新版本是 Keil MDK μVision5，可以到 Keil 官网下载。需要说明的是，μVision5 的安装、使用较 μVision4 在器件支持上有些区别。在 μVision5 安装完成后，软件会自动进入引导界面，选择使用者需要的器件支持包（device family pack，DFP）。由于网络的原因经常会出现安装失败的情况。如果遇到这种情况，建议单独下载器件支持包，离线安装。

本书使用的开发平台的主控芯片是 STM32F103ZE，该芯片的器件支持包为 Keil. STM32F1xx_DFP.2.3.1.pack，可以到 Keil 官网下载。

关于 MDK 的安装，需要注意以下几点：

（1）安装路径不能带中文，必须是英文路径，否则在使用过程中可能会出现莫名其妙的问题。

（2）安装目录尽量不与 51 的 Keil 或者 Keil4 冲突，三者目录分开。

（3）Keil5 的安装比起 Keil4 多了一个步骤，必须添加器件支持包（MCU 库），不然无法使用。

**温馨提示**：安装 MDK 及器件支持包的过程，请扫码观看视频。

扫码看视频

## 3.5 新建工程模板

本节介绍建立标准外设库工程模板,以后建工程可以直接复制使用该模板。新建工程模板需要准备标准函数库文件 STM32F10x_StdPeriph_Lib_V3.5.0.zip,可以到 ST 公司的官网上下载。

### 3.5.1 新建本地文件夹

新建本地工程文件夹、管理库文件和用户文件。下面介绍怎样建立基于 V3.5 版本固件库的工程模板目录。

(1) 先在计算机的某个盘符下新建一个 Template 目录,作为基于 STM32 固件库的工程模板目录。

(2) 在 Template 工程模板目录下,新建 Libraries、Project、User 三个子目录,如图 3-11 所示。

其中 Libraries 用来存放 ST 公司官方提供的库函数源码文件和 CMSIS 相关的启动文件;Project 用来保存工程目录文件,工程编译过程中的连接文件以及输出文件都保存在这个文件夹下;User 用来存放用户自己写的文件、主函数文件 main.c,以及 stm32f10x_conf.h、stm32f10x_it.c、stm32f10x_it.h 文件。

(3) 把官方固件库 Libraries\STM32F10x_StdPeriph_Driver 复制到 Libraries 文件夹下,把官方固件库 Libraries\CMSIS 复制到 Libraries 文件夹下,如图 3-12 所示。

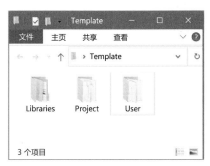

图 3-11 给工程模板添加子目录

图 3-12 Libraries 文件夹子目录

在启动文件 startup 中由于使用的是 STM32F103ZET6 芯片,该芯片的 Flash 大小是 512 KB,属于大容量产品,所以选 startup_stm32f10x_hd.s。

(4) 把官方固件库 Project\STM32F10x_StdPeriph_Template 下面的 stm32f10x_conf.h、stm32f10x_it.c、stm32f10x_it.h 文件复制到 User 文件夹下,如图 3-13 所示。

通过以上几个步骤,每个文件夹里复制了官方固件库的相关文件,接下来就要新建项目了。

图 3-13 User 文件夹目录文件

### 3.5.2 在 MDK 中新建项目

在 MDK 中新建项目的主要步骤如下：

（1）运行 Keil μVision5 软件，如图 3-14 所示，选择 Project → New μVision Project 命令，新建一个工程，工程名根据喜好命名，这里取 Template（模板），保存在 Project 文件夹下，弹出如图 3-15 所示对话框。

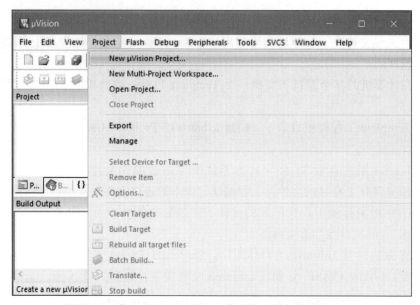

图 3-14　在 Keil MDK-ARM 集成开发环境中新建 Project

（2）如图 3-15 所示，选择 STMicroelectronics 下的 STM32F1 Series 中的 STM32F103ZE，单击 OK 按钮，弹出如图 3-16 所示对话框。

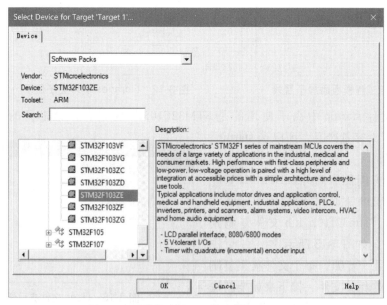

图 3-15　"选择 STM32 芯片型号"对话框

（3）如图 3-16 所示集成环境配置对话框，可以对开发环境进行配置，这里不做任何配置，直接关闭。

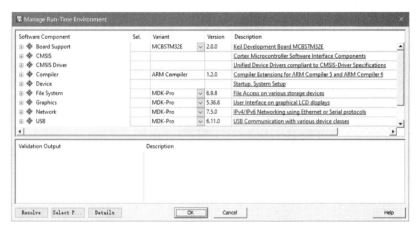

图 3-16 "集成环境配置"对话框

### 3.5.3 MDK 工程项目配置

建好了工程项目文件之后，接下来需要把物理文件夹中的文件有序地添加到工程中，并对工程进行配置。

**1. 在工程中添加组文件夹对文件进行管理**

（1）如图 3-17 所示，右击工程管理窗口的 Target 1，在弹出的快捷菜单中，选择 Manage Project Items 命令，弹出如图 3-18 所示对话框。

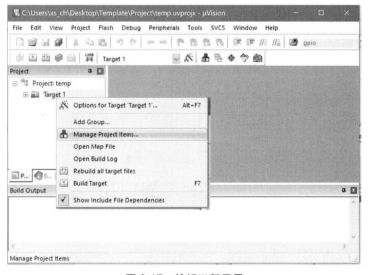

图 3-17 编辑工程目录

（2）依次修改 Target 1 为 template，在 Groups 组管理窗口中添加 STARTUP、CMSIS、FWLIB、USER、DOC 五个组文件夹。在 STARTUP 组文件夹中添加启动文件 startup_stm32f10x_hd.s，在 CMSIS 组文件夹中添加内核库文件 core_cm3.c、system_stm32f10x.c、 stm32f10x.h 三个文件；在 FWLIB 组文件夹中添加外设固件库文件和 misc.c 文件；在 USER 组文件夹里添加 main.c、stm32f10x_it.c、stm32f10x_conf.h 文件，以及用户自己编写的源程序文件（扩展名为 ".c"）；在 DOC 组文件夹中按需添加工程说明文件。如图 3-18 所示，文件添加完成后，单击 OK 按钮关闭对话框。

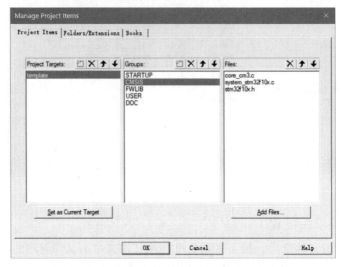

图 3-18　添加组文件夹并向组文件夹添加文件

**2．配置工程选项**

这一步的配置工作很重要，很多人串口用不了 printf() 函数，编译有问题，下载有问题，都是这个步骤的配置出了错。

（1）如图 3-17 所示，选择快捷菜单中的 Options for Target 'Template' 命令或者单击工具栏魔术棒按钮，打开如图 3-19 所示 "工程配置" 对话框，选择 Target 选项卡。

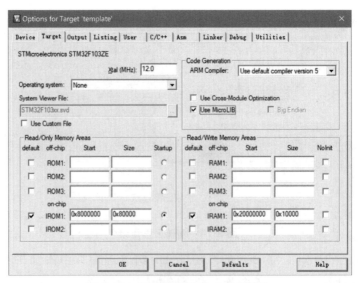

图 3-19　"工程配置" Target 选项卡

（2）在 Target 选项卡中选中 Use MicroLIB 复选框，为的是在日后编写串口驱动的时候可以使用 printf() 函数。单击 Output 选项卡标签，打开 Output 选项卡，如图 3-20 所示。

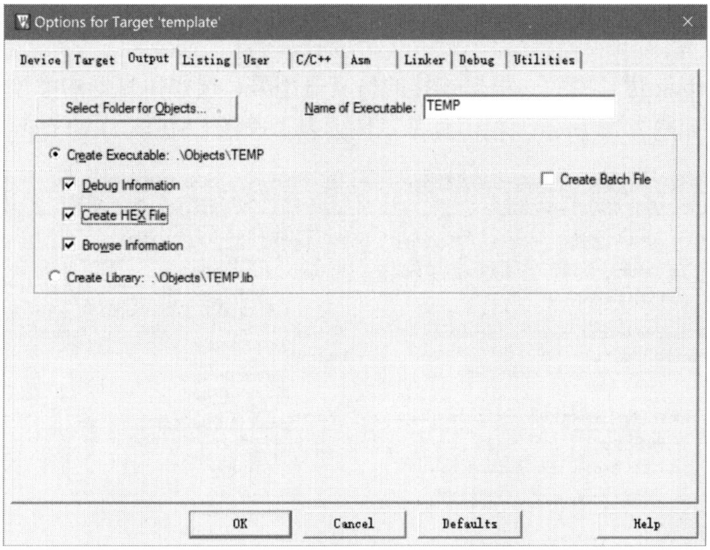

图 3-20 "工程配置" Output 选项卡

（3）在 Output 选项卡中，如果选中了 Create HEX File 复选框，则在编译的过程中生成 hex 文件。单击 C/C++ 选项卡标签，打开 C/C++ 选项卡，如图 3-21 所示。

（4）在 C/C++ 选项卡中，添加处理宏及编译器编译的时候查找的头文件路径。如果头文件路径添加有误，则编译的时候会报错找不到头文件。

在这个选项卡中添加宏，就相当于在文件中使用 "#define" 语句定义宏一样。在编译器中添加宏的好处就是，只要用了这个模板，就不用在源文件中修改代码。在 Define 后的文本框中输入宏名 STM32F10X_HD, USE_STDPERIPH_DRIVER，并用英文半角的逗号分隔。

STM32F10X_HD 宏：为了告诉 STM32 标准库，这里使用的芯片类型是大容量的 STM32，使 STM32 标准库根据我们选定的芯片型号来配置。

USE_STDPERIPH_DRIVER 宏：为了让 stm32f10x.h 包含 stm32f10x_conf.h 这个头文件。

在 Include Paths 后的文本框里添加头文件的路径，如果编译的时候提示找不到头

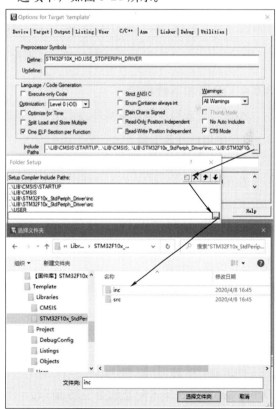

图 3-21 "工程配置" C/C++ 选项卡

文件，一般就是这里配置出了问题。把头文件放到了哪个文件夹，就把该文件夹添加到这里即可（请使用图 3-21 所示的方法用文件浏览器来添加路径，不要直接手工输入路径，容易出错）。

（5）配置 Debug 仿真模式。根据连接的仿真器型号，选择仿真器的类型。本书使用的是 Fire-Debugger，如图 3-22 所示，在仿真器下拉列表中选择 CMSIS-DAP Debugger。

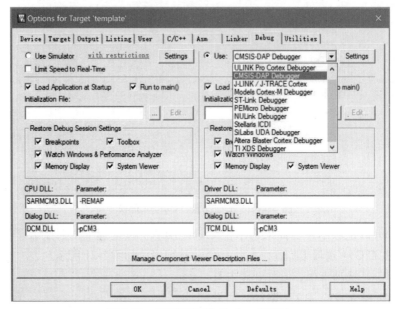

图 3-22 "工程配置" Debug 选项卡

### 3.5.4 编译和下载程序

编译和下载程序主要有两种方式：一种使用仿真器下载，另一种使用串口下载程序下载。

**1. 使用仿真器下载**

1）硬件连接

如图 3-23 所示，把仿真器用 USB 线连接计算机，如果仿真器的灯亮则表示正常，可以使用。然后把仿真器的另外一端连接到开发板，给开发板加电，然后就可以通过软件 Keil 或者 IAR 给开发板下载程序。

2）仿真器配置

在仿真器连接好计算机和开发板且开发板供电正常的情况下，打开编译软件 Keil，在魔术棒选项卡里面选择仿真器的型号，如图 3-22 所示。

Utilities 选项卡配置如图 3-24 所示。Debug Settings 选项卡配置如图 3-25 所示。

图 3-23 仿真器与开发板连接图

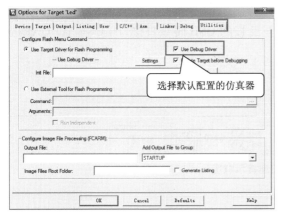

图 3-24　选中 Use Debug Driver 复选框

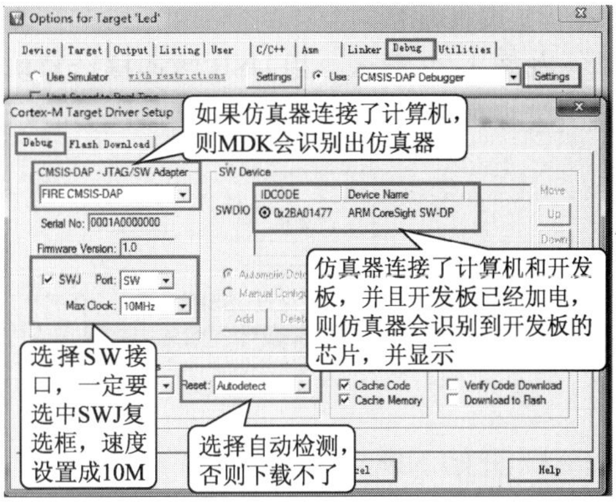

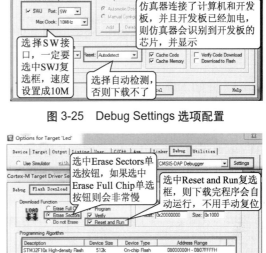

图 3-25　Debug Settings 选项配置

3）选择目标板

具体选择多大的 Flash 要根据板子上的芯片型号来决定。如图 3-26 所示，本书配套使用的开发板选 512K。这里面有个小技巧就是同时选中 Reset and Run 复选框，这样程序下载之后就会自动运行，否则需要手动复位。擦除的 Flash 大小选中 Erase Sectors 复选框即可，不要选中 Erase Full Chip 复选框，不然下载会比较慢。

4）下载程序

如果前面步骤都成功了，接下来就可以

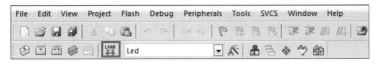

图 3-26　选择目标板

把编译好的程序下载到开发板上运行。下载程序不需要其他额外的软件，直接单击图 3-27 所示的 LOAD 按钮即可。

图 3-27　MDK 的编译工具栏

如图 3-28 所示，程序下载后，Build Output 窗口如果出现 Application running…则表示程序下载成功。

### 2. 使用串口下载程序下载

1）安装 USB 转串口驱动

本书使用的 STM32 开发板用的 USB 转串

图 3-28　Build Output 窗口

口的驱动芯片是 CH340，要使用串口得先在计算机中安装 USB 转串口驱动—CH340 版本。驱动可在网上搜索下载。如果 USB 转串口驱动安装成功,USB 线跟板子连接没有问题,在"计算机"→"管理"→"设备管理器"→"端口"中可识别到串口。

2）硬件连接

如图 3-29 所示，用 USB 线连接计算机和开发板的 USB 转串口接口：USB TO UART，给开发板加电。

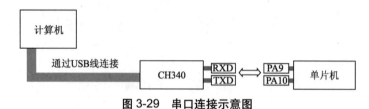

图 3-29 串口连接示意图

3）开始下载

打开 mcuisp 软件，如图 3-30 所示，配置如下：(1) 搜索串口，设置波特率为 115 200（尽量不要设置太高）；(2) 选择要下载的 HEX 文件；(3) 校验、编程后执行；(4) DTR 低电平复位，RTS 高电平进入 bootloader；(5) 开始编程。

如果出现一直连接的情况，按一下开发板的复位键即可。下载成功将会出现图 3-31 所示的提示界面。

扫码看视频

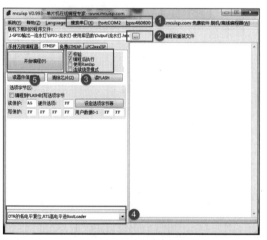

图 3-30 ISP 下载配置

图 3-31 ISP 下载成功

**温馨提示**：新建工程模板的操作，请扫码观看视频。

# 第 4 章

# 实践项目1——点亮LED

本章首先讲述STM32芯片架构，然后讲述存储器映射、寄存器映射以及在C语言中的封装，最后简单介绍GPIO外设等基础理论知识。通过实验点亮LED，讲解GPIO的初始化过程，并通过扩展项目进行巩固提高。

### 学习目标

- 了解STM32芯片的架构，掌握STM32芯片内部部件。
- 掌握存储器映射的基本概念，了解存储器区域功能划分。
- 掌握寄存器及寄存器映射的概念，了解总线基地址、外设基地址、外设寄存器等概念，看懂C语言对寄存器的封装过程。
- 了解GPIO外设的功能。
- 掌握GPIO外设初始结构体，会模仿利用库函数初始化结构体。

### 任务描述

点亮LED是学习嵌入式编程的第一个项目，本项目通过GPIO端口控制LED亮灭，学习嵌入式编程的基本思路，学会GPIO的初始化方法。

## 4.1 相关知识

### 4.1.1 STM32芯片架构

STM32芯片主要由内核和片上外设组成。若与计算机类比，内核与外设就如同计算机上的CPU与主板、内存、显卡、硬盘的关系。

STM32F103采用的是Cortex-M3内核，内核即CPU，由ARM公司设计。ARM公司并不生产芯片，而是出售其芯片技术授权。芯片生产厂商(SOC)如ST、TI、Freescale，负责在内核之外设计部件并生产整个芯片，这些内核之外的部件称为核外外设或片上外设。如GPIO、USART（串口）、IIC、SPI等都称为片上外设。具体如图4-1所示。

芯片（这里指内核,或者称为CPU）和外设之间通过各种总线连接,其中驱动单元有4个,被动单元也有4个,如图4-2所示。为了方便理解,可以把驱动单元理解成是CPU部分,被动单元都理解成外设。下面简单介绍下驱动单元和被动单元的各个部件。

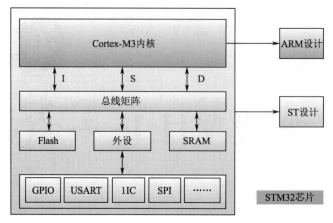

图 4-1　STM32 芯片架构简图

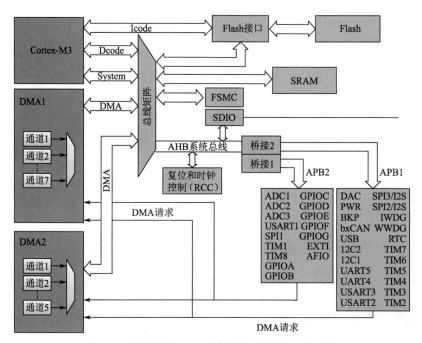

图 4-2　STM32F10xx 系统框图（不包括互联型）

### 1．ICode 总线

ICode 中的 I 表示 Instruction，即指令。我们写好的程序编译之后都是一条条指令，存放在 Flash 中，内核要读取这些指令来执行程序就必须通过 ICode 总线，它几乎每时每刻都需要被使用，它是专门用来取指的。

### 2．驱动单元

1）DCode 总线

DCode 中的 D 表示 Data，即数据，说明这条总线是用来取数的。在写程序的时候，数据有常量和变量两种，常量就是固定不变的，用 C 语言中的 const 关键字修饰，是放到内部的 Flash 当中的，变量是可变的，不管是全局变量还是局部变量都放在内部的 SRAM 中。因为数据可以被 Dcode 总线和 DMA 总线访问，所以为了避免访问冲突，在取数的时候需要经过一个总线矩阵来仲裁，决定哪个总线在取数。

2）系统总线

系统总线主要是访问外设的寄存器，通常说的寄存器编程，即读写寄存器都是通过这根系统总线来完成的。

3）DMA 总线

DMA 总线也主要是用来传输数据的，这个数据可以是在某个外设的数据寄存器，可以在 SRAM，也可以在内部的 Flash。因为数据可以被 Dcode 总线和 DMA 总线访问，所以为了避免访问冲突，在取数的时候需要经过一个总线矩阵来仲裁，决定哪个总线在取数。

### 3．被动单元

1）内部的闪存存储器

内部的闪存存储器即 Flash，我们编写好的程序就放在这个地方。内核通过 ICode 总线来取里面的指令。

2）内部的 SRAM

内部的 SRAM，即通常说的 RAM，程序的变量、堆栈等的开销都是基于内部的 SRAM。内核通过 DCode 总线来访问它。

3）FSMC

FSMC 的英文全称是 flexible static memory controller，称为灵活的静态的存储器控制器，是 STM32F10xx 中一个很有特色的外设，通过 FSMC，可以扩展内存，如外部的 SRAM、NANDFLASH 和 NORFLASH。但有一点要注意的是，FSMC 只能扩展静态的内存，不能扩展动态内存，比如 SDRAM 就不能扩展。

4）AHB 到 APB 的桥

从 AHB 总线延伸出来的两条 APB2 和 APB1 总线，上面挂载着 STM32 各种各样的特色外设。经常说的 GPIO、串口、IIC、SPI 这些外设就挂载在这两条总线上。学习 STM32 的重点，就是要学会编程这些外设去驱动外部的各种设备。

### 4.1.2  存储器映射

在图 4-2 中，被控单元的 Flash、RAM、FSMC 和 AHB 到 APB 的桥（即片上外设），这些功能部件共同排列在一个 4 GB 的地址空间内。在编程的时候，可以通过它们的地址找到它们，然后来操作它们（通过 C 语言对它们进行数据的读和写）。

### 1．存储器映射

存储器本身不具有地址信息，它的地址是由芯片厂商或用户分配，给存储器分配地址的过程就称为存储器映射，具体如图 4-3 所示。如果给存储器重新分配一个地址就称为存储器重映射。

### 2．存储器区域功能划分

在这 4 GB 的地址空间中，ARM 已经粗线条地平均分成了八个块（Block），每块 512 MB，并且规定了它们的用途，如表 4-1 所示。

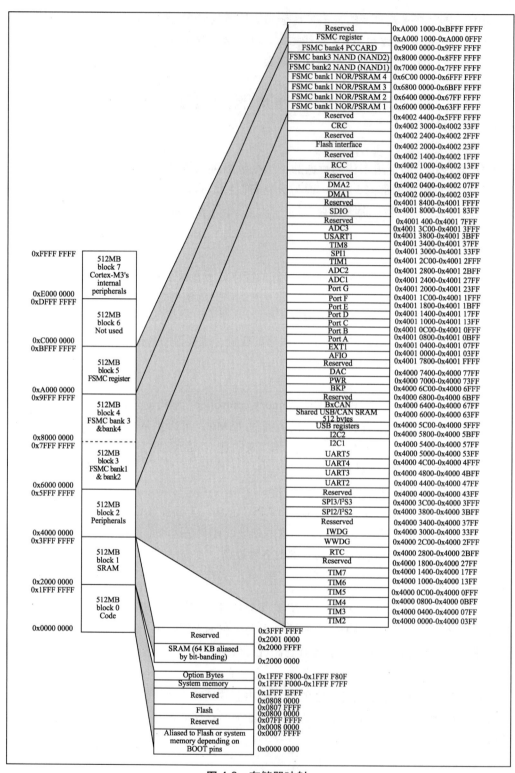

图 4-3　存储器映射

表 4-1    存储器功能划分

| 序号（块） | 用途 | 地址范围 | 大小 |
|---|---|---|---|
| Block0 | Code | 0x0000 0000 ~ 0x1FFF FFFF | 512 MB |
| Block1 | SRAM | 0x2000 0000 ~ 0x3FFF FFFF | 512 MB |
| Block2 | 片上外设 | 0x4000 0000 ~ 0x5FFF FFFF | 512 MB |
| Block3 | FSMC 的 bank1 ~ bank2 | 0x6000 0000 ~ 0x7FFF FFFF | 512 MB |
| Block4 | FSMC 的 bank3 ~ bank4 | 0x8000 0000 ~ 0x9FFF FFFF | 512 MB |
| Block5 | FSMC 寄存器 | 0xA000 0000 ~ 0xBFFF FFFF | 512 MB |
| Block6 | 没有使用 | 0xC000 0000 ~ 0xDFFF FFFF | 512 MB |
| Block7 | Cortex-M3 内部外设 | 0xE000 0000 ~ 0xFFFF FFFF | 512 MB |

在这八个 Block 里面，有三个 Block 非常重要，也是我们最关心的，即 Block0 用来设计成内部 Flash，Block1 用来设计成内部 RAM，Block2 用来设计成片上的外设，这三个 Block 里面的具体区域的功能划分如表 4-2 所示。

表 4-2    存储器 Block0~Block2 内部区域的功能划分

| 序号（块） | 用途 | 地址范围 |
|---|---|---|
| Block0 | 预留 | 0x1FFF F810 ~ 0x1FFF FFFF |
| | 选项字节：用于配置读写保护、BOR 级别、软件/硬件看门狗以及器件处于待机或停止模式下的复位。当芯片不小心被锁住之后，可以从 RAM 里面启动来修改相应的寄存器位 | 0x1FFF F800 - 0x1FFF F80F |
| | 系统存储器：里面存的是 ST 出厂时烧写好的 ISP 自举程序（即 Bootloader），用户无法改动。串口下载的时候需要用到这部分程序 | 0x1FFF F000- 0x1FFF F7FF |
| | 预留 | 0x0808 0000 ~ 0x1FFF EFFF |
| | Flash：512 KB，程序就放在这里 | 0x0800 0000 ~ 0x0807 FFFF |
| | 预留 | 0x0008 0000 ~ 0x07FF FFFF |
| | 取决于 BOOT 引脚，为 Flash、系统存储器、SRAM 的别名 | 0x0000 0000 ~ 0x0007 FFFF |
| Block1 | 预留 | 0x2001 0000 ~ 0x3FFF FFFF |
| | SRAM 64 KB | 0x2000 0000 ~0x2000 FFFF |
| Block2 | APB1 总线外设 | 0x4000 0000 ~ 0x4000 77FF |
| | APB2 总线外设 | 0x4001 0000 ~ 0x4001 3FFF |
| | AHB 总线外设 | 0x4001 8000 ~ 0x5003 FFFF |

## 4.1.3    寄存器映射

我们知道，存储器本身没有地址，给存储器分配地址的过程称为存储器映射。那什么叫寄存器映射？寄存器到底是什么？

### 1. 寄存器及寄存器映射

在存储器 Block2 这块区域，设计的是片上外设，它们以 4 字节为 1 个单元，共 32 bit，每一个单元对应不同的功能，当控制这些单元时就可以驱动外设工作。可以找到每个单元的起始地址，然后通过 C 语言指针的操作方式来访问这些单元，如果每次都是通过这种地址的方式来访问，不仅不好记忆还容易出错，这时可以根据每个单元功能的不同，以功能为名给这个内存单元取一个别名，这个别名就是经常说的寄存器，这个给已经分配好地址的有特定功能的内存单元取别名的过程就称为寄存器映射。

比如，找到 GPIOB 端口的输出数据寄存器 ODR 的地址是 0x4001 0C0C（至于这个地址如何找到这里先不介绍），ODR 寄存器是 32 bit，低 16 bit 有效，对应着 16 个外部 I/O，写 0/1 对应的 I/O 则输出低 / 高电平。现在通过 C 语言指针的操作方式，让 GPIOB 的 16 个 I/O 都输出高电平，语句如下：

```
*(unsigned int*)(0x4001 0C0C) = 0xFFFF;
```

0x4001 0C0C 在我们看来是 GPIOB 端口 ODR 的地址，但是在编译器看来，这只是一个普通的变量，是一个立即数，要想让编译器也认为是指针，需要进行强制类型转换，把它转换成指针，即 (unsigned int *)0x4001 0C0C，然后再对这个指针进行取内容（*）操作。

这种通过绝对地址访问内存单元不好记忆且容易出错，可以通过寄存器的方式来操作，具体如下：

```
#define  GPIOB_ODR  (unsigned int*)(GPIOB_BASE+0x0C)
*GPIOB_ODR = 0xFF;
```

为了方便操作，可把指针操作"*"也定义到寄存器别名里面，具体如下：

```
#define  GPIOB_ODR  *(unsigned int*)(GPIOB_BASE+0x0C)
GPIOB_ODR = 0xFF;
```

### 2．总线基地址

片上外设区分为三条总线，根据外设速度的不同，挂载在不同的总线上，APB1 挂载低速外设，APB2 和 AHB 挂载高速外设。相应总线的最低地址称为该总线基地址，总线基地址也是挂载在该总线上的首个外设的地址。其中，APB1 总线的地址最低，片上外设从这里开始，又称外设基地址。STM32F10xx 总线基地址如表 4-3 所示。

表 4-3　STM32F10xx 总线基地址

| 总线名称 | 总线基地址 | 相对外设基地址的偏移 |
| --- | --- | --- |
| APB1 | 0x4000 0000 | 0x0000 0000 |
| APB2 | 0x4001 0000 | 0x0001 0000 |
| AHB | 0x4001 8000 | 0x0001 8000 |

### 3．外设基地址

总线上挂载着各种外设，这些外设也有自己的地址范围，特定外设的首个地址称为"xx 外设基地址"，又称 xx 外设的边界地址。具体有关 STM32F10xx 外设的边界地址请参考《STM32F10xx 参考手册》相应章节。

这里以 GPIO 这个外设为例来讲解外设基地址。GPIO 属于高速外设，挂载在 APB2 总线上，外设基地址如表 4-4 所示。

表 4-4　GPIO 外设基地址

| 外设名称 | 外设基地址 | 相对 APB2 总线的地址偏移 |
| --- | --- | --- |
| GPIOA | 0x4001 0800 | 0x0000 0800 |
| GPIOB | 0x4001 0C00 | 0x0000 0C00 |
| GPIOC | 0x4001 1000 | 0x0000 1000 |
| GPIOD | 0x4001 1400 | 0x0000 1400 |
| GPIOE | 0x4001 1800 | 0x0000 1800 |

续表

| 外设名称 | 外设基地址 | 相对 APB2 总线的地址偏移 |
|---|---|---|
| GPIOF | 0x4001 1C00 | 0x0000 1C00 |
| GPIOG | 0x4001 2000 | 0x0000 2000 |

#### 4．外设寄存器

在外设的地址范围内，分布着的就是该外设的寄存器。以 GPIO 外设为例，GPIO 外设有很多个寄存器，每一个都有特定的功能。每个寄存器为 32 bit，占 4 字节，在该外设的基地址上按照顺序排列，寄存器的位置都以相对该外设基地址的偏移地址来描述。下面以 GPIOB 端口为例来说明，如表 4-5 所示。

表 4-5　GPIOB 的寄存器地址

| 寄存器名称 | 寄存器地址 | 相对 GPIOB 外设基地址的偏移 |
|---|---|---|
| GPIOB_CRL | 0x4001 0C00 | 0x00 |
| GPIOB_CRH | 0x4001 0C04 | 0x04 |
| GPIOB_IDR | 0x4001 0C08 | 0x08 |
| GPIOB_ODR | 0x4001 0C0C | 0x0C |
| GPIOB_BSRR | 0x4001 0C10 | 0x10 |
| GPIOB_BRR | 0x4001 0C14 | 0x14 |
| GPIOB_LCKR | 0x4001 0C18 | 0x18 |

有关外设的寄存器说明可参考《STM32F10xx 参考手册》中具体章节的寄存器描述部分。

#### 5．C 语言对寄存器的封装

以上所有的关于存储器映射的内容，最终都是为读者更好地理解如何用 C 语言控制读写外设寄存器做准备。

1）封装总线和外设基地址

在编程时为了方便理解和记忆，把总线基地址和外设基地址定义成相应的宏，总线或者外设都以它们的名字作为宏名，例如代码清单 4-1 所示。

代码清单 4-1　基地址封装代码

```
 1 /* 外设基地址 */
 2 #define PERIPH_BASE          ((unsigned int)0x40000000)
 3
 4 /* 总线基地址 */
 5 #define APB1PERIPH_BASE      PERIPH_BASE
 6 #define APB2PERIPH_BASE      (PERIPH_BASE + 0x00010000)
 7 #define AHBPERIPH_BASE       (PERIPH_BASE + 0x00020000)
 8
 9
10 /* GPIO 外设基地址 */
11 #define GPIOA_BASE           (APB2PERIPH_BASE + 0x0800)
12 #define GPIOB_BASE           (APB2PERIPH_BASE + 0x0C00)
13 #define GPIOC_BASE           (APB2PERIPH_BASE + 0x1000)
14 #define GPIOD_BASE           (APB2PERIPH_BASE + 0x1400)
15 #define GPIOE_BASE           (APB2PERIPH_BASE + 0x1800)
```

```
16 #define GPIOF_BASE          (APB2PERIPH_BASE + 0x1C00)
17 #define GPIOG_BASE          (APB2PERIPH_BASE + 0x2000)
18
19
20 /* 寄存器基地址, 以 GPIOB 为例 */
21 #define GPIOB_CRL           (GPIOB_BASE+0x00)
22 #define GPIOB_CRH           (GPIOB_BASE+0x04)
23 #define GPIOB_IDR           (GPIOB_BASE+0x08)
24 #define GPIOB_ODR           (GPIOB_BASE+0x0C)
25 #define GPIOB_BSRR          (GPIOB_BASE+0x10)
26 #define GPIOB_BRR           (GPIOB_BASE+0x14)
27 #define GPIOB_LCKR          (GPIOB_BASE+0x18)
```

2）封装寄存器

引入 C 语言中的结构体语法对寄存器进行封装。GPIO 外设的寄存器列表封装具体代码如代码清单 4-2 所示。

代码清单 4-2　GPIO 外设寄存器封装代码

```
1 typedef unsigned            int uint32_t;      /* 无符号 32 位变量 */
2 typedef unsigned short      int uint16_t;      /* 无符号 16 位变量 */
3
4 /* GPIO 寄存器列表 */
5 typedef struct {
6       uint32_t CRL;         /*GPIO 端口配置低寄存器       地址偏移:0x00 */
7       uint32_t CRH;         /*GPIO 端口配置高寄存器       地址偏移:0x04 */
8       uint32_t IDR;         /*GPIO 数据输入寄存器         地址偏移:0x08 */
9       uint32_t ODR;         /*GPIO 数据输出寄存器         地址偏移:0x0C */
10      uint32_t BSRR;        /*GPIO 位设置/清除寄存器      地址偏移:0x10 */
11      uint32_t BRR;         /*GPIO 端口位清除寄存器       地址偏移:0x14 */
12      uint32_t LCKR;        /*GPIO 端口配置锁定寄存器     地址偏移:0x18 */
13 } GPIO_TypeDef;
```

这段代码用 typedef 关键字定义了名为
GPIO_TypeDef 的结构体类型，结构体内有 7
个成员变量，变量名正好对应寄存器的名字。
C 语言的语法规定，结构体内变量的存储空
间是连续的，其中 32 位的变量占用 4 字节，
16 位的变量占用 2 字节，如图 4-4 所示。

假如这个结构体的首地址为 0x40010C00
（这也是第一个成员变量 CRL 的地址），那么
结构体中第二个成员变量 CRH 的地址即为

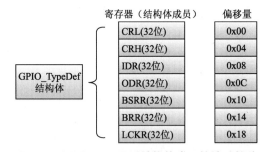

图 4-4　GPIO_TypeDef 结构体成员的地址偏移

0x40010C00+0x04，加上的这个 0x04，正是代表 CRL 所占用的 4 字节地址的偏移量，其他成员
变量相对于结构体首地址的偏移，在上述代码右侧注释已给出。这样的地址偏移与 STM32 的
GPIO 外设定义的寄存器地址偏移一一对应，只要给结构体设置好首地址，就能把结构体内成
员的地址确定下来，然后就能以结构体的形式访问寄存器，示例如代码清单 4-3 所示。

代码清单 4-3  通过结构体指针访问寄存器

```
1 GPIO_TypeDef  *GPIOx;          // 定义一个 GPIO_TypeDef 型结构体指针 GPIOx
2 GPIOx = GPIOB_BASE;            // 把指针地址设置为宏 GPIOB_BASE 地址
3 GPIOx->IDR=0xFFFF;
4 GPIOx->ODR=0xFFFF;
5
6
7 uint32_t temp;
8 temp=GPIOx->IDR;               // 读取 GPIOB_IDR 寄存器的值到变量 temp 中
```

这段代码先定义一个结构体指针并指向地址 GPIOB_BASE(0x4001 0C00)，使用地址确定下来，然后根据 C 语言访问结构体的语法，用 GPIOx->ODR 及 GPIOx->IDR 等方式读写寄存器。

最后，直接使用宏定义好 GPIO_TypeDef 类型的指针，并指向各个 GPIO 端口的首地址，这样就可以直接用宏访问寄存器了，具体代码如代码清单 4-4 所示。

代码清单 4-4  GPIO 外设寄存器访问示例代码

```
1 /* 使用 GPIO_TypeDef 把地址强制转换成指针 */
2 #define GPIOA ((GPIO_TypeDef *) GPIOA_BASE)
3 #define GPIOB ((GPIO_TypeDef *) GPIOB_BASE)
4 #define GPIOC ((GPIO_TypeDef *) GPIOC_BASE)
5 #define GPIOD ((GPIO_TypeDef *) GPIOD_BASE)
6 #define GPIOE ((GPIO_TypeDef *) GPIOE_BASE)
7 #define GPIOF ((GPIO_TypeDef *) GPIOF_BASE)
8 #define GPIOG ((GPIO_TypeDef *) GPIOG_BASE)
9 #define GPIOH ((GPIO_TypeDef *) GPIOH_BASE)
10
11
12
13 /* 使用定义好的宏直接访问 */
14 /* 访问 GPIOB 端口的寄存器 */
15 GPIOB->BSRR=0xFFFF;            // 通过指针访问并修改 GPIOB_BSRR 寄存器
16 GPIOB->CRL=0xFFFF;            // 修改 GPIOB_CRL 寄存器
17 GPIOB->ODR=0xFFFF;            // 修改 GPIOB_ODR 寄存器
18
19 uint32_t temp;
20 temp=GPIOB->IDR;             // 读取 GPIOB_IDR 寄存器的值到变量 temp 中
21
22 /* 访问 GPIOA 端口的寄存器 */
23 GPIOA->BSRR=0xFFFF;
24 GPIOA->CRL=0xFFFF;
25 GPIOA->ODR=0xFFFF;
26
27 uint32_t temp;
28 temp=GPIOA->IDR;             // 读取 GPIOA_IDR 寄存器的值到变量 temp 中
```

需要说明的是，这里仅以 GPIO 外设为例，讲解了 C 语言对寄存器的封装。依此类推，其他外设也同样可以用这种方法来封装。这部分工作都由固件库帮我们完成了，这里分析这个封装过程，目的是让读者知其然，也知其所以然。

### 4.1.4　GPIO 简介

GPIO 是通用输入/输出（general purpose input & output）端口的缩写，是 STM32 芯片可控制的引脚，是微控制器中最简单也是最常用的片上外设。由于资源限制，其他片上外设往往要与 GPIO 复用芯片的引脚。STM32 芯片的 GPIO 引脚与外围设备连接，从而实现与外部通信、控制以及数据采集的功能。

STM32F103 微控制器的 GPIO 资源丰富，根据芯片封装不同，最多拥有 GPIOA、GPIOB、GPIOC、…、GPIOG 共 7 组 GPIO 端口，每组 GPIO 端口最多拥有 Pin0~Pin15 共 16 个引脚。根据连接对象的不同，GPIO 端口的每一个引脚都可以独立设置成不同的工作模式。所有的 GPIO 引脚都有基本的输入/输出功能。最基本的输出功能是由 STM32 控制引脚输出高、低电平，实现开关控制，如把 GPIO 引脚接入 LED，就可以控制 LED 的亮灭，引脚接入继电器或三极管，就可以通过继电器或三极管控制外部大功率电路的通断。最基本的输入功能是检测外部输入电平，如把 GPIO 引脚连接到按键，通过电平高低区分按键是否被按下。

关于 GPIO 的基本结构、工作模式及标准库函数将在第 5 章中详细介绍。

## 4.2　项目实施

### 4.2.1　硬件电路实现

在本项目中 STM32 芯片与 LED 的连接如图 4-5 所示，这是一个 RGB 灯，里面由红蓝绿三个小灯构成，使用 PWM 控制时可以混合成 256×256×256 种不同的颜色。

这些 LED 的阴极都是连接到 STM32 的 GPIO 引脚，只要控制 GPIO 引脚的电平输出状态，即可控制 LED 的亮灭。即输出低电平 LED 点亮，输出高电平 LED 熄灭。

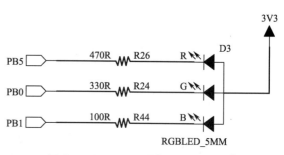

图 4-5　STM32 芯片与 LED 的连接①

### 4.2.2　程序设计思路

这里只讲解核心部分的代码，有些变量的设置，头文件的包含等可能不会涉及，完整的代码请参考本章配套的工程。

为了使工程更加有条理，把与 LED 控制相关的代码独立分开存储，方便以后移植。

在"工程模板"之上新建"led.c"及"led.h"文件，这些文件的命名尽可能见名知意，它们不属于 STM32 标准库的内容，是由用户自己根据应用需要编写的。

#### 1．编程要点

（1）使能 GPIO 端口时钟；

（2）初始化 GPIO 目标引脚为推挽输出模式；

（3）编写测试程序，控制 GPIO 引脚输出低电平，点亮 LED。

---

① 类似电路图为仿真软件制图，图中元件图形符号与国家标准符号不符，二者对照关系参见附录 A。

## 2. 程序流程图

程序流程图是帮助设计人员厘清设计思路的重要工具。在学习嵌入式编程时，一定要养成良好的习惯，初始设计阶段从软件流程图开始，逐步优化后再将流程图转换成具体的代码，往往会事半功倍，提高编程效率。

对于涉及硬件驱动的嵌入式编程而言，本书所有项目的软件流程都由初始化代码和功能实现代码两部分组成。本项目的软件流程图如图 4-6 所示。首先要初始化连接 LED 的 GPIO 端口 PB0、PB1 和 PB5，然后在主循环中点亮 LED。

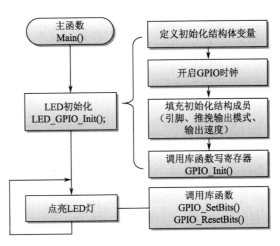

图 4-6　点亮 LED 的软件流程图

### 4.2.3　程序代码分析

首先来看一下项目中"main.c"文件的代码，如代码清单 4-5 所示。C 语言的代码是从 main() 函数开始执行的。在嵌入式程序中，main() 函数一般都有一个超级循环 while(1)，从函数体开始到这个超级循环之前，这一段代码一般都是对软硬件进行初始化，超级循环的循环体一般是调用功能函数完成任务。本项目中首先调用 LED_GPIO_Init() 函数，初始化连接 LED 的 GPIO 端口。超级循环体内调用宏 D3_R_ON，点亮红色 LED；调用 D3_G_OFF，熄灭绿色 LED；调用 D3_B_OFF，熄灭蓝色 LED。

代码清单 4-5　实践项目 1 "main.c" 文件中的代码

```
22 /* Includes ----------------------------------------*/
23 #include "stm32f10x.h"
24 #include "stm32f10x_conf.h"
25 #include "led.h"
26
27 /**
28   * @brief  Main program.
29   * @param  None
30   * @retval None
31   */
32 int main(void)
33 {
34   LED_GPIO_Init();
35   while (1)
36   {
37        D3_R_ON;
38        D3_G_OFF;
39        D3_B_OFF;
40   }
41 }
```

接下来分析驱动文件。为了更方便代码移植，写驱动文件时模仿标准外设库的结构，新建同名的源程序文件和头文件。本项目中新建了"led.c"和"led.h"文件，并且将"led.c"

文件添加到"USER"组中。

为了方便控制 LED，把 LED 常用的亮、灭状态直接定义成宏，如代码清单 4-6 所示。

代码清单 4-6　实践项目 1 "led.h" 文件中的代码

```
1  #ifndef __LED_H
2  #define __LED_H
3  // 文件包含
4  #include "stm32f10x.h"
5  #include "stm32f10x_conf.h"
6  // 宏定义
7  #define D3_G_ON    GPIO_ResetBits(GPIOB, GPIO_Pin_0)
8  #define D3_G_OFF   GPIO_SetBits(GPIOB, GPIO_Pin_0)
9  #define D3_B_ON    GPIO_ResetBits(GPIOB, GPIO_Pin_1)
10 #define D3_B_OFF   GPIO_SetBits(GPIOB, GPIO_Pin_1)
11 #define D3_R_ON    GPIO_ResetBits(GPIOB, GPIO_Pin_5)
12 #define D3_R_OFF   GPIO_SetBits(GPIOB, GPIO_Pin_5)
13 // 函数声明
14 void LED_GPIO_Init(void);
15 void LED_LSD(void);
16 #endif
```

代码中第 1 行和第 16 行构成条件编译结构，即如果没有定义宏"__LED_H"，第 2 ～ 15 行代码将参加编译；否则，第 2 ～ 15 行代码将不参加编译。第 2 行代码为宏"__LED_H"的定义，这样可以防止第 2 ～ 15 行代码重复编译。头文件中一般包括文件包含、宏定义和函数声明等。第 7 ～ 12 行的宏定义中使用库函数 GPIO_ResetBits() 设置端口输出低电平，库函数 GPIO_SetBits() 设置端口输出高电平，从而实现对应 LED 点亮或熄灭。

"led.c" 文件中的代码如代码清单 4-7 所示。

代码清单 4-7　实践项目 1 "led.c" 文件中的代码

```
1  #include "led.h"
2  void LED_GPIO_Init(void)
3  {
4      GPIO_InitTypeDef GPIO_InitStruct;
5
6      RCC_APB2PeriphClockCmd(RCC_APB2Periph_GPIOB,  ENABLE);
7
8      GPIO_InitStruct.GPIO_Mode=GPIO_Mode_Out_PP;
9      GPIO_InitStruct.GPIO_Pin=GPIO_Pin_0|GPIO_Pin_1|GPIO_Pin_5;
10     GPIO_InitStruct.GPIO_Speed=GPIO_Speed_50MHz;
11     GPIO_Init(GPIOB, &GPIO_InitStruct);
12
13     GPIO_SetBits(GPIOB, GPIO_Pin_0|GPIO_Pin_1|GPIO_Pin_5);
14 }
```

在源程序文件中，第 1 行一般都是用 #include 命令包含同名的头文件，后面的代码基本上都是函数定义和变量定义。本项目中为定义 LED_GPIO_Init() 函数，对 LED 使用的 GPIO 口进行初始化配置。

下面具体分析 LED_GPIO_Init() 函数如何实现对相关 GPIO 引脚的初始化配置。

在代码清单 4-7 中，第 6 行调用库函数 RCC_APB2PeriphClockCmd() 来使能 LED 的

GPIO 端口时钟。该函数有两个输入参数：第一个参数用于指定要配置的外设，如代码清单中的"RCC_APB2Periph_GPIOB"，用来指定外设 GPIOB；第二个参数用于设置时钟状态，可输入"DISABLE"关闭或"ENABLE"使能时钟。

代码清单 4-7 第 4 行定义了一个类型为 GPIO_InitTypeDef 的 GPIO 初始化结构体变量 GPIO_InitStruct，用于 GPIO 端口的初始化，此结构体定义了三个成员，作用与取值分别如表 4-6 所示。

表 4-6 结构体 GPIO_InitTypeDef 的成员及其作用与取值

| 结构体成员名称 | 结构体成员作用 | 结构体成员的取值 | 描述 |
| --- | --- | --- | --- |
| GPIO_Pin | 选择待设置的 GPIO 引脚 | GPIO_Pin_0~GPIO_Pin_15 | 选中某引脚 |
| | | GPIO_Pin_All | 选择全部引脚 |
| GPIO_Speed | 设置选中引脚的输出速率 | GPIO_Speed_2MHz | 输出速率 2 MHz |
| | | GPIO_Speed_10MHz | 输出速率 10 MHz |
| | | GPIO_Speed_50MHz | 输出速率 50 MHz |
| GPIO_Mode | 设置选中引脚的工作模式 | GPIO_Mode_AIN | 模拟输入 |
| | | GPIO_Mode_IN_FLOATING | 浮空输入 |
| | | GPIO_Mode_IPD | 下拉输入 |
| | | GPIO_Mode_IPU | 上拉输入 |
| | | GPIO_Mode_Out_OD | 开漏输出 |
| | | GPIO_Mode_Out_PP | 推挽输出 |
| | | GPIO_Mode_AF_OD | 复用开漏输出 |
| | | GPIO_Mode_AF_PP | 复用推挽输出 |

根据表 4-6 的描述，代码清单 4-7 第 8 行选择 GPIO 引脚工作模式为推挽输出模式，用来驱动 LED。

代码清单 4-7 第 9 行选择了要配置的 3 个引脚 Pin0、Pin1 和 Pin5，注意这里用"|"运算可以同时选择多个 GPIO 引脚。

代码清单 4-7 第 10 行的作用是配置 GPIO 引脚的输出频率为 50 MHz，一般而言，此参数的配置应该根据控制对象的具体情况而定，本着够用即可的原则尽量选择较低频率，以达到减小干扰和降低功耗的目的。

在完成对初始化结构体变量成员的赋值后，代码清单 4-7 第 11 行调用 STM32 标准外设库函数 GPIO_Init()，向 GPIOB 的寄存器写入所配置的参数，完成 GPIO 的初始化。此函数的第一个参数取值为 GPIOA~GPIOG，用以选择需要配置的 GPIO 端口，第二个参数为上面定义的初始化结构体变量 GPIO_InitStruct 的指针。

最后，代码清单 4-7 第 13 行调用标准外设库函数 GPIO_SetBits()，作用是让 LED 对应的三个引脚输出高电平，也就是熄灭 LED。此函数的第一个参数为需要操作的 GPIO 端口，第二个参数为需要输出高电平的具体引脚。

在 MDK 中将项目代码成功编译后，下载到开发板运行，可以看到开发板上 D3 灯亮红色。

**温馨提示**：关于本项目代码的编写过程，可以扫描二维码观看视频。

扫码看视频

扫码看视频

# 4.3 拓展项目 1——LED 流水灯

## 4.3.1 拓展项目 1 要求

在本章 RGB 灯初始化程序的基础上，配合延时函数，实现如下功能：

（1）加电 RGB 灯中的红灯（D3_R）闪烁三次后进入（2）；

（2）RGB 灯按照红（D3_R）、绿（D3_G）、蓝（D3_B）的顺序循环闪烁流水点亮；

（3）让开发板上的 LED1（PF7）、LED2（PF8）加入流水灯中。

## 4.3.2 拓展项目 1 实施

本项目的实验原理图如图 4-7 所示。在前期项目的基础上，要实现闪烁、流水灯等功能就需要定义相应的功能函数，然后在主函数合适的位置调用即可。

在实践项目 1 代码的基础上，修改部分或添加部分代码就可以实现拓展项目要求。主要代码见代码清单 4-8、代码清单 4-9 和代码清单 4-10。具体的操作过程，请扫描二维码观看视频。

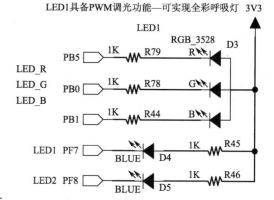

图 4-7 拓展项目 1 实验原理图

代码清单 4-8 拓展项目 1 "main.c" 的代码

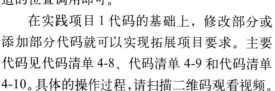

```
1 //* Includes -------------------------------------------------*/
2 #include "stm32f10x.h"
3 #include "stm32f10x_conf.h"
4 #include "led.h"
5
6 /**
7  * @brief   Main program.
8  * @param   None
9  * @retval  None
10 */
11 int main(void)
12 {
13   LED_GPIO_Init();
14   while (1)
15   {
16     D3_R_3TIMES();
17     LED_LSD();
18   }
19 }
```

代码清单 4-9 拓展项目 1 "led.h" 的代码

```
1 #ifndef __LED_H
2 #define __LED_H
3 // 文件包含
4 #include "stm32f10x.h"
5 #include "stm32f10x_conf.h"
```

```
 6  // 宏定义
 7  #define D3_G_ON   GPIO_ResetBits(GPIOB, GPIO_Pin_0)
 8  #define D3_G_OFF  GPIO_SetBits(GPIOB, GPIO_Pin_0)
 9  #define D3_B_ON   GPIO_ResetBits(GPIOB, GPIO_Pin_1)
10  #define D3_B_OFF  GPIO_SetBits(GPIOB, GPIO_Pin_1)
11  #define D3_R_ON   GPIO_ResetBits(GPIOB, GPIO_Pin_5)
12  #define D3_R_OFF  GPIO_SetBits(GPIOB, GPIO_Pin_5)
13  // 函数声明
14  void LED_GPIO_Init(void);
15  void D3_R_3TIMES(void);
16  void LED_LSD(void);
17  #endif
```

代码清单 4-10　拓展项目 1 "led.c" 的代码

```
 1  #include "led.h"
 2  BitAction f_3times=1;// 闪烁三次标志位
 3  void LED_GPIO_Init(void)
 4  {
 5      GPIO_InitTypeDef GPIO_InitStruct;
 6
 7      RCC_APB2PeriphClockCmd(RCC_APB2Periph_GPIOB|RCC_APB2Periph_GPIOF, ENABLE );
 8
 9      GPIO_InitStruct.GPIO_Mode=GPIO_Mode_Out_PP;
10      GPIO_InitStruct.GPIO_Pin=GPIO_Pin_0|GPIO_Pin_1|GPIO_Pin_5;
11      GPIO_InitStruct.GPIO_Speed=GPIO_Speed_50MHz;
12      GPIO_Init(GPIOB, &GPIO_InitStruct);
13
14      GPIO_InitStruct.GPIO_Pin=GPIO_Pin_7|GPIO_Pin_8;
15      GPIO_Init(GPIOF, &GPIO_InitStruct);
16      // 关闭所有LED
17      GPIO_SetBits(GPIOB, GPIO_Pin_0|GPIO_Pin_1|GPIO_Pin_5);
18      GPIO_SetBits(GPIOF, GPIO_Pin_7|GPIO_Pin_8);
19  }
20  // 阻塞延时函数
21  void  Delay(void)
22  {
23      uint32_t i;
24      for(i=0;i<5000000;i++);
25  }
26  // 红灯闪烁三次的函数
27  void D3_R_3TIMES(void)
28  {
29      uint8_t  i;
30      if(f_3times)
31      {
32          for(i=0;i<3;i++)
33          {
34              D3_R_ON ;
35              Delay();
36              D3_R_OFF;
```

```
37                    Delay();
38              }
39        }
40        f_3times=0;
41 }
42 // 流水灯函数
43 void LED_LSD(void)
44 {
45      GPIO_SetBits(GPIOB, GPIO_Pin_0|GPIO_Pin_1|GPIO_Pin_5);
46      GPIO_SetBits(GPIOF, GPIO_Pin_8);
47      GPIO_ResetBits(GPIOB, GPIO_Pin_0);
48      Delay();
49      GPIO_SetBits(GPIOB, GPIO_Pin_0|GPIO_Pin_1|GPIO_Pin_5);
50      GPIO_ResetBits(GPIOB, GPIO_Pin_1);
51      Delay();
52      GPIO_SetBits(GPIOB, GPIO_Pin_0|GPIO_Pin_1|GPIO_Pin_5);
53      GPIO_ResetBits(GPIOB, GPIO_Pin_5);
54      Delay();
55      GPIO_SetBits(GPIOB, GPIO_Pin_5);
56      GPIO_SetBits(GPIOF, GPIO_Pin_7|GPIO_Pin_8);
57      GPIO_ResetBits(GPIOF, GPIO_Pin_7);
58      Delay();
59      GPIO_SetBits(GPIOF, GPIO_Pin_7|GPIO_Pin_8);
60      GPIO_ResetBits(GPIOF, GPIO_Pin_8);
61      Delay();
62 }
```

# 第5章

# 实践项目 2——按键检测

本章将首先详细介绍 STM32 的 GPIO 外设的基本结构、工作模式和初始化及标准库函数；然后介绍 STM32F10x 微处理器的系统时钟，并通过扫描按键的实验，提高读者 GPIO 外设的使用水平与嵌入式编程的基本能力。

## 学习目标

- 掌握 STM32 芯片的 GPIO 外设的基本结构，理解输入与输出结构的基本组成。
- 掌握 GPIO 的工作模式，了解不同模式的典型应用场合。
- 掌握 GPIO 初始化的过程，学会编写具体对象的 GPIO 引脚的初始化代码。了解 GPIO 标准外设库的常用函数的功能。掌握项目代码中所调用的 GPIO 标准库函数的用法。
- 了解 RCC 外设的时钟控制部分，学会使用相关库函数控制外设的时钟。理解时钟路径的配置过程。

## 任务描述

本项目通过检测 GPIO 端口的输入电平，判断按键按下与否，并实现不同按键控制不同的功能。本项目主要实现控制 LED 亮灭，流水灯流水与否及其流水速度。

## 5.1 相关知识

### 5.1.1 GPIO 的基本结构

STM32F103 微控制器的 GPIO 端口资源丰富，根据芯片不同的封装，端口数量有所差别。但是，每一个端口都拥有相同的结构，如图 5-1 所示。也就是说，图 5-1 所示结构为一个引脚的内部结构，16 个这样的结构在一起构成 1 组。STM32F103 芯片中最多有 GPIOA、GPIOB、GPIOC、GPIOD、GPIOE、GPIOF、GPIOG 共 7 组，112 个 GPIO 端口。

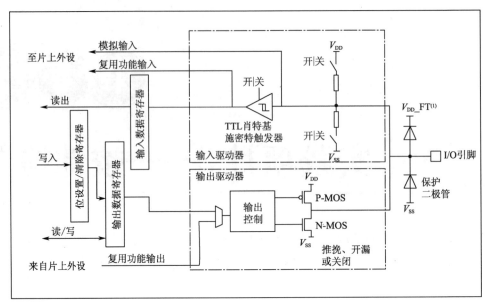

图 5-1　GPIO 端口位的基本结构图

在涉及 GPIO 的编程中，实际上就是对框图中的寄存器进行读 / 写操作，并通过寄存器控制相关电路。

GPIO 引脚处的两个保护二极管分别接电源电压和电源地。当外部电路由于某种原因产生浪涌电压并被导入 GPIO 引脚时，如果浪涌电压高于 $V_{DD}$ 电源电压，上方的保护二极管导通，浪涌电压通过电源电路被滤波电容吸收泄放掉；如果浪涌电压低于电压地 $V_{SS}$ 时，下方的保护二极管导通，浪涌电压同样被滤波电容吸收泄放掉，从而避免浪涌电压对芯片内部电路造成损害。

在图 5-1 中，上部分的点画线框是 GPIO 端口的输入部分。通过程序可以控制图中的电子开关使得 GPIO 端口工作在上拉输入、下拉输入或者浮空输入模式，输入信号根据工作模式的不同可以经过肖特基施密特触发器整形后，送到输入数据寄存器或者复用输入，也可以直接送到模拟输入。

在图 5-1 中，下部分的点画线框是 GPIO 端口的输出部分。其数据来源可以是输出数据寄存器，或者是复用功能输出。通过程序可以控制图中的两个 MOS 管同时工作，此时 GPIO 工作在推挽输出模式；或者 P-MOS 管截止，只控制 N-MOS 管，此时工作在开漏输出模式；或者两个 MOS 管都截止，输出功能关闭。

## 5.1.2　GPIO 的工作模式

STM32F103 微控制器 GPIO 的每一个引脚都可以根据实际应用对象，独立地配置成不同的工作模式，表 5-1 列出了 GPIO 的工作模式及典型应用场合。

图 5-2（a）所示为典型的按键输入电路，为了能检测到稳定的按键操作的电平变化，在按键的下端接地的情况下，在上端接入一个连接到电源电压 $V_{DD}$ 的上拉电阻。在 STM32F103 微控制器的 GPIO 端口内部结构中，输入端有两个电阻，分别通过电子开关连接到电源电压 $V_{DD}$ 和电源地 $V_{SS}$。在按键下端接地的情况下，可以通过程序配置 GPIO 端口为上拉模式，即

上面的电子开关闭合，下面的电子开关断开，如图 5-2（b）所示。此时，相当于在芯片内部连接了一个上拉电阻，这样可以保证在按键操作时微处理器能检测到明确的电平变化。

**表 5-1　GPIO 的工作模式及典型应用场合**

| 工作模式 | | 典型应用场合举例 |
| --- | --- | --- |
| 输入 | 模拟输入 | A/D 转换的模拟信号输入 |
| | 浮空输入 | 串行通信的信号接收，I2C 的数据信号 |
| | 下拉输入 | 按键输入 |
| | 上拉输入 | 按键输入 |
| 输出 | 开漏输出 | 输出电平转换 |
| | 推挽输出 | 输出控制 LED |
| | 复用开漏输出 | 串行通信的信号发送 |
| | 复用推挽输出 | 复用输出的电平转换 |

下面重点分析上拉、下拉输入模式以及非复用输出模式。

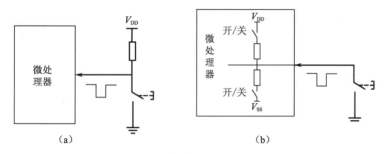

**图 5-2　GPIO 上拉输入模式典型应用示意图**

在上拉模式时，外部电路可以没有上拉，减少外部电路的元件数，减少 PCB 布线空间，降低产品生产成本。同时，由于元器件的减少，在一定程度上也可以提高产品的可靠性。

GPIO 的下拉模式同上拉模式类似，不再赘述。GPIO 端口的推挽输出模式典型应用示意图如图 5-3 所示。在图 5-3（a）中，通过输出控制上方的 P-MOS 管导通，而下方的 N-MOS 管截止，此时外部连接的 LED 通过限流电阻连接到内部电源电压 $V_{DD}$，LED 点亮。在图 5-3（b）中，通过输出控制上方连接电源电压 $V_{DD}$ 的 P-MOS 管截止，同时控制连接到电源地 $V_{SS}$ 的 N-MOS 管导通，从而使得外部的 LED 熄灭。

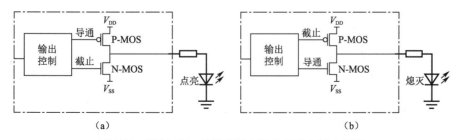

**图 5-3　GPIO 端口的推挽输出模式典型应用示意图**

GPIO 端口的开漏输出模式典型应用是进行电平转换，如图 5-4 所示。在这种工作模式下，通过输出控制将上方的 P-MOS 管截止，只控制下方的 N-MOS 管，就好像下方的场效应管的漏极处于悬空状态，故称为开漏输出。该模式能够使得 STM32 很方便地实现驱动不同电压等级的器件，只需要在输出端接入一个电阻并上拉到后级相应的电压 $V_{CC}$ 即可。

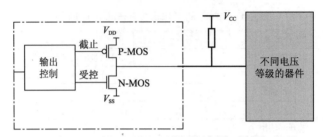

**图 5-4　GPIO 端口的开漏输出模式典型应用示意图**

### 5.1.3　GPIO 的初始化及标准外设库函数

在代码清单 4-7 中，已经介绍了 GPIO 的初始化过程，下面总结一下 GPIO 初始化的步骤。

（1）定义 GPIO_InitTypeDef 类型的初始化结构体变量。

（2）调用标准库函数 RCC_APB2PeriphClockCmd() 打开相应 GPIO 外设的时钟。

（3）根据初始化要求填充初始化结构变量的成员值，包括具体引脚（GPIO_Pin）、工作模式（GPIO_Mode）和输出速率（GPIO_Speed）。对于这些成员的取值可以参考表 4-6。需要说明的是，对于输入模式不必设置 GPIO_Speed 成员的值。

（4）调用标准库函数 GPIO_Init() 将结构体变量的值写入对应 GPIO 的寄存器。

STM32 标准库中的 GPIO 外设常用的标准库函数如表 5-2 所示。这里只需简单了解函数的作用，在分析代码时再做详细讨论。也可以查阅标准库函数使用说明文档了解具体内容。

**表 5-2　GPIO 外设常用的标准库函数**

| 函数名称 | 函数的作用 |
| --- | --- |
| GPIO_Init() | 初始化配置 GPIO |
| GPIO_SetBits() | 将指定 GPIO 引脚设置为高电平状态 |
| GPIO_ResetBits() | 将指定 GPIO 引脚设置为低电平状态 |
| GPIO_ReadInputDataBit() | 读取指定 GPIO 引脚的输入电平状态 |
| GPIO_ReadOutputDataBit() | 读取指定 GPIO 引脚的输出电平状态 |
| GPIO_PinRemapConfig() | 设置指定片上外设的引脚映射关系 |
| GPIO_Write() | 向指定 GPIO 端口输出数据寄存器写入数据 |
| GPIO_WriteBit() | 向指定的 GPIO 引脚写入输出电平状态 |
| GPIO_ReadInputData() | 读取指定 GPIO 端口输入 |

### 5.1.4　STM32F10x 微控制器的系统时钟

微处理器是典型的集成电路，其内部由大量的时序逻辑电路和组合逻辑电路构成，系统时钟信号则是微处理器的脉搏。STM32F10x（以下简称 STM32）为了实现低功耗，设计了一个功能强大而复杂的系统时钟。掌握系统时钟的结构和设置方法，对深入学习 STM32 编程是有很大帮助的。

#### 1.系统时钟的基本结构

由于 STM32 的系统时钟非常复杂，一般形象地称为时钟树，如图 5-5 所示。为了厘清头绪，将它分为三个部分。

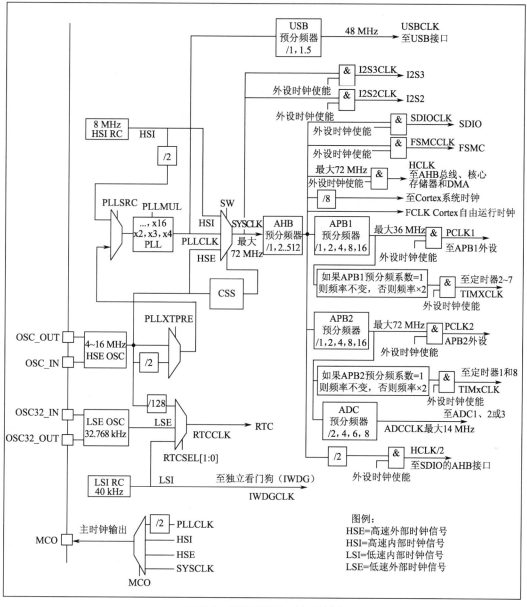

图 5-5 STM32F10x 的时钟树

（1）时钟源，包括内部高速 RC 时钟（HSI）、外部高速时钟（HSE）、内部低速 RC 时钟（LSI）和外部低速时钟（LSE）四个时钟源。

（2）系统时钟（SYSCLK）、AHB 总线时钟（HCLK）、USB 模块时钟、I2S 模块时钟、RTC 模块时钟、独立看门狗时钟等。AHB 总线还会分支为 APB2 总线时钟（HCLK2）和 APB1 总线时钟（HCLK1），通过 APB1 和 APB2 总线向挂载在该总线的外设提供时钟。

（3）PLL 锁相环、时钟选择电路、分频电路、倍频电路等在时钟源与最终的系统时钟和外设时钟之间架起了桥梁。

### 2．时钟的配置路径

下面从不同的时钟源开始详细介绍时钟的配置路径，这一部分请结合图 5-4 学习。

1）HSI

HSI 为固定的 8 MHz 频率，可以直接被选择作为系统时钟 SYSCLK，此时系统时钟为 8 MHz。也可以将 HSI 二分频后送入 PLL 锁相环电路，在经过锁相环倍频电路倍频后作为系统时钟。例如，选择 PLL 倍频系数为 16，则系统时钟就为 64 MHz。

由于 HSI 精度不高，芯片参数的一致性也不是太好，HSI 一般只用于时钟精度要求不高的场合。而对于精度要求较高的场合，一般会选择外部高速时钟源。

2）HSE

外部高速时钟源一般会选择一个外部晶振电路提供时钟，晶振频率为 4 ~ 16 MHz。HSE 可以直接被选择作为系统时钟，例如，晶振频率为 8 MHz，则 SYSCLK 为 8 MHz。

为了提高系统时钟的稳定性，也可以将 HSE 二分频或不分频送入 PLL 锁相环电路，再经过 PLL 倍频后作为系统时钟。例如，8 MHz 的 HSE 不分频送入 PLL，选择 PLL 倍频系数为 9，则系统时钟为 72 MHz。同时，72 MHz 也是 STM32F103 微处理器稳定运行的最高频率。

这一配置路径是日常应用中选择最多的一种系统配置路径，充分发挥芯片性能，让系统时钟 SYSCLK 工作在稳定运行的最高频率 72 MHz。如果选择 USB 预分频器系数为 1.5，那么将得到 48 MHz 的 USBCLK 提供给 USB 模块。

系统时钟 SYSCLK 经过 AHB 预分频器作为 AHB 时钟 HCLK。一般为了充分发挥芯片性能，AHB 预分频器系数选择 1，也就是不分频，此时 AHB 总线时钟 HCLK 为最高的 72 MHz。

3）LSI

LSI 的时钟频率为 40 kHz，一般作为独立看门狗的时钟。也可以为实时时钟外设 RTC 电路提供时钟，但由于精度不高，一般不选择为 RTC 的时钟源。

4）LSE

LSE 一般选择 32.768 kHz，主要用作 RTC 的时钟源。可以稳定地为 RTC 提供不间断的时钟信号，保证 RTC 电路在微处理器主电源断开的情况下仍然可以依靠后备电源继续工作。

需要说明的是，虽然时钟树中可以选择 HSE 经过 128 分频后作为 RTC 的时钟源，但是一般不会这么用。

### 3．总线时钟

系统时钟 SYSCLK 经过 AHB 预分频器后的分支情况如图 5-6 所示。AHB 总线时钟最高频率为 72 MHz。由图 5-6 可以看出，AHB 总线时钟除了给 Cortex-M3 提供系统时钟外，还给 SDIO、FSMC、核心存储器和 DMA、SDIO 等外设提供时钟，并且 AHB 总线时钟作为 APB1 和 APB2 预分频器的时钟源。

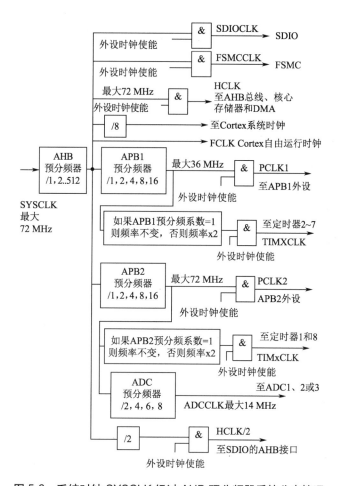

图 5-6 系统时钟 SYSCLK 经过 AHB 预分频器后的分支情况

AHB 总线时钟经过 APB1 预分频器后，得到 APB1 总线时钟 PCLK1，最大频率为 36 MHz，又称低速外设时钟。与 APB1 总线时钟连接的外设有 TIM2 ~ TIM7、USART2 ~ USART5、SPI2、SPI3、I2C1、I2C2、USB、RTC、CAN、DAC 等。

AHB 总线时钟经过 APB2 预分频器后，得到 APB2 总线时钟 PCLK2，最大频率为 72 MHz，又称高速外设时钟。与 APB2 总线时钟连接的外设有 TIM1、TIM8、ADC1 ~ ADC3、USART1、GPIOA ~ GPIOG 等。

需要说明的是，定时器时钟有一个倍频选择条件，与 APB 预分频系数选择有关。如果 APB1 为最大 36 MHz，APB2 为最大 72 MHz，此时所有定时器的时钟均为 72 MHz。

### 4．外设时钟的控制

为了降低能耗，STM32 芯片的各个外设在芯片复位后默认是关闭的，而且每个外设的时钟都可以独立打开或关闭，由专门的片上外设来管理。在 STM32 微控制器中，专门设计了 RCC 外设，其作用包括系统和外设时钟设置、外设复位和时钟管理。在标准外设库中，也有相应的外设驱动库函数，而且 RCC 的库函数很多，但大部分函数只是在芯片启动时使用。没有特殊要求的情况下，一般就按照默认的配置进行设置。平时编程中经常用到的，只有几个控制外设时钟的函数。常用的 RCC 标准外设库函数如表 5-3 所示。

表 5-3　常用的 RCC 标准外设库函数

| 函数名称 | 函数的作用 | 函数名称 | 函数的作用 |
|---|---|---|---|
| RCC_APB2PeriphClockCmd() | 使能或禁用 APB2 外设时钟 | RCC_ADCCLKConfig() | 设置 ADC 时钟 |
| RCC_APB1PeriphClockCmd() | 使能或禁用 APB1 外设时钟 | RCC_GetSYSCLKSource() | 返回系统时钟的时钟源 |
| RCC_AHBPeriphClockCmd() | 使能或禁用 AHB 外设时钟 | RCC_GetClocksFreq() | 返回时钟频率 |

# 5.2　项目实施

## 5.2.1　硬件电路实现

按键机械触点断开、闭合时，由于触点的弹性作用，按键开关不会马上稳定接通或一下子断开，使用按键时会产生带波纹的信号，如图 5-7 所示，需要用软件进行消抖处理滤波，不方便输入检测。本项目的按键电路带硬件消抖功能，如图 5-8 所示，它利用电容充放电的延时，消除了波纹，从而简化了软件的设计，软件只需要直接检测引脚的电平即可。

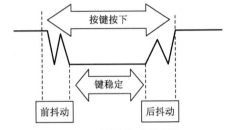

图 5-7　按键抖动说明图

图 5-8 中标识出了按键与 STM32 芯片引脚的连接关系，其中，KEY1 连接在 PA0 引脚，KEY2 连接在 PC13 引脚。两个独立按键的原理图结构相同，在按键弹起状态下，GPIO 引脚通过电阻后接地，此时为低电平；当按键按下时，GPIO 引脚被拉到电源电压，此时为高电平。因此，只要检测引脚的输入电平就可以判断按键是否按下。

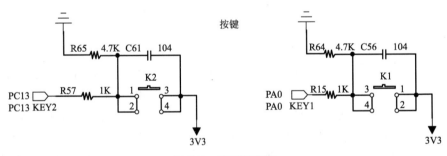

图 5-8　按键原理图

## 5.2.2　程序设计思路

在实践项目 1 的基础上，新建"key.c"及"key.h"文件，并将文件添加到 MDK 工程。

### 1. 编程要点

（1）初始化 GPIO 目标引脚。打开相应外设时钟，并初始化为输入模式（浮空输入模式或者下拉输入模式）。

（2）编写按键扫描函数。

（3）编写按键解释函数，实现按一下 KEY1 改变蓝灯（D3_B）亮灭，按一下 KEY2 改变红灯（D3_R）亮灭。

**2．程序流程图**

扫描 KEY 流程图如图 5-9 所示。首先要初始化连接 LED 以及按键的 GPIO 端口，然后在主循环中调用按键处理函数，根据按键扫描的结果控制 LED 亮灭状态变化。

### 5.2.3 程序代码分析

首先分析"main.c"文件的代码，如代码清单 5-1 所示。main() 函数首先调用自定义函数 LED_GPIO_Init()，初始化连接 LED 的 GPIO 端口。调用自定义函数 Key_GPIO_Init() 初始化 KEY 的 GPIO 端口。超级循环体内调用自定义函数 Key_Function()，对按键进行扫描和解释。

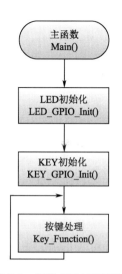

图 5-9　扫描 KEY 流程图

代码清单 5-1　实践项目 2 "main.c" 文件中的代码

```
22  /* Includes -------------------------------------------*/
23  #include "stm32f10x.h"
24  #include "stm32f10x_CONF.h"
25  #include "led.h"
26  #include "key.h"
27  /**
28    * @brief  Main program.
29    * @param  None
30    * @retval None
31    */
32  int main(void)
33  {
34    LED_GPIO_Init();
35    Key_GPIO_Init();
36    while(1)
37    {
38        Key_Function();
39    }
40  }
```

接下来分析驱动文件。为了更方便代码移植，新建同名的源程序文件和头文件。本项目中新建了"key.c"和"key.h"文件。并且将"key.c"文件添加到 MDK 的"USER"组。

"key.h"文件中的代码如代码清单 5-2 所示。采用条件编译结构，防止代码重复编译。为了防止代码第 1 行和第 2 行的宏名与已经定义的宏同名（这样非常危险，因为在执行第 1 行代码时，若宏 _KEY_H 已经定义了，第 2 ~ 9 行的代码将不参加编译），宏名一般取文件名，并加下画线分隔。代码第 7 ~ 9 行为三个自定义函数的声明。

代码清单 5-2　实践项目 2 "key.h" 文件中的代码

```
1  #ifndef_KEY_H
2  #define_KEY_H
```

```
3
4 #include "stm32f10x.h"
5 #include "stm32f10x_CONF.h"
6
7 void Key_GPIO_Init(void);
8 uint8_t Key_Scan(void);
9 void Key_Function(void);
10 #endif
```

下面重点分析本项目中"key.c"文件中的代码。该文件中定义了按键 GPIO 初始化函数 Key_GPIO_Init(void)、按键扫描函数 Key_Scan(void) 以及按键解释函数 Key_Function(void)。其中 Key_GPIO_Init(void) 函数代码如代码清单 5-3 所示。

在代码清单 5-3 中，第 1 行、第 2 行为文件包含，因为本文件中将要用到"led.h"文件里面定义的宏。

代码清单 5-3　实践项目 2 "key.c"文件中的 Key_GPIO_Init(void) 函数代码

```
1 #include "key.h"
2 #include "led.h"
3 // 按键 GPIO 端口初始化
4 void Key_GPIO_Init(void)
5 {
6   GPIO_InitTypeDef GPIO_InitStruct;
7   RCC_APB2PeriphClockCmd(RCC_APB2Periph_GPIOA|RCC_APB2Periph_GPIOC, ENABLE );
8   GPIO_InitStruct.GPIO_Mode=GPIO_Mode_IN_FLOATING;
9   GPIO_InitStruct.GPIO_Pin=GPIO_Pin_0;
10   //GPIO_InitStruct.GPIO_Speed=GPIO_Speed_50MHz; // 输入模式无须设置
11   GPIO_Init(GPIOA, &GPIO_InitStruct);
12   GPIO_InitStruct.GPIO_Pin=GPIO_Pin_13;
13   GPIO_Init(GPIOC, &GPIO_InitStruct);
14 }
```

在代码清单 5-3 中，第 7 行调用标准库函数 RCC_APB2PeriphClockCmd()，同时打开了外设 GPIOA 和 GPIOC 的时钟。该函数的第二个参数表示使能(ENABLE)或禁用(DISABLE)，第一个参数为指定外设的名称，取值描述如表 5-4 所示。在函数调用时可以使用位或（|）运算同时选择多个外设。

在代码清单 5-3 中，第 8 行选择浮空输入模式，第 9 行指定引脚 Pin0，第 11 行调用库函数 GPIO_Init() 将结构变量的值写入 GPIOA 的寄存器，从而初始化 PA0 为浮空输入模式；第 12 行代码改变指定的引脚 Pin13，结构体其他成员值不变，第 13 行再次调用 GPIO_Init() 将结构变量的值写入 GPIOC 的寄存器，达到初始化 PC13 为浮空输入模式的目的。

"key.c"文件中定义的第二个函数是 Key_Scan() 函数，如代码清单 5-4 所示。其功能是扫描按键是否按下，并返回键值。代码第 20、23、25、27 行中都调用了标准库函数 GPIO_ReadInputDataBit() 来读取指定端口某位引脚的电平状态。该库函数有两个参数，第一个参数为指定 GPIO 外设，可以是 GPIOA…GPIOG；第二个参数为指定引脚，格式为 GPIO_Pin_x（其中 x 可以是 0 ~ 15）。

表 5-4　RCC_APB2PeriphClockCmd() 函数 RCC_APB2Periph 参数取值描述

| 第一个参数 RCC_APB2Periph 的取值 | 描述 | 说明 |
|---|---|---|
| RCC_APB2Periph_AFIO | 复用功能 IO 时钟 | |
| RCC_APB2Periph_GPIOA | GPIOA 时钟 | |
| RCC_APB2Periph_GPIOB | GPIOB 时钟 | |
| RCC_APB2Periph_GPIOC | GPIOC 时钟 | |
| RCC_APB2Periph_GPIOD | GPIOD 时钟 | |
| RCC_APB2Periph_GPIOE | GPIOE 时钟 | |
| RCC_APB2Periph_GPIOF | GPIOF 时钟 | 注意：库函数中参数的具体取值为驱动文件头文件里面定义的宏，宏名的命名规则是在参数 RCC_APB2Periph 后面加上下画线和相应外设名称 |
| RCC_APB2Periph_GPIOG | GPIOG 时钟 | |
| RCC_APB2Periph_ADC1 | ADC1 时钟 | |
| RCC_APB2Periph_ADC2 | ADC2 时钟 | |
| RCC_APB2Periph_TIM1 | TIM1 时钟 | |
| RCC_APB2Periph_SPI1 | SPI1 时钟 | |
| RCC_APB2Periph_TIM8 | TIM8 时钟 | |
| RCC_APB2Periph_USART1 | USART1 时钟 | |
| RCC_APB2Periph_ADC3 | ADC3 时钟 | |

代码清单 5-4　实践项目 2 "key.c" 文件中的 Key_Scan(void) 函数代码

```
15 // 按键扫描函数：没有按键按下，返回 0
16 //             KEY1 按下，返回 1
17 //             KEY2 按下，返回 2
18 uint8_t Key_Scan(void)
19 {
20     if(GPIO_ReadInputDataBit(GPIOA, GPIO_Pin_0)==1)
21     {
22         // 软件消抖，等待按键释放
23         while(GPIO_ReadInputDataBit(GPIOA, GPIO_Pin_0));
24         return 1;
25     }else if(GPIO_ReadInputDataBit(GPIOC, GPIO_Pin_13)==1)
26     {
27         while(GPIO_ReadInputDataBit(GPIOC, GPIO_Pin_13));
28         return 2;
29     }
30     else
31         return 0;
32 }
```

"key.c" 文件中定义的第三个函数是 Key_Function() 函数，如代码清单 5-5 所示。其功能是根据检测的键值，实现对应的 LED 亮灭状态改变。

代码清单 5-5　实践项目 2 "key.c" 文件中的 Key_Function(void) 函数代码

```
33 // 按键解释函数，实现功能测试
34 void Key_Function(void)
35 {
```

```
36          static uint8_t f=0,f1;
37          uint8_t keyvalue;
38          keyvalue=Key_Scan();
39          if(keyvalue==1)
40          {
41                  f=(f+1)%2;
42                  if(f)
43                          D3_B_ON;
44                  else
45                          D3_B_OFF;
46          }else if(keyvalue==2)
47          {
48                  f1=(f1+1)%2;
49                  if(f1)
50                          D3_R_ON;
51                  else
52                          D3_R_OFF;
53          }
54   }
```

在代码清单 5-5 中，第 36 行定义了 static 类型的变量标志位，用来记录按键按下的情况，从而决定是点亮 LED 还是熄灭 LED。第 38 行调用自定义函数 Key_Scan() 得到键值，若键值为 0 不做任何操作；若为 1，标志位 f 翻转，同时控制 D3_B 蓝色灯的亮灭；若为 2，标志位 f1 翻转，同时控制 D3_R 红色灯的亮灭。

在 MDK 中编写代码，编译通过后下载到开发板验证实验结果。

**温馨提示**：关于本项目代码的编写过程和实验现象，可以扫描二维码观看视频。

扫码看视频

## 5.3 拓展项目 2——按键控制 LED 流水灯

### 5.3.1 拓展项目 2 要求

在本章按键程序的基础上，修改相关函数，实现如下功能：

（1）KEY2 键每按一次，改变流水灯流水的速度；

（2）KEY1 键每按一次，流水灯停止或继续。

### 5.3.2 拓展项目 2 实施

本项目的实验原理图如图 5-10 所示。图 5-10（a）为 LED 的点亮原理图，图 5-10（b）为按键的电路原理图。

在前期项目的基础上，要改变流水灯的流水速度，就是要改变阻塞延时函数的阻塞次数，在 KEY1 的解释代码中添加修改延时函数阻塞次数即可。实现流水灯流水与否，需要添加标志变量，根据变量的取值决定流水与否，然后通过 KEY2 的解释代码修改该变量的值，达到控制的目的。

修改后的"main.c"文件的代码如图 5-11 所示。

图 5-10 拓展项目 2 实验原理图

```c
/**
/* Includes ------------------------------------------
#include "stm32f10x.h"
#include "stm32f10x_CONF.h"
#include "led.h"
#include "key.h"
extern uint8_t f;
/**
  * @brief  Main program.
  * @param  None
  * @retval None
  */
int main(void)
{
  LED_GPIO_Init();
  Key_GPIO_Init();
  while (1)
  {
    Key_Function();
    if(f)
    {
      LED_LSD();
    }

  }
}
```

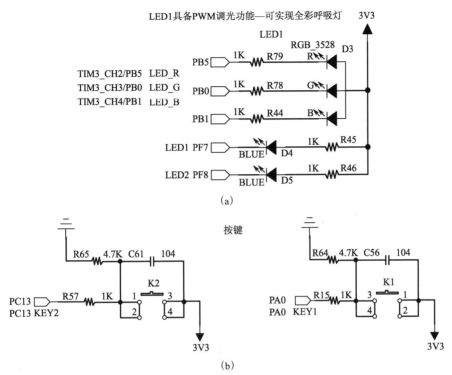

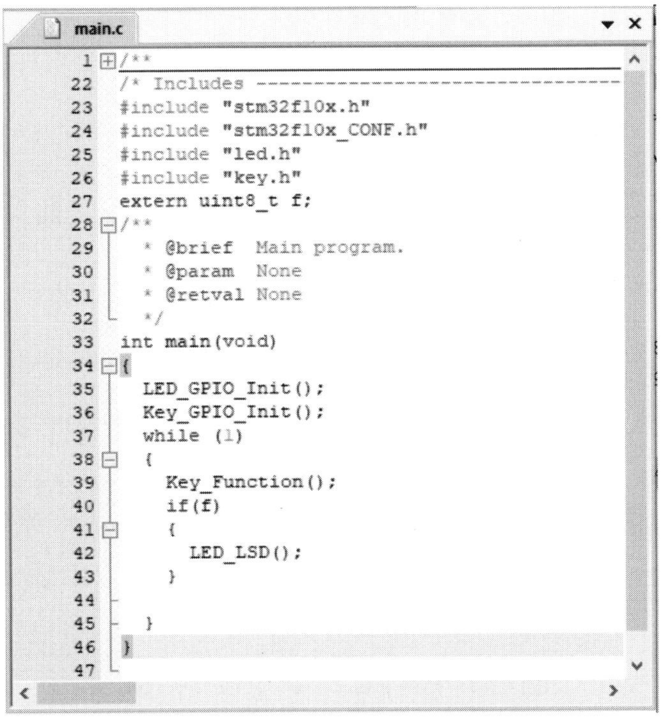

图 5-11 拓展项目 2 “main.c” 文件的代码

修改后的"key.c"文件的代码如图 5-12 所示。

```c
#include "key.h"
#include "led.h"
uint8_t f=1;
extern uint16_t  time;
void Key_GPIO_Init(void)//按键GPIO端口初始化
{
//按键扫描函数：没有按键按下，返回0
//              KEY1按下，返回1
//              KEY2按下，返回2
uint8_t Key_Scan(void)
{
//按键解释函数，实现功能测试
void Key_Function(void)
{
  uint8_t keyvalue;
  keyvalue=Key_Scan();
  if(keyvalue==1)
  {
    f=(f+1)%2; //流水与否
  }else if(keyvalue==2)
  {
    time=time+10;
    if(time>200)
      time=10;
  }
}
```

图 5-12　拓展项目 2 "key.c" 文件的代码

修改后的"led.c"文件的代码如图 5-13 所示。

```c
#include "led.h"
BitAction f_3times=1;//闪烁3次标志位
uint16_t time=25;
void LED_GPIO_Init(void)
{
//阻塞延时函数
void  Delay(uint16_t time)
{
  uint32_t i;
  for(i=0;i<time*100000;i++);
}
//红灯闪烁三次的函数
void D3_R_3TIMES(void)
{
//流水灯函数
void LED_LSD(void)
{
  GPIO_SetBits(GPIOB, GPIO_Pin_0|GPIO_Pin_1|GPIO_Pin_5);
  GPIO_SetBits(GPIOF, GPIO_Pin_8);
  GPIO_ResetBits(GPIOB, GPIO_Pin_0);
  Delay(time);
  GPIO_SetBits(GPIOB, GPIO_Pin_0|GPIO_Pin_1|GPIO_Pin_5);
  GPIO_ResetBits(GPIOB, GPIO_Pin_1);
  Delay(time);
  GPIO_SetBits(GPIOB, GPIO_Pin_0|GPIO_Pin_1|GPIO_Pin_5);
  GPIO_ResetBits(GPIOB, GPIO_Pin_5);
  Delay(time);
  GPIO_SetBits(GPIOB, GPIO_Pin_5);
  GPIO_SetBits(GPIOF, GPIO_Pin_7|GPIO_Pin_8);
  GPIO_ResetBits(GPIOF, GPIO_Pin_7);
  Delay(time);
  GPIO_SetBits(GPIOF, GPIO_Pin_7|GPIO_Pin_8);
  GPIO_ResetBits(GPIOF, GPIO_Pin_8);
  Delay(time);
}
```

图 5-13　拓展项目 2 "led.c" 文件的代码

扫码看视频

温馨提示：具体的操作过程以及实验现象，请扫描二维码观看视频。

# 实践项目 3——LCD12864 显示

本章首先介绍了 STM32F10x 微控制器的位带及其映射关系，并实现了 GPIO 端口的输入 / 输出寄存器的位带操作；然后介绍了 LCD12864 液晶屏及数码管的显示控制原理，并通过实验实现 LCD12864 显示中英文字符，学会使用位带快速移植代码的方法。通过拓展项目进行数码管驱动程序的移植，巩固提高利用位带进行编程的操作方法。

## 学习目标

- 了解 STM32F10x 微控制器的位带操作区，掌握 STM32F10x 微控制器的 GPIO 端口的输入 / 输出寄存器位带操作方法。
- 了解 LCD12864 的显示原理，学会利用位带移植 C51 平台下的 LCD12864 驱动代码，并进行规范化修改。
- 掌握数码管的显示原理，学会利用 STM32F10x 微控制器驱动多位数码管显示字形。

## 任务描述

通过位带知识学习，移植其他平台的模块驱动。利用 STM32F10x 微控制器驱动 LCD12864 显示中英文字符，通过数码管等驱动代码的移植巩固利用位带进行编程的操作方法。

## 6.1 相关知识

在 STM32F10x 微控制器的位带区，提供了一种和传统单片机一样的位操作方法。

### 6.1.1 STM32F10x 微控制器的位带

位操作就是可以单独进行一个比特位的读 / 写操作，这在 51 单片机中非常常见。51 单片机通过关键字 sbit 来实现位定义，STM32 没有这样的关键字，而是通过访问位带别名区来实现的。

在 STM32 中，有两个地方实现了位带：一个是 SRAM 区的最低 1 MB 空间，另一个是外设区的最低 1 MB 空间。这两个 1 MB 的空间除了可以像正常的 RAM 一样操作外，它们还有自己的位带别名区，位带别名区把这 1 MB 空间的每一个位膨胀成一个 32 位的字，如

图 6-1 所示，当操作位带别名区的这些字时，就可以达到操作位带区某个比特位的目的。

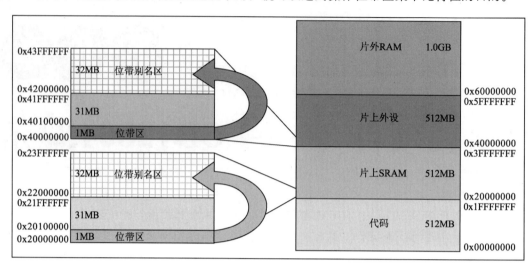

图 6-1　STM32 的位带示意图

### 1．外设位带区

从图 6-1 中可以看出，外设位带区的地址范围为 0x40000000~0x40100000，大小为 1MB，这 1MB 的大小在 STM32F103 系列控制器中包含了片上外设的全部寄存器，这些寄存器的地址为 0x40000000~0x40029FFF。外设位带区经过膨胀后的位带别名区地址为 0x42000000~0x43FFFFFF，这个地址仍然在片上外设的地址空间中。在 STM32F103 系列控制器中，0x40030000~0x4FFFFFFF 属于保留地址，所以，膨胀后的 32 MB 位带别名区不会跟片上外设的其他寄存器冲突。

STM32 的全部寄存器都可以通过访问位带别名区的方式来达到访问原始寄存器比特位的效果，但实际项目中并不会这么做。有时候为了特定的项目需要，比如需要频繁地操作很多 I/O 口，这个时候可以考虑把 I/O 相关的寄存器实现比特操作。

### 2．SRAM 位带区

同样从图 6-1 中可以看出，SRAM 位带区的地址范围为 0x20000000~0x20100000，大小为 1 MB，经过膨胀后的位带别名区地址范围为 0x22000000~0x23FFFFFF，大小为 32 MB。虽然可以使用位带访问 SRAM，但是实际使用很少。

### 3．位带区到位带别名区的映射

位带区的 1bit 位经过膨胀之后，虽然变大到 4 字节，但是只有 LSB 有效。有人会问这不是浪费空间吗，要知道 STM32 的系统总线是 32 位的，按照 4 字节访问的时候是最快的，所以膨胀成 4 字节来访问是最高效的。

位带区的某一位映射到别名区对应的 4 字节空间，其地址该如何计算，下面简单介绍一下。

1）外设位带别名区地址计算

记位带区某位所在字节地址为 A，位号为 n（0~7），那么，该位映射到别名区的对应地址为

$$0x42000000+(A-0x40000000)\times 8\times 4+n\times 4$$

其中，0x42000000 是外设位带别名区的基地址；0x40000000 是外设位带区的基地址；(A-0x40000000)表示该比特前面有多少个字节，1字节有8位，所以乘以8，1 bit位膨胀后是4字节，所以乘以 4；n 表示该比特在字节中的位置，因为 1 bit 位经过膨胀后是 4 字节，所以也乘以 4。

2）SRAM 位带别名区地址计算

同外设位带区一样，记位带区某位所在字节地址为 A，位号为 n（0~7），那么，该位映射到 SRAM 位带别名区的对应地址为

$$0x22000000+(A-0x20000000) \times 8 \times 4+n \times 4$$

同外设位带映射相比，只有基地址不同，映射方法一样。

3）位带的 C 语言实现

为了方便操作，可以把"位带地址（addr）+ 位序号（bitnum）"转换成别名区地址统一为

(addr&0xF0000000)+0x02000000+((addr&0x00FFFFFF)<<5)+(bitnum<<2))

### 4．GPIO 位带操作

虽然外设的位带区，覆盖了全部的片上外设的寄存器，均可以实现位操作，但一般不这么做。在实际应用中，经常使用 GPIO 外设的 ODR 和 IDR 实现位操作，来提高程序编写和移植的效率。将这些代码写在"main.h"文件中，方便以后调用。

GPIO 的 ODR 和 IDR 的位操作代码见代码清单 6-1。其中，第 14 行为位带区到别名区的地址映射，第 15 行为封装 32 位的寄存器，第 16 行将寄存器的某位映射到别名区，第 18 ~ 24 行定义 GPIO 外设的 ODR 寄存器地址，第 26 ~ 32 行定义 GPIO 外设的 IDR 寄存器地址，第 34 ~ 47 行实现了 ODR 和 IDR 的位操作。

代码清单 6-1　GPIO 的 ODR 和 IDR 的位操作代码（"main.h"文件）

```
 1 #ifndef __MAIN_H
 2 #define __MAIN_H
 3
 4 #ifdef __cplusplus
 5 extern "C" {
 6 #endif
 7
 8 /* Includes ---------------------------------------------*/
 9 #include "stm32f10x.h"
10 /* 宏定义 -------------------------------------------*/
11 #define uchar unsigned char
12 #define uint unsigned int
13 //位带操作
14 #define BITBAND(addr,bitnum)  ((addr&0xF0000000)\
        +0x2000000+((addr&0xFFFFF)<<5)+(bitnum<<2)) // 位带别名区地址
15 #define MEM_ADDR(addr)  *((volatile unsigned long *)(addr))
   // 地址转换成指针变量，指向别名区
16 #define BIT_ADDR(addr,bitnum) MEM_ADDR(BITBAND(addr,bitnum))// 指向别名区
17 //GPIO# ODR 地址
18 #define GPIOA_ODR_Addr     (GPIOA_BASE+12) //0x4001080C
19 #define GPIOB_ODR_Addr     (GPIOB_BASE+12) //0x40010C0C
20 #define GPIOC_ODR_Addr     (GPIOC_BASE+12) //0x4001100C
21 #define GPIOD_ODR_Addr     (GPIOD_BASE+12) //0x4001140C
```

```
22 #define GPIOE_ODR_Addr    (GPIOE_BASE+12) //0x4001180C
23 #define GPIOF_ODR_Addr    (GPIOF_BASE+12) //0x40011A0C
24 #define GPIOG_ODR_Addr    (GPIOG_BASE+12) //0x40011E0C
25 //GPIO# IDR 地址
26 #define GPIOA_IDR_Addr    (GPIOA_BASE+8) //0x40010808
27 #define GPIOB_IDR_Addr    (GPIOB_BASE+8) //0x40010C08
28 #define GPIOC_IDR_Addr    (GPIOC_BASE+8) //0x40011008
29 #define GPIOD_IDR_Addr    (GPIOD_BASE+8) //0x40011408
30 #define GPIOE_IDR_Addr    (GPIOE_BASE+8) //0x40011808
31 #define GPIOF_IDR_Addr    (GPIOF_BASE+8) //0x40011A08
32 #define GPIOG_IDR_Addr    (GPIOG_BASE+8) //0x40011E08
33 // 宏定义类似 51 单独操作 GPIO 口
34 #define PAout(n)    BIT_ADDR(GPIOA_ODR_Addr,n)    // 输出
35 #define PAin(n)     BIT_ADDR(GPIOA_IDR_Addr,n)    // 输入
36 #define PBout(n)    BIT_ADDR(GPIOB_ODR_Addr,n)    // 输出
37 #define PBin(n)     BIT_ADDR(GPIOB_IDR_Addr,n)    // 输入
38 #define PCout(n)    BIT_ADDR(GPIOC_ODR_Addr,n)    // 输出
39 #define PCin(n)     BIT_ADDR(GPIOC_IDR_Addr,n)    // 输入
40 #define PDout(n)    BIT_ADDR(GPIOD_ODR_Addr,n)    // 输出
41 #define PDin(n)     BIT_ADDR(GPIOD_IDR_Addr,n)    // 输入
42 #define PEout(n)    BIT_ADDR(GPIOE_ODR_Addr,n)    // 输出
43 #define PEin(n)     BIT_ADDR(GPIOE_IDR_Addr,n)    // 输入
44 #define PFout(n)    BIT_ADDR(GPIOF_ODR_Addr,n)    // 输出
45 #define PFin(n)     BIT_ADDR(GPIOF_IDR_Addr,n)    // 输入
46 #define PGout(n)    BIT_ADDR(GPIOG_ODR_Addr,n)    // 输出
47 #define PGin(n)     BIT_ADDR(GPIOG_IDR_Addr,n)    // 输入
48 #ifdef __cplusplus
49 }
50 #endif
51 #endif
```

## 6.1.2 LCD12864 基础

LCD12864 是常用的一种图形点阵液晶显示器，它主要由行驱动器/列驱动器以及 $128 \times 64$ 全点阵液晶显示器组成。可完成图形显示，也可以显示 $8 \times 4$ 个（$16 \times 16$ 点阵）汉字，或者显示 $16 \times 4$ 个（$8 \times 16$ 点阵）ASCII 码。LCD12864 分为两种：不带字库的和带字库的。不带字库的 LCD 需要自己提供字库字模，此时可以根据个人喜好设置各种字体显示风格，较为灵活；带字库的 LCD 提供字库字模，但是只能显示 GB 2312 的宋体。它们各有优缺点，可根据不同应用场景灵活选择。常用的 LCD12864 的引脚定义见表 6-1。

表 6-1  常用的 LCD12864 的引脚定义

| 引脚号 | 引脚名称 | 功能说明 |
|---|---|---|
| 1 | GND | 模块的电源地 |
| 2 | $V_{CC}$ | 模块的电源正端 |
| 3 | $V_{O}$ | LCD 驱动电源输入端 |
| 4 | RS(CS) | 并行的指令/数据选择信号（串行的片选信号） |
| 5 | R/W(SID) | 并行的读/写选择信号（串行的数据信号） |
| 6 | E(CLK) | 并行的使能信号（串行的同步时钟信号） |

续表

| 引脚号 | 引脚名称 | 功能说明 |
|---|---|---|
| 7 | DB0 | 数据 0 |
| 8 | DB1 | 数据 1 |
| 9 | DB2 | 数据 2 |
| 10 | DB3 | 数据 3 |
| 11 | DB4 | 数据 4 |
| 12 | DB5 | 数据 5 |
| 13 | DB6 | 数据 6 |
| 14 | DB7 | 数据 7 |
| 15 | PSB | 并行/串行接口选择：H 表示并行；L 表示串行 |
| 16 | NC | 空脚 |
| 17 | /RST | 复位，低电平有效 |
| 18 | $V_{OUT}$ | 倍压输出引脚（$V_{DD}$=+3.3V 有效） |
| 19 | LED_A | 背光源正极（LED+5V） |
| 20 | LED_K | 背光源正极（LED-0V） |

显示坐标关系如图 6-2 所示，图 6-2（a）为图形显示坐标，其中水平方向 X，垂直方向 Y 均以位为单位，图 6-2（b）为汉字显示坐标的对应关系。

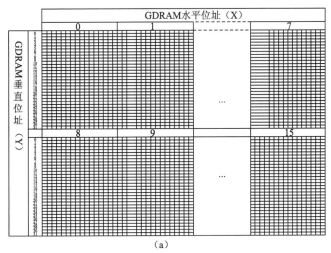

（a）

汉字显示坐标

| | X坐标 | | | | | | | |
|---|---|---|---|---|---|---|---|---|
| Line1 | 80H | 81H | 82H | 83H | 84H | 85H | 86H | 87H |
| Line2 | 90H | 91H | 92H | 93H | 94H | 95H | 96H | 97H |
| Line3 | 88H | 89H | 8AH | 8BH | 8CH | 8DH | 8EH | 8FH |
| Line4 | 98H | 99H | 9AH | 9BH | 9CH | 9DH | 9EH | 9FH |

（b）

图 6-2 LCD12864 的坐标

LCD12864 可以显示文本及图形，向对应地址的 RAM 里写入需要显示的信息就可以在屏幕对应地址位置显示对应的内容。文本显示 RAM 提供 8 个×4 行的汉字空间，绘图显示 RAM 提供 128×8 字节的记忆空间。有两种接口时序对 LCD 进行读 / 写操作，即串行接口和并行接口。每种接口都有读 / 写数据的时序，请参阅相关说明书。关于 LCD12864 的驱动，可以根据时序图编写，也可以从设备供应商处索取。

### 6.1.3 数码管显示原理

#### 1．数码管的结构

数码管由 8 个发光二极管（以下称为"字段"）构成，通过不同的组合可用来显示数字 0～9，字符 A～F、H、L、P、R、U、Y，符号"-"及小数点"."。数码管的外形结构如图 6-3 所示。数码管又分为共阴极和共阳极两种结构，常用的 LED 显示器为 8 段（或 7 段，8 段比 7 段多了一个小数点"dp"段）数码管。

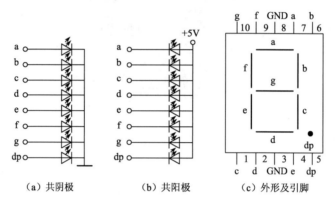

图 6-3　数码管的外形结构

#### 2．数码管工作原理

共阳极数码管的 8 个发光二极管的阳极（二极管正端）连接在一起。通常，公共阳极接高电平（一般接电源），其他引脚接段驱动电路输出端。当某段驱动电路的输出端为低电平时，则该端所连接的字段导通并点亮，根据发光字段的不同组合可显示出各种数字或字符。共阴极数码管的 8 个发光二极管的阴极（二极管负端）连接在一起。通常，公共阴极接低电平（一般接地），其他引脚接段驱动电路输出端。当某段驱动电路的输出端为高电平时，则该端所连接的字段导通并点亮，根据发光字段的不同组合可显示出各种数字或字符。无论共阳极还是共阴极结构的数码管，都要求段驱动电路能提供额定的段导通电流，还需根据外接电源及额定段导通电流来确定相应的限流电阻。

#### 3．数码管字形编码

要使数码管显示出相应的数字或字符，必须使段数据口输出相应的字形编码。字形编码各位定义为：数据线 D0 与 a 字段对应，D1 与 b 字段对应……依此类推。如使用共阳极数码管，数据为 0 表示对应字段亮，数据为 1 表示对应字段暗；如使用共阴极数码管，数据为 0 表示对应字段暗，数据为 1 表示对应字段亮。如要显示"0"，共阳极数码管的字形编码应为：11000000B（即 C0H）；共阴极数码管的字形编码应为：00111111B（即 3FH），依此类推。

#### 4．静态显示与动态显示

$N$ 个 LED 显示块有 $N$ 根位选线和 $8 \times N$ 根段码线。段码线控制显示的字形，位选线控制该显示位的亮或暗。显示方式分为静态显示和动态显示两种显示方式。

静态显示是指数码管显示某一字符时，相应的发光二极管恒定导通或恒定截止。这种显示方式的各位数码管相互独立, 公共端恒定接地 (共阴极) 或接正电源 (共阳极)。每个数码管的 8 个字段分别与 1 个 8 位 I/O 口地址相连,I/O 口只要有段码输出,相应字符即显示出来,并保持不变,直到 I/O 口输出新的段码。采用静态显示方式,较小的电流即可获得较高的亮度,且占用 CPU 时间少, 编程简单, 显示便于监测和控制, 但其占用的口线多, 硬件电路复杂,成本高, 只适合于显示位数较少的场合。

动态显示是一位一位地轮流点亮各位数码管,这种逐位点亮显示器的方式称为位扫描。通常, 各位数码管的段选线相应并联在一起, 由 1 个 8 位的 I/O 口控制;各位的位选线 (公共阴极或阳极)由另外的 I/O 口线控制。动态显示时,各数码管分时轮流选通,要使其稳定显示,必须采用扫描方式, 即在某一时刻只选通一位数码管, 并送出相应的段码, 在另一时刻选通另一位数码管, 并送出相应的段码。依此规律循环, 即可使各位数码管显示将要显示的字符。虽然这些字符是在不同的时刻分别显示, 但由于人眼存在视觉暂留效应, 只要每位显示间隔足够短就可以给人以同时显示的感觉。

## 6.2 项目实施

### 6.2.1 硬件电路实现

本项目选用带中文字库的 LCD12864, 有两种编程模式, 即串行接口和并行接口。为了减少端口占用, 本项目采用串行接口模式。接口电路连接关系如图 6-4 所示。串行接口共三根信号线, 包括用于片选的 CS (并行接口的 RS)、串行的数据线 SID (并行接口的 R/W) 以及串行的同步时钟 SCLK (并行接口的 E)。PSB 引脚为串/并行接口选择控制引脚, 高电平时为并行接口, 低电平时为串行接口。

### 6.2.2 程序设计思路

在空工程模板里,添加 "main.h"、"lcd12864.c" 及 "lcd12864.h" 文件,并将文件添加到 MDK 工程中,使用位带方式定义引脚映射,移植代码。

#### 1. 编程要点

(1) 在 "main.h" 文件中, 编写 GPIO 的位带代码。

(2) 初始化 GPIO 目标引脚。打开相应外设时钟, 并初始化为推挽输出模式。

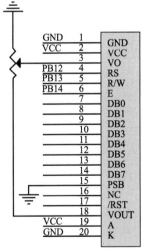

图 6-4 LCD 接口电路连接关系

(3) 编写 LCD 驱动函数, 并实现 LCD 显示中英文字符的功能。

#### 2. 主要软件关系图

本项目的 LCD 驱动程序各函数调用关系图如图 6-5 所示。

### 6.2.3 程序代码分析

本项目使用位带的方法来映射引脚,在 "main.h" 文件中编写实现位带操作的代码,如代码清单 6-1 所示。

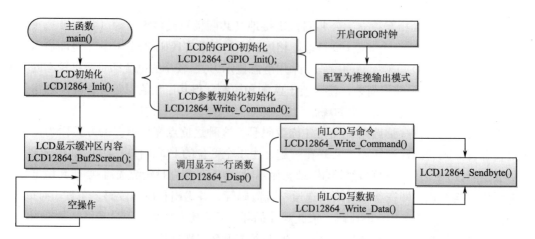

图 6-5 LCD 驱动程序各函数调用关系图

如代码清单 6-2 所示，main() 函数中调用了两个函数，首先调用自定义函数 LCD12864_Init()，初始化连接 LCD12864 的 GPIO 端口；然后调用自定义函数 LCD12864_Buf2Screen()将显示缓冲区数组 disbuf 中的内容送到 LCD 进行显示；最后进入循环体为空操作的超级循环。

代码清单 6-2　实践项目 3 "main.c" 文件中的代码

```
22 /* Includes -----------------------------------------------------*/
23 #include "stm32f10x.h"
24 #include "stm32f10x_conf.h"
25 #include "lcd12864.h"
26
27 /**
28   * @brief  Main program
29   * @param  None
30   * @retval None
31   */
32 int main(void)
33 {
34    LCD12864_Init();
35    LCD12864_Buf2Screen();
36    while (1);
37 }
```

接下来分析 LCD12864 的驱动文件。"lcd12864.h" 文件中的代码如代码清单 6-3 所示。采用条件编译结构，防止代码重复编译。

代码清单 6-3　实践项目 3 "lcd12864.h" 文件中的代码

```
1 #ifndef _LCD12864_H
2 #define _LCD12864_H
3
4 #include "stm32f10x.h"
5 #include "stm32f10x_conf.h"
6 #include "main.h"
7
8 /*************** 引脚别名定义 ****************/
9 #define LCD_CS        PBout(12)        // 片选信号
```

```
10 #define LCD_SID        PBout(13)                // 数据信号
11 #define LCD_SCLK       PBout(14)                // 时钟信号
12 //LCD12864 PSB 串并行编程选择端口
13 // 本驱动没有考虑，使用硬件直接选择 H：并行；L：串行
14 //#define PSB    PBout(15)
15
16 void LCD12864_Init(void);
17 void LCD12864_Buf2Screen(void);
18 void LCD12864_BufChange(uint8_t row,uint8_t col,uint8_t *val);
19 void LCD12864_ClearLine(uint8_t row);
20 #endif
```

代码第 4 ~ 6 行包含了本工程需要的头文件，其中第 6 行包含了实现位带操作的代码。代码第 9 ~ 14 行定义了 LCD12864 串行接口的引脚映射。

代码第 16 ~ 19 行为函数的声明语句，因为这些函数在其他文件中可能需要被调用。

下面重点分析本项目中"lcd12864.c"文件中的代码。该文件中定义了 LCD12864 的初始化函数以及常用操作功能函数，如代码清单 6-4 所示。

代码清单 6-4  实践项目 3 "lcd12864.c" 文件中的代码

```
 1 #include "lcd12864.h"
 2 uint8_t LCD_disbuf[4][16]={{" 嵌入式技术及应用 "},
 3                            {"LCD12864 显示实验"},
 4                            {"####Computer####"},
 5                            {"###1234567890###"}};
 6
 7 /*********************************************************
 8  * 描  述：延时函数
 9  * 入  参：估算时间，不准确
10  *********************************************************/
11 void LCD12864_delay(uint16_t t)
12 {
13     uint16_t i,j;
14     for(i=0; i<t;  i++)
15     for(j=0; j<200; j++);
16 }
17 /*********************************************************
18  * 描  述：LCD 的 GPIO 端口初始化
19  * 入  参：无
20  *********************************************************/
21 void LCD12864_GPIO_Init(void)
22 {
23  GPIO_InitTypeDef  GPIO_InitStruct;
24  RCC_APB2PeriphClockCmd( RCC_APB2Periph_GPIOB,  ENABLE );
25  GPIO_InitStruct.GPIO_Mode=GPIO_Mode_Out_PP;
26  GPIO_InitStruct.GPIO_Pin=GPIO_Pin_12|GPIO_Pin_13|GPIO_Pin_14|GPIO_Pin_15;
27  GPIO_InitStruct.GPIO_Speed=GPIO_Speed_50MHz;
28  GPIO_Init(GPIOB, &GPIO_InitStruct);
29 }
30 /*********************************************************
31  * 描  述：按照液晶的串口通信协议，发送数据
```

```
32   * 入  参 : uint8_t zdata
33   ************************************************************/
34  void LCD12864_Sendbyte(uint8_t zdata)
35  {
36      uint8_t i;
37      for(i=0; i<8; i++)
38      {
39          if((zdata<<i)&0x80)
40          {
41              LCD_SID=1;
42          }else
43          {
44              LCD_SID=0;
45          }
46          LCD_SCLK=0;
47          LCD_SCLK=1;
48      }
49  }
50
51  /************************************************************
52   * 描  述 : LCD12864液晶写串口指令
53   * 入  参 : uint8_t cmdcode
54   ************************************************************/
55  void LCD12864_Write_Command(uint8_t cmdcode)
56  {
57      LCD_CS = 1;
58      LCD12864_Sendbyte(0xf8);
59      LCD12864_Sendbyte(cmdcode&0xf0);
60      LCD12864_Sendbyte((cmdcode<<4) & 0xf0);
61      LCD12864_delay(2);
62      LCD_CS=0;
63  }
64
65  /************************************************************
66   * 描  述 : LCD12864液晶写串口指令
67   * 入  参 : uint8_t Dispdata
68   ************************************************************/
69  void LCD12864_Write_Data(uint8_t Dispdata)
70  {
71      LCD_CS=1;
72      LCD12864_Sendbyte(0xfa);
73      LCD12864_Sendbyte(Dispdata&0xf0);
74      LCD12864_Sendbyte((Dispdata<<4)&0xf0);
75      LCD12864_delay(2);
76      LCD_CS=0;
77  }
78  /************************************************************
79   * 描  述 : LCD12864液晶数据初始化函数
80   * 入 参 : 无
81   ************************************************************/
```

```
82 void LCD12864_Init(void)
83 {
84     LCD12864_GPIO_Init();
85     LCD12864_delay(100);
86     LCD12864_Write_Command(0x30);
87     LCD12864_delay(50);
88     LCD12864_Write_Command(0x0c);
89     LCD12864_delay(50);
90     LCD12864_Write_Command(0X01);
91     LCD12864_delay(50);
92 }
93
94 /**********************************************************
95  * 描    述 : LCD12864 液晶数据显示子程序
96  * 入    参 : y 行，x 列，i 数据大小，*z 显示内容
97  **********************************************************/
98 void LCD12864_Disp(uint8_t y,uint8_t x,uint8_t i,uint8_t *z)
99 {
100     uint8_t Address;
101     //y 判断第几行，x 判断第几列，0x80 为液晶行初始地址
102     if(y==1){Address=0x80+x;}
103     if(y==2){Address=0x90+x;}
104     if(y==3){Address=0x88+x;}
105     if(y==4){Address=0x98+x;}
106     LCD12864_Write_Command(Address);   // 写入地址命令到 LCD12864
107     while(i)                           // 写入显示数据的大小
108     {
109         LCD12864_Write_Data(*(z++));   // 写入显示数据到 LCD12864
110         i--;
111     }
112 }
113 /**********************************************************
114  * 描    述 : 把显示缓冲区的内容刷新到 LCD12864 显示
115  * 入    参 : 无
116  **********************************************************/
117 void  LCD12864_Buf2Screen(void)
118 {
119     uint8_t i;
120     for(i=0;i<4;i++)
121     LCD12864_Disp(i+1,0,16,LCD_disbuf[i]);
122 }
123 /**********************************************************
124  * 描    述 : 改变显示缓冲区
125  * 入    参 : row(1-4) 行，col(1-16) 列，val 显示字符
126  **********************************************************/
127 void LCD12864_BufChange(uint8_t row,uint8_t col,uint8_t *val)
128 {
129     uint8_t i=0,j;
130     while(*(val+i))
131     {
```

```
132            j=(col-1+i)%16;
133            LCD_disbuf[row-1][j]=*(val+i);
134            i++;
135        }
136 }
137 /*******************************************************************
138 * 描  述 : 清除行
139 * 入  参 : row(1-4)
140 *******************************************************************/
141 void LCD12864_ClearLine(uint8_t row)
142 {
143     uint8_t i=0;
144     while(i<16)
145     {
146            LCD_disbuf[row-1][i]=32;
147            i++;
148        }
149 }
```

在代码清单 6-4 中，第 82 ～ 92 行定义主函数中调用的 LCD 初始化函数 LCD12864_Init()。该函数首先调用 LCD12864_GPIO_Init() 函数，如第 21 ～ 29 行所示，将 LCD12864 与 MCU 连接的 GPIO 端口初始化为推挽输出模式。然后调用阻塞延时函数 LCD12864_delay()（如代码清单 6-4 第 11 ～ 16 行所示）延时，再调用写命令函数 LCD12864_Write_Command() 写入初始化配置命令。

写命令函数 LCD12864_Write_Command() 的定义见代码清单 6-4 第 55 ～ 63 行，按照 LCD12864 写命令的时序要求，发送三个字节，第一字节为 0xf8，第二字节为命令字高四位，第三字节为命令字的低四位。发送字节是调用 LCD12864_Sendbyte() 函数来实现的。

发送字节函数 LCD12864_Sendbyte() 的定义见代码清单 6-4 第 34 ～ 49 行。按照 LCD12864 的串口通信协议写数据的时序，在同步时钟 SCLK 的同步下，每次发送 1 bit 数据。代码第 37 行的 for 循环的循环次数为 8 次（1 字节的长度），循环体每执行一次发送 1 位数据。代码第 39 行的 if 语句判断待发送数据的最高位，如果为 1 通过数据线 SID 发送高电平 1，否则发送低电平 0。在确定该位发送电平后，代码第 46 行让同步时钟 SCLK 产生一个边沿，完成该位数据的发送。

回到主函数中，在调用 LCD 初始化函数之后，调用了 LCD12864_Buf2Screen() 函数显示缓冲区的内容。

显示缓冲区的定义如代码清单第 2 ～ 5 行，定义了二维数组 disbuf[4][16]，用于存放待显示的内容，分为 4 行，每行 16 个字符或 8 个汉字。

代码清单 6-4 第 117 ～ 122 行，定义了 LCD12864_Buf2Screen() 函数，通过调用显示字符函数 LCD12864_Disp() 将显示缓冲区 disbuf 中的内容送入 LCD12864 显示。

代码清单 6-4 第 98 ～ 112 行，定义了 LCD12864_Disp() 函数。该函数有四个参数，第一个参数代表行，第二个参数代表列，第三个参数代表写入数据的个数，第四个参数为待写入数据的指针。代码清单 6-4 第 102 ～ 105 行，根据行列参数的值确定数据写入的目标地址；第 106 行调用写命令函数写入地址；第 107 ～ 111 行通过调用 LCD12864_Write_Data() 函数循环发送显示数据。

LCD12864_Write_Data() 函数的定义见代码清单 6-4 第 69 ~ 77 行。与 LCD12864_Write_Command() 函数类似，只不过发送的第一字节为 0xfa 而已。

代码清单 6-4 第 127 ~ 136 行定义了 LCD12864_BufChange() 函数，实现改变显示缓冲的值，可以根据实际需要自行改写这个函数。

代码清单 6-4 第 141 ~ 149 行定义了 LCD12864_ClearLine() 函数，实现指定行的清除显示功能。

在 MDK 中编写代码，编译通过后下载到开发板验证实验结果。

温馨提示：关于本项目代码的编写过程和实验现象，可以扫描二维码观看视频。

扫码看视频

# 6.3 拓展项目 3——数码管显示

## 6.3.1 拓展项目 3 要求

在学习了位带等相关知识之后，利用位带知识改写 LED、扫描按键的驱动，并移植数码管的驱动，实现如下功能：

（1）实现实践项目 2 同样的功能；

（2）四位数码管稳定显示 4，3，2，1。

## 6.3.2 拓展项目 3 实施

本项目的按键和 LED 的连接原理图同实践项目 2，数码管模块及其与 MCU 的连接关系如图 6-6 所示，其原理图如图 6-7 所示。

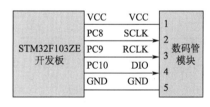

（a）数码管模块实物图　　　　　（b）数码管模块与STM32连接关系

**图 6-6　数码管模块及其与 MCU 的连接关系**

在实践项目 2 工程的基础上，新建"smg595.c"和"smg595.h"两个文件，编写数码管驱动代码。主要修改和移植的代码见代码清单 6-5、代码清单 6-6、代码清单 6-7。代码中已经做了详细的注释，读者可以自己分析。

代码清单 6-5　拓展项目 3 "main.c" 文件中的代码

```
22 /* Includes ------------------------------------------------*/
23 #include "stm32f10x.h"
24 #include "stm32f10x_CONF.h"
25 #include "led.h"
26 #include "key.h"
27 /**
28   * @brief  Main program
```

```
29   * @param  None
30   * @retval None
31   */
32   int main(void)
33   {
34       Led_GPIO_Init();
35       Key_GPIO_Init();
36       SMG_GPIO_Init();
37       while(1)
38       {
39           SMG_disbuf();
40           Key_Function();
41       }
42   }
```

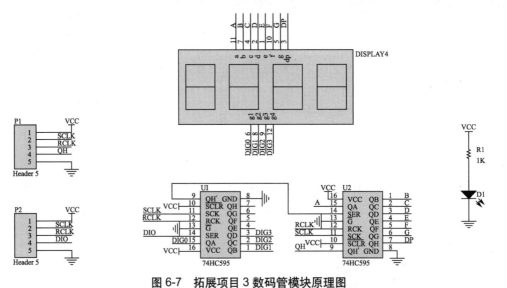

图 6-7　拓展项目 3 数码管模块原理图

代码清单 6-6　拓展项目 3 "led.h" 修改后的代码

```
1  #ifndef  _LED_H
2  #define  _LED_H
3
4  #include "stm32f10x.h"
5  #include "stm32f10x_CONF.h"
6  #include "main.h"
7  /*** 位带方法定义引脚映射 ***/
8  #define D3_R   PBout(5)
9  #define D3_G   PBout(0)
10 #define D3_B   PBout(1)
11 #define D4     PFout(7)
12 #define D5     PFout(8)
13 #define ON  0
14 #define OFF 1
15
16 void Led_LSD(void);
```

```
17 void Led_GPIO_Init(void);
18 #endif 19
```

代码清单 6-7　拓展项目 3 "key.h" 修改后的代码

```
 1 #ifndef _KEY_H
 2 #define _KEY_H
 3
 4 #include "stm32f10x.h"
 5 #include "stm32f10x_CONF.h"
 6 /*** 位带方法定义引脚映射 ***/
 7 #define KEY1 PAin(0)
 8 #define KEY2 PCin(13)
 9
10 void Key_GPIO_Init(void);
11 uint8_t Key_Scan(void);
12 void Key_Function(void);
13 #endif
```

代码清单 6-8　拓展项目 3 "key.c" 修改后的代码

```
 1 #include "key.h"
 2 #include "led.h"
 3 void Key_GPIO_Init(void)
 4 {
 5   GPIO_InitTypeDef GPIO_InitStruct;
 6   RCC_APB2PeriphClockCmd(RCC_APB2Periph_GPIOA|RCC_APB2Periph_GPIOC,
     ENABLE );
 7   GPIO_InitStruct.GPIO_Mode=GPIO_Mode_IN_FLOATING;
 8   GPIO_InitStruct.GPIO_Pin=GPIO_Pin_0;
 9   GPIO_Init(GPIOA, &GPIO_InitStruct);
10   GPIO_InitStruct.GPIO_Pin=GPIO_Pin_13;
11   GPIO_Init(GPIOC, &GPIO_InitStruct);
12 }
13 uint8_t Key_Scan(void)
14 {
15     if(KEY1==1)
16     {
17         while(KEY1 );
18         return 1;
19     }
20     else if(KEY2==1)
21     {
22         while(KEY2);
23         return 2;
24     }
25     else
26         return 0;
27 }
28 void Key_Function(void)
29 {
30     static uint8_t f=0,f1;
31     uint8_t keyvalue;
```

```
32      keyvalue=Key_Scan();
33      if(keyvalue==1)
34      {
35          f=(f+1)%2;
36          if(f)
37              D3_B=ON;
38          else
39              D3_B=OFF;
40      }else if(keyvalue==2)
41      {
42          f1=(f1+1)%2;
43          if(f1)
44              D3_R=ON;
45          else
46              D3_R=OFF;
47      }
48 }
```

代码清单 6-9　拓展项目 3 "smg595.h" 文件中的代码

```
 1 #ifndef_SMG595_H
 2 #define_SMG595_H
 3
 4 #include "stm32f10x.h"
 5 #include "stm32f10x_conf.h"
 6 #include "main.h"
 7 /*** 位带方法定义引脚映射 ***/
 8 #define SCLK PCout(8)
 9 #define RCLK PCout(9)
10 #define DIO  PCout(10)
11
12 void SMG_GPIO_Init(void);
13 void SMG_disbuf(void);
14 #endif
```

代码清单 6-10　拓展项目 3 "smg595.c" 文件中的代码

```
 1 #include "smg595.h"
 2 /* 定义数码管字形码表 */
 3 uint8_t Seg[]={0xC0,0xF9,0xA4,0xB0,0x99,0x92,0x82,0xF8
 4              // 0   1    2    3    4    5    6    7
 5              0x80,0x90,0x8C,0xBF,0xC6,0xA1,0x86,0xFF,0xbf };
 6              //8 9   A    b C    d    E       F-
 7 /* 定义数码管位选控制字表 */
 8 uint8_t  segbit[]={0x08,0x04,0x02,0x01};
 9 /* 定义数码管显示缓冲区 */
10 uint8_t  disbuf[4]={4,3,2,1};
11 /*************** 数码管连接GPIO端口初始化 ****************/
12 void SMG_GPIO_Init(void)
13 {
14     GPIO_InitTypeDef GPIO_InitStruct;
15     RCC_APB2PeriphClockCmd(RCC_APB2Periph_GPIOC,  ENABLE);
16     GPIO_InitStruct.GPIO_Pin=GPIO_Pin_8|GPIO_Pin_9|GPIO_Pin_10;
```

```
17      GPIO_InitStruct.GPIO_Mode=GPIO_Mode_Out_PP;
18      GPIO_InitStruct.GPIO_Speed=GPIO_Speed_50MHz;
19      GPIO_Init( GPIOC, &GPIO_InitStruct);
20 }
21 /*************** 发送 1 字节数据到 74HC595 ******************/
22 void SMG_Send595(uint8_t data)
23 {
24      uint8_t i;
25      for(i=8;i>=1;i--)
26      {
27          if(data&0x80)  DIO=1; else DIO=0;
28          data<<=1;
29          SCLK=0;
30          SCLK=1;
31      }
32 }
33 /******************** 数码管显示 1 位数据 *******************/
34 void SMG_disonebit(uint8_t index,uint8_t data)
35 {
36      SMG_Send595(data);
37      SMG_Send595(index);
38      RCLK=0;
39      RCLK=1;
40 }
41 /***************** 数码管缓冲区数据显示 *******************/
42 void SMG_disbuf(void)
43 {
44      uint8_t i;
45      for(i=0;i<4;i++)
46      {
47          SMG_disonebit(segbit[i],Seg[disbuf[i]]);
48      }
49 }
```

温馨提示：具体的操作过程以及实验现象，请扫描二维码观看视频。

扫码看视频

# 第7章

# 实践项目4——中断按键

本章首先介绍了STM32F10x微控制器的中断控制器（NVIC）；然后讲解了STM32F10x微控制器的外部中断（EXTI），并介绍外部中断编程常用的标准外设库函数等基础理论知识，并通过编程，实现外部中断按键控制三色LED颜色切换，以及LED状态翻转等功能。

### 学习目标

- 了解STM32的中断系统，了解Cortex-M3支持的中断通道及其中断向量。
- 掌握STM32F103的中断通道及其中断向量表。
- 理解中断优先级的概念，掌握STM32的中断优先级分组以及设置中断优先级的方法。
- 了解STM32F10x微控制器的EXTI的结构及功能，掌握EXTI中断线的连接对象及其中断服务函数。
- 掌握EXTI初始化结构体各成员的作用及其取值的含义。
- 了解外部中断编程涉及的标准外设库函数，学会调用这些库函数实现EXTI编程。

### 任务描述

通过外部中断检测KEY电路，实现按键控制三色LED状态切换及单色LED状态翻转功能。通过拓展项目实现中断按键控制流水灯同步启停控制和流水速度控制。

## 7.1 相关知识

### 7.1.1 STM32F10x 微控制器的中断控制器

在前面的实践项目中，可以看到在经过初始化配置之后，程序会进入一个 while(1) 循环，这个循环也称为主循环或超级循环。实现任务功能的代码都是在超级循环中完成的。但是，实际控制系统设计中，当发生了某种紧急情况需要微控制器做出迅速的响应时，在主循环中按部就班的处理方式是很难满足控制系统的实时性要求的，这个时候就需要中断发挥作用了。

中断是CPU处理外围设备突发事件的一种手段。当事件发生时，CPU会暂停当前的程序运行，转而去处理突发事件的程序（即中断服务函数），处理完之后又返回到中断点继续执行原来的程序。

ARM 的 Cortex-M3 内核支持 256 个中断，包括 16 个内核中断和 240 个外设中断，拥有 256 个中断优先级别，但是 STM32F103（以下简称 STM32）并没有使用 Cortex-M3 内核的全部中断资源。尽管如此，STM32 中断还是非常强大，每个外设都可以产生中断。

表 7-1 所示为 Cortex-M3 内核的 16 个中断通道及其中断向量表，在这 16 个内核中断（内核中断又称异常）中，日常编程经常会用到 SysTick（系统滴答定时器）中断。

表 7-1　Cortex-M3 内核的 16 个中断通道及其中断向量表

| 位置 | 优先级 | 优先级类型 | 名　称 | 说　明 | 地　址 |
|---|---|---|---|---|---|
| — | — | — | — | 保留 | 0x0000 0000 |
| — | -3 最高 | 固定 | Reset | 复位 | 0x0000 0004 |
| — | -2 | 固定 | NMI | 不可屏蔽中断 | 0x0000 0008 |
| — | -1 | 固定 | HardFault | 所有类型的失效 | 0x0000 000C |
| — | 0 | 可设置 | MemManage | 存储器管理 | 0x0000 0010 |
| — | 1 | 可设置 | BusFault | 预取指失败，存储器访问失败 | 0x0000 0014 |
| — | 2 | 可设置 | UsageFault | 未定义的指令或非法状态 | 0x0000 0018 |
| — | — | — | — | 保留 | 0x0000 001C |
| — | — | — | — | 保留 | 0x0000 0020 |
| — | — | — | — | 保留 | 0x0000 0024 |
| — | — | — | — | 保留 | 0x0000 0028 |
| — | 3 | 可设置 | SVCall | 通过 SWI 指令调用的系统服务 | 0x0000 002C |
| — | 4 | 可设置 | DebugMonitor | 调试监控器 | 0x0000 0030 |
| — | — | — | — | 保留 | 0x0000 0034 |
| — | 5 | 可设置 | PendSV | 可挂起的系统服务 | 0x0000 0038 |
| — | 6 | 可设置 | SysTick | 系统滴答定时器 | 0x0000 003C |

除了这 16 个内核中断外，STM32 还拥有 60 个可屏蔽中断通道，分别对应各自的中断向量，如表 7-2 所示。这里的中断向量，其实就是中断服务函数的入口地址（即中断服务函数的指针），一旦中断被响应，就会自动运行该指针指向的中断服务函数。

表 7-2　STM32 的可屏蔽中断通道及其中断向量表

| 位置 | 优先级 | 优先级类型 | 名　称 | 说　明 | 地　址 |
|---|---|---|---|---|---|
| 0 | 7 | 可设置 | WWDG | 窗口定时器中断 | 0x0000 0040 |
| 1 | 8 | 可设置 | PVD | 连到 EXTI 的电源电压检测中断 | 0x0000 0044 |
| 2 | 9 | 可设置 | TAMPER | 侵入检测中断 | 0x0000 0048 |
| 3 | 10 | 可设置 | RTC | 实时时钟 (RTC) 全局中断 | 0x0000 004C |
| 4 | 11 | 可设置 | FLASH | 闪存全局中断 | 0x0000 0050 |
| 5 | 12 | 可设置 | RCC | 复位和时钟控制 (RCC) 中断 | 0x0000 0054 |
| 6 | 13 | 可设置 | EXTI0 | EXTI 线 0 中断 | 0x0000 0058 |
| 7 | 14 | 可设置 | EXTI1 | EXTI 线 1 中断 | 0x0000 005C |
| 8 | 15 | 可设置 | EXTI2 | EXTI 线 2 中断 | 0x0000 0060 |
| 9 | 16 | 可设置 | EXTI3 | EXTI 线 3 中断 | 0x0000 0064 |
| 10 | 17 | 可设置 | EXTI4 | EXTI 线 4 中断 | 0x0000 0068 |
| 11 | 18 | 可设置 | DMA1 通道 1 | DMA1 通道 1 全局中断 | 0x0000 006C |
| 12 | 19 | 可设置 | DMA1 通道 2 | DMA1 通道 2 全局中断 | 0x0000 0070 |

| 位置 | 优先级 | 优先级类型 | 名　称 | 说　明 | 地　址 |
|---|---|---|---|---|---|
| 13 | 20 | 可设置 | DMA1 通道 3 | DMA1 通道 3 全局中断 | 0x0000 0074 |
| 14 | 21 | 可设置 | DMA1 通道 4 | DMA1 通道 4 全局中断 | 0x0000 0078 |
| 15 | 22 | 可设置 | DMA1 通道 5 | DMA1 通道 5 全局中断 | 0x0000 007C |
| 16 | 23 | 可设置 | DMA1 通道 6 | DMA1 通道 6 全局中断 | 0x0000 0080 |
| 17 | 24 | 可设置 | DMA1 通道 7 | DMA1 通道 7 全局中断 | 0x0000 0084 |
| 18 | 25 | 可设置 | ADC1_2 | ADC1 和 ADC2 全局中断 | 0x0000 0088 |
| 19 | 26 | 可设置 | USB_HP_CAN1_TX | USB 高优先级或 CAN1 发送中断 | 0x0000 008C |
| 20 | 27 | 可设置 | USB_LP_CAN1_RX0 | USB 低优先级或 CAN1 接收 0 中断 | 0x0000 0090 |
| 21 | 28 | 可设置 | CAN1_RX1 | CAN1 接收 1 中断 | 0x0000 0094 |
| 22 | 29 | 可设置 | CAN1_SCE | CAN1 SCE 中断 | 0x0000 0098 |
| 23 | 30 | 可设置 | EXTI9_5 | EXTI 线 [9:5] 中断 | 0x0000 009C |
| 24 | 31 | 可设置 | TIM1_BRK | TIM1 制动中断 | 0x0000 00A0 |
| 25 | 32 | 可设置 | TIM1_UP | TIM1 更新中断 | 0x0000 00A4 |
| 26 | 33 | 可设置 | TIM1_TRG_COM | TIM1 触发和通信中断 | 0x0000 00A8 |
| 27 | 34 | 可设置 | TIM1_CC | TIM1 捕获比较中断 | 0x0000 00AC |
| 28 | 35 | 可设置 | TIM2 | TIM2 全局中断 | 0x0000 00B0 |
| 29 | 36 | 可设置 | TIM3 | TIM3 全局中断 | 0x0000 00B4 |
| 30 | 37 | 可设置 | TIM4 | TIM4 全局中断 | 0x0000 00B8 |
| 31 | 38 | 可设置 | I2C1_EV | I2C1 事件中断 | 0x0000 00BC |
| 32 | 39 | 可设置 | I2C1_ER | I2C1 错误中断 | 0x0000 00C0 |
| 33 | 40 | 可设置 | I2C2_EV | I2C2 事件中断 | 0x0000 00C4 |
| 34 | 41 | 可设置 | I2C2_ER | I2C2 错误中断 | 0x0000 00C8 |
| 35 | 42 | 可设置 | SPI1 | SPI1 全局中断 | 0x0000 00CC |
| 36 | 43 | 可设置 | SPI2 | SPI2 全局中断 | 0x0000 00D0 |
| 37 | 44 | 可设置 | USART1 | USART1 全局中断 | 0x0000 00D4 |
| 38 | 45 | 可设置 | USART2 | USART2 全局中断 | 0x0000 00D8 |
| 39 | 46 | 可设置 | USART3 | USART3 全局中断 | 0x0000 00DC |
| 40 | 47 | 可设置 | EXTI15_10 | EXTI 线 [15:10] 中断 | 0x0000 00E0 |
| 41 | 48 | 可设置 | RTCAlarm | 连到 EXTI 的 RTC 闹钟中断 | 0x0000 00E4 |
| 42 | 49 | 可设置 | USBWakeUp | 连到 EXTI 的全速 USBOTG 唤醒中断 | 0x0000 00E8 |
| 43 | 50 | 可设置 | TIM8_BRK | TIM8 制动中断 | 0x0000 00EC |
| 44 | 51 | 可设置 | TIM8_UP | TIM8 更新中断 | 0x0000 00F0 |
| 45 | 52 | 可设置 | TIM8_TRG_COM | TIM8 触发和通信中断 | 0x0000 00F4 |
| 46 | 53 | 可设置 | TIM8_CC | TIM8 捕获比较中断 | 0x0000 00F8 |
| 47 | 54 | 可设置 | ADC3 | ADC3 全局中断 | 0x0000 00FC |
| 48 | 55 | 可设置 | FSMC | FSMC 全局中断 | 0x0000 0100 |
| 49 | 56 | 可设置 | SDIO | SDIO 全局中断 | 0x0000 0104 |
| 50 | 57 | 可设置 | TIM5 | TIM5 全局中断 | 0x0000 0108 |
| 51 | 58 | 可设置 | SPI3 | SPI3 全局中断 | 0x0000 010C |
| 52 | 59 | 可设置 | UART4 | UART4 全局中断 | 0x0000 0110 |
| 53 | 60 | 可设置 | UART5 | UART5 全局中断 | 0x0000 0114 |
| 54 | 61 | 可设置 | TIM6 | TIM6 全局中断 | 0x0000 0118 |
| 55 | 62 | 可设置 | TIM7 | TIM7 全局中断 | 0x0000 011C |
| 56 | 63 | 可设置 | DMA2_Channel1 | DMA2 通道 1 全局中断 | 0x0000 0120 |

| 位置 | 优先级 | 优先级类型 | 名　称 | 说　明 | 地　址 |
|---|---|---|---|---|---|
| 57 | 64 | 可设置 | DMA2_Channel2 | DMA2 通道 2 全局中断 | 0x0000 0124 |
| 58 | 65 | 可设置 | DMA2_Channel3 | DMA2 通道 3 全局中断 | 0x0000 0128 |
| 59 | 66 | 可设置 | DMA2_Channel4_5 | DMA2 通道 4,5 全局中断 | 0x0000 012C |

需要注意的是，STM32 的中断通道可能会由多个中断源共用，也就是说某个中断服务函数也可能会被多个中断源所共用，所以在中断服务函数中需要有一个判断机制，用来辨别是哪个中断源触发了中断。

在介绍如何配置中断优先级之前，需要先了解一下 NVIC。NVIC 是嵌套向量中断控制器，控制着整个芯片与中断相关的功能，它跟内核紧密耦合，是内核里面的一个外设。但是各个芯片厂商在设计芯片的时候会对 Cortex-M3 内核里面的 NVIC 进行裁剪，把不需要的部分去掉，所以说 STM32 的 NVIC 是 Cortex-M3 的 NVIC 的一个子集。其主要的工作就是控制中断通道开放与否，以及确定中断的优先级别。

中断优先级决定了一个中断是否能被屏蔽，以及在未屏蔽的情况下何时可以响应。优先级的数值越小，其优先级别越高。

STM32 的 NVIC 支持中断嵌套，即高级别中断会抢占低级别中断。STM32 的中断优先级，又被分成抢占优先级（又称主优先级）和响应优先级（又称子优先级）。每个中断都需要配置这两种优先级。

如果有多个中断同时响应，抢占优先级高的中断就会打断抢占优先级低的中断优先得到执行，即中断嵌套。如果抢占优先级相同，就根据响应优先级的高低来决定先处理哪一个。如果抢占优先级和响应优先级都相同，就根据硬件中断编号顺序（表 7-1 和表 7-2 的位置顺序）来决定哪个先执行，硬件中断编号越小，优先级越高。

在 STM32 中，优先级用 4 bit 表示，最多支持 16 个中断优先级，并且有五种优先级分组方式，如表 7-3 所示。

表 7-3　STM32 的中断优先级分组

| 优先级分组 | 抢占优先级 | | 优先级控制位 | | | | 响应优先级 | |
|---|---|---|---|---|---|---|---|---|
| | 取值 | 位数 | 3 | 2 | 1 | 0 | 位数 | 取值 |
| NVIC_PriorityGroup_0 | 0 | 0 | 1/0 | 1/0 | 1/0 | 1/0 | 4 | 0 ~ 15 |
| NVIC_PriorityGroup_1 | 0 ~ 1 | 1 | 1/0 | 1/0 | 1/0 | 1/0 | 3 | 0 ~ 8 |
| NVIC_PriorityGroup_2 | 0 ~ 3 | 2 | 1/0 | 1/0 | 1/0 | 1/0 | 2 | 0 ~ 4 |
| NVIC_PriorityGroup_3 | 0 ~ 8 | 3 | 1/0 | 1/0 | 1/0 | 1/0 | 1 | 0 ~ 1 |
| NVIC_PriorityGroup_4 | 0 ~ 15 | 4 | 1/0 | 1/0 | 1/0 | 1/0 | 0 | 0 |

注：表中加底纹表示抢占优先级的位数。

对于某一个特定中断进行中断编程，在配置每个中断的时候一般有三个编程要点：

（1）在外设层面使能某个中断，这个具体由每个外设的相关中断使能位控制。

（2）在 NVIC 中使能相应的中断通道，并设置优先级。

（3）编写中断服务函数。

## 7.1.2　STM32F10x 微控制器的外部中断

EXTI（external interrupt/event controller）是外部中断/事件控制器，管理了 20 个中断/

事件线。因为中断请求主要来源于 GPIO 端口的引脚，所以称为外部中断。每个中断/事件线都对应有一个边沿检测器，可以实现输入信号的上升沿检测和下降沿检测。EXTI 可以对每个中断/事件线进行独立配置，可以单独配置为中断或者事件，以及触发事件的属性。

### 1．EXTI 功能框图

EXTI 功能框图如图 7-1 所示。掌握了功能框图，就能在整体上把握 EXTI，编程的思路就会变得清晰。

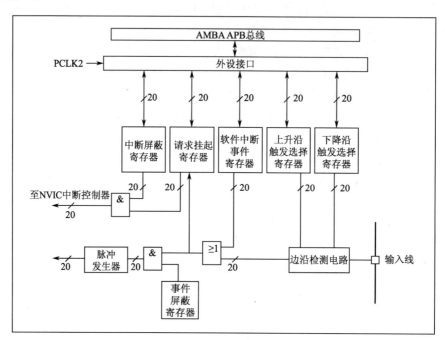

图 7-1 EXTI 功能框图

在图 7-1 中可以看到很多在信号线上打一个斜杠并标注"20"字样，这个表示在控制器内部类似的信号线路有 20 个，这与 EXTI 总共有 20 个中断/事件线是吻合的。

EXTI 控制器有 20 个中断/事件输入线，这些输入线可以通过寄存器设置为任意一个 GPIO 引脚，也可以是一些外设的事件。输入线一般是存在电平变化的信号。

边沿检测电路会根据上升沿触发选择寄存器 (EXTI_RTSR) 和下降沿触发选择寄存器 (EXTI_FTSR) 对应位的设置来控制信号触发。边沿检测电路以输入线作为信号输入端，如果检测到有边沿跳变就输出有效信号 1，否则输出无效信号 0。而 EXTI_RTSR 和 EXTI_FTSR 两个寄存器可以控制需要检测哪些类型的电平跳变过程，可以是只有上升沿触发、只有下降沿触发或者上升沿和下降沿都触发。

EXTI 有两大功能：一个是产生中断，另一个是产生事件。产生中断线路目的是把输入信号输入到 NVIC，进一步会运行中断服务函数，实现功能，这样是软件级的。而产生事件线路的目的就是传输一个脉冲信号给其他外设使用，并且是电路级别的信号传输，属于硬件级的。

注意：EXTI 是挂载在 APB2 总线上的，在编程时候需要注意到这点。

### 2．中断/事件线

EXTI 有 20 个中断/事件线，每个 GPIO 都可以被设置为输入线，占用 EXTI0 ~

EXTI15，还有另外 4 个用于特定的外设事件，如表 7-4 所示。可以看出，外部中断线 EXTI0~EXTI15 分别与相同序号的 GPIO 端口相连。

表 7-4　EXTI 中断线的连接关系

| 中断线 | 连接对象 | 中断服务函数 |
|---|---|---|
| EXTI0 | PA0、PB0、PC0、PD0、PE0、PF0、PG0 | 专用 EXTI0_IRQn |
| EXTI1 | PA1、PB1、PC1、PD1、PE1、PF1、PG1 | 专用 EXTI1_IRQn |
| EXTI2 | PA2、PB2、PC2、PD2、PE2、PF2、PG2 | 专用 EXTI2_IRQn |
| EXTI3 | PA3、PB3、PC3、PD3、PE3、PF3、PG3 | 专用 EXTI3_IRQn |
| EXTI4 | PA4、PB4、PC4、PD4、PE4、PF4、PG4 | 专用 EXTI4_IRQn |
| EXTI5 | PA5、PB5、PC5、PD5、PE5、PF5、PG5 | 共用 EXTI9_5_IRQn |
| EXTI6 | PA6、PB6、PC6、PD6、PE6、PF6、PG6 | |
| EXTI7 | PA7、PB7、PC7、PD7、PE7、PF7、PG7 | |
| EXTI8 | PA8、PB8、PC8、PD8、PE8、PF8、PG8 | |
| EXTI9 | PA9、PB9、PC9、PD9、PE9、PF9、PG9 | |
| EXTI10 | PA10、PB10、PC10、PD10、PE10、PF10、PG10 | 共用 EXTI15_10_IRQn |
| EXTI11 | PA11、PB11、PC11、PD11、PE11、PF11、PG11 | |
| EXTI12 | PA12、PB12、PC12、PD12、PE12、PF12、PG12 | |
| EXTI13 | PA13、PB13、PC13、PD13、PE13、PF13、PG13 | |
| EXTI14 | PA14、PB14、PC14、PD14、PE14、PF14、PG14 | |
| EXTI15 | PA15、PB15、PC15、PD15、PE15、PF15、PG15 | |
| EXTI16 | PVD 输出 | 专用 PVD_IRQn |
| EXTI17 | RTC 闹钟事件 | 专用 RTC_IRQn |
| EXTI18 | USB 唤醒事件 | 专用 |
| EXTI19 | 以太网唤醒事件（只适用互联型） | 专用 |

如图 7-2 所示，每个 GPIO 端口的引脚按照序号分组，分别连接到 16 个外部中断线上，每组对应一个中断线。

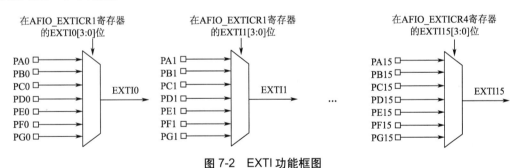

图 7-2　EXTI 功能框图

图 7-2 中的梯形符号代表多选一电子开关，每次只能选通一个。例如，PA0 连接到 EXTI0 后，其他序号为 0 的端口都不能再连接到 EXTI0 了。如果此时需要连接其他端口，就必须断开 PA0 的连接。除了这 16 个连接到 GPIO 端口的中断线外还有 4 个 EXTI 线连接到了其他外设，其中，EXTI16 连接到 PVD 输出，EXTI17 连接到 RTC 闹钟事件，EXTI18 连接到 USB 唤醒事件，EXTI19 连接到以太网唤醒事件（只适用于互联型产品）。

可编程电压检测器（programmable voltage detector，PVD）的作用是监视供电电压，在供电电压降到给定的阈值以下时，将产生一个中断，通知软件做紧急处理。例如，在供电系统断电时，可以执行一些事关安全的紧急操作，并配合后备寄存器（BKP）紧急保存一些关键数据。RTC 闹钟事件和 USB 唤醒事件从字面上很好理解，由于涉及其他外设，这里不再具体介绍。

### 3. EXTI 初始化结构体

标准库函数对每个外设都建立了一个初始化结构体（比如 EXTI_InitTypeDef），结构体成员用于设置外设工作参数，并调用外设初始化函数（比如 EXTI_Init()）将这些设定参数写入外设相应的寄存器，达到配置外设的目的。

初始化结构体和初始化库函数配合使用是标准库精髓所在，理解了初始化结构体每个成员意义，基本上就可以正确配置该外设了。EXTI 初始化结构体（如代码清单 7-1 所示）在"stm32f10x_exti.h"文件中定义，EXTI 相关的库函数在"stm32f10x_exti.c"文件中定义，编程时可以参考这两个文件中的注释，学习使用。

代码清单 7-1　EXTI 初始化结构体定义

```
1 typedef struct {
2     uint32_t EXTI_Line;                  // 中断/事件线
3     EXTIMode_TypeDef EXTI_Mode;          // EXTI 模式
4     EXTITrigger_TypeDef EXTI_Trigger;    // 触发类型
5     FunctionalState EXTI_LineCmd;        // EXTI 使能
6 }EXTI_InitTypeDef;
```

EXTI 初始化结构体成员及其作用与取值如表 7-5 所示。

表 7-5　EXTI 初始化结构体成员及其作用与取值

| 结构体成员名称 | 结构体成员作用 | 结构体成员取值 | 取值描述 |
|---|---|---|---|
| EXTI_Line | 选择外部线路 | EXTI_Line0~ EXTI_Line19 | 选取某个外部中断通道 |
| EXTI_Mode | 设置被选中线路的模式 | EXTI_Mode_Interrupt | 设置输入线路为中断请求 |
| | | EXTI_Mode_Event | 设置输入线路为事件请求 |
| EXTI_Trigger | 设置触发边沿 | EXTI_Trigger_Rising | 设置输入线路上升沿触发 |
| | | EXTI_Trigger_Falling | 设置输入线路下降沿触发 |
| | | EXTI_Trigger_Rising_Falling | 设置上升沿和下降沿触发 |
| EXTI_LineCmd | 定义选中线路的新状态 | ENABLE | 使能 |
| | | DISABLE | 禁用 |

## 7.1.3　外部中断编程涉及的标准外设库函数

本项目涉及的外部中断编程需要用到的标准外设库函数如表 7-6 所示。现在只要简单了解函数的功能即可，具体内容将在代码分析时详细介绍。

表 7-6　本项目涉及的外部中断编程需要用到的标准外设库函数

| 函数名称 | 函数功能 | 所在标准库文件 |
|---|---|---|
| NVIC_PriorityGroupConfig() | 中断优先级分组配置 | misc.c 和 misc.h |
| NVIC_Init() | 初始化配置 NVIC | |
| GPIO_EXTILineConfig() | 连接外部中断线到指定端口 | stm32f10x_gpio.c 和 stm32f10x_gpio.h |
| EXTI_Init() | 初始化配置外部中断 | stm32f10x_exti.c 和 stm32f10x_exti.h |
| EXTI_GetITStatus() | 获取外部中断标志位状态 | |
| EXTI_ClearITPendingBit() | 清除外部中断标志位状态 | |
| EXTI_GetFlagStatus() | 获取事件标志位状态 | |
| EXTI_ClearFlag() | 清除事件标志位状态 | |

## 7.2  项目实施

### 7.2.1  硬件电路实现

本项目的硬件电路原理图如图 7-3 所示，控制对象为一个 RGB 灯、两个 LED 以及两个按键。需要强调的是，本项目中按键控制机制使用的是中断方式，与第 5 章中的按键扫描方式完全不同。

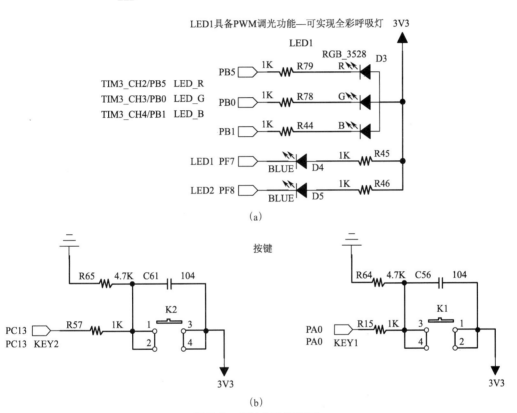

图 7-3  硬件电路原理图

在图 7-3（a）中，RGB 三色灯 D3 的每一颜色的发光二极管以及 D4、D5 都连接了限流电阻，阳极直接或间接地连接到 3.3 V 电源，阴极分别接到 GPIO 端口，其中，RGB 三色灯连接 PB5、PB0、PB1，D4 连接到 PF7，D5 连接到 PF8。如果控制某个 GPIO 引脚输出低电平，对应的 LED 点亮；如果控制某个 GPIO 引脚输出高电平，对应的 LED 熄灭，因此，将对应引脚初始化成推挽输出模式。

在图 7-3（b）中，按键 KEY1、KEY2 分别连接到 PA0、PC13 引脚，并通过电阻后接地，而按键的另一端接 3.3 V 电源。很显然，在没有按下按键时，对应的 GPIO 引脚将输入低电平；按下按键时，对应的 GPIO 引脚则输入高电平。因此，对应的 GPIO 引脚可以初始化为下拉输入模式或浮空输入模式。

### 7.2.2 程序设计思路

在"工程模板"之上新建"led.c""led.h""interruptkey.c""interrptkey.h"等四个文件，并将源程序文件添加到 MDK 的"USER"组。

#### 1. 编程要点

（1）利用位带知识重新改写第 5 章的"led.c"和"led.h"（这里为了巩固位带知识点）；

（2）EXTI 初始化；

（3）设置中断优先级；

（4）编写程序，实现 KEY1 控制 RGB 三色灯的颜色切换，KEY2 控制 D4、D5 状态翻转。

#### 2. 程序流程图

本项目的主要程序流程图如图 7-4、图 7-5 所示。

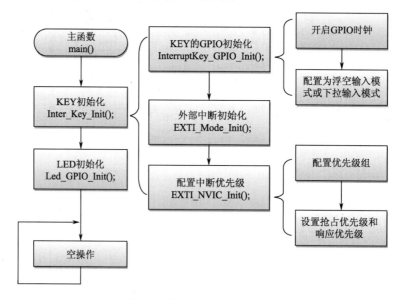

图 7-4　中断按键主要程序流程图

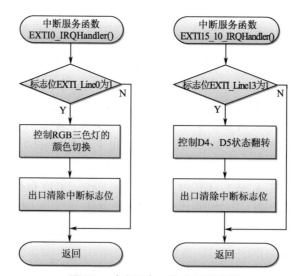

图 7-5　中断服务函数程序流程图

### 7.2.3　程序代码分析

为了巩固位带的知识，本项目首先在第 5 章程序的基础上，利用位带知识改写"led.h"，改写后的代码如代码清单 7-2 所示。

要实现位带操作，首先要把实现位带操作的宏包含到文件中，在代码清单 7-2 的第 7 行，就包含了实现位带操作的代码（具体见代码清单 6-1）。第 10 ～ 12 行代码为利用位带定义 LED 的引脚，目的是通过直接操作寄存器中的位控制 LED 的状态，所以要用 ODR 寄存器，如 PBout(0) 就是通过位带直接操作 GPIOB 的 ODR 寄存器的 bit0 位。有了这些宏定义后，就可以改变 LED 的状态了，如 D3_G = 0 就可以点亮 D3_G 灯；D3_G = 1 就可以熄灭 D3_G 灯。

第 14 行和第 15 行定义了宏 ON 和 OFF，用来表示 LED 的状态，比起 0/1 表示亮 / 灭，代码的可读性更好。

第 17 行和第 18 行定义了一个带参数的宏 D4(a)，第 17 行末尾有一个"\"，表示续行符，编译器会将后面的第 18 行连接到第 17 行后面一起作为宏替换的字符串。注意，续行符的后面不能有任何其他符号（包括空格），否则编译器编译时就会出错。第 19 行和第 20 行与之类似，不再赘述。

代码清单 7-2　实践项目 4 "led.h" 文件中的代码

```
 1 #ifndef _LED_H
 2 #define _LED_H
 3 // 文件包含
 4 #include "stm32f10x.h"
 5 #include "stm32f10x_CONF.h"
 6 // 使用位带，需要包含实现位带操作的宏
 7 #include "main.h"
 8
 9 // 利用位带定义 LED 引脚
10 #define D3_R  PBout(5)
11 #define D3_G  PBout(0)
12 #define D3_B  PBout(1)
13
14 #define ON  0
15 #define OFF 1
16 // 定义带参数宏实现翻转功能
17 #define D4(a) if(a) GPIO_SetBits( GPIOF,  GPIO_Pin_7);\
18                else GPIO_ResetBits( GPIOF,  GPIO_Pin_7);
19 #define D5(a) if(a) GPIO_SetBits( GPIOF,  GPIO_Pin_8);\
20                          else GPIO_ResetBits( GPIOF,  GPIO_Pin_8);
21 // 函数声明
22 void Led_GPIO_Init(void);
23 #endif
24
```

文件 "led.c" 的代码如代码清单 7-3 所示。主要是定义了 LED 对应的端口初始化函数，在前面的章节中已经多次应用，不再赘述。

代码清单 7-3　实践项目 4 "led.c" 文件中的代码

```
 1 #include "led.h"
 2 //LED 的 GPIO 初始化
```

```
3  void Led_GPIO_Init(void)
4  {
5      GPIO_InitTypeDef GPIO_InitStruct;
6      RCC_APB2PeriphClockCmd(RCC_APB2Periph_GPIOB|RCC_APB2Periph_GPIOF,
                              ENABLE );
7      GPIO_InitStruct.GPIO_Mode=GPIO_Mode_Out_PP;
8      GPIO_InitStruct.GPIO_Pin=GPIO_Pin_0|GPIO_Pin_1|GPIO_Pin_5;
9      GPIO_InitStruct.GPIO_Speed=GPIO_Speed_50MHz;
10     // 初始化 PB0, PB1 和 PB5 为推挽输出模式
11     GPIO_Init(GPIOB, &GPIO_InitStruct);
12     GPIO_InitStruct.GPIO_Pin=GPIO_Pin_7|GPIO_Pin_8;
13     // 初始化 PF7, PF8 为推挽输出模式
14     GPIO_Init(GPIOF, &GPIO_InitStruct);
15     // 关闭所有 LED
16     GPIO_SetBits(GPIOB, GPIO_Pin_0|GPIO_Pin_1|GPIO_Pin_5);
17     GPIO_SetBits(GPIOF, GPIO_Pin_7|GPIO_Pin_8);
18 }
```

下面来分析一下"interrupt.h"文件中的代码，如代码清单7-4所示。利用条件编译结构（#ifndef…#endif）防止重复编译，第4行和第5行包含本驱动需要使用的头文件，第7行为函数声明，函数声明的作用是告诉编译器函数名、函数参数个数、每个参数的数据类型以及函数返回值的类型。

代码清单7-4　实践项目4 "interruptkey.h" 文件中的代码

```
1  #ifndef _INTERRUPTKEY_H
2  #define _INTERRUPTKEY_H
3
4  #include "stm32f10x.h"
5  #include "stm32f10x_conf.h"
6
7  void Inter_Key_Init(void);
8  #endif
```

接下来重点分析中断按键的驱动代码。在代码清单7-5中，第1行为包含自身的头文件，在编写源程序代码时，可能需要用到其他头文件里定义的内容，所以一般编写代码时先编写头文件，在编写源程序文件时在第1行包含自身的头文件。第2行使用文件包含命令包含"led.h"文件，其中包含了需要控制的LED对象的相关宏定义。

第4行定义了两个全局变量，其中变量rgb_f用于控制RGB三色灯颜色切换，变量f用于控制D4、D5状态翻转。

第6～20行为InterruptKey_GPIO_Init()函数的定义。其中，第18行、第19行代码调用库函数GPIO_EXTILineConfig()将按键连接的引脚配置为中断线。该函数有两个参数，第一个参数用于指定GPIO端口，形式为GPIO_PortSourceGPIOx（x可以取值A～G）；第二个参数用于指定具体引脚，形式为GPIO_PinSourcex（x可以取值0～15）。

代码清单7-5　实践项目4 "interruptkey.c" 中 InterruptKey_GPIO_Init() 函数

```
1  #include "interruptkey.h"
2  #include "led.h"
3  // 定义全局变量
```

```
 4 uint8_t f=0,rgb_f;
 5 //KEY 的 GPIO 初始化：PA0-KEY1,PC13-KEY2 为浮空输入模式
 6 void InterruptKey_GPIO_Init(void)
 7 {
 8     GPIO_InitTypeDef GPIO_InitStruct;
 9     RCC_APB2PeriphClockCmd(RCC_APB2Periph_GPIOA,  ENABLE );
10     RCC_APB2PeriphClockCmd(RCC_APB2Periph_AFIO,  ENABLE );
11     GPIO_InitStruct.GPIO_Mode=GPIO_Mode_IN_FLOATING;
12     GPIO_InitStruct.GPIO_Pin=GPIO_Pin_0;
13     GPIO_Init(GPIOA, &GPIO_InitStruct);
14
15     GPIO_InitStruct.GPIO_Pin=GPIO_Pin_13;
16     GPIO_Init(GPIOC, &GPIO_InitStruct);
17     //配置中断线
18     GPIO_EXTILineConfig(GPIO_PortSourceGPIOA,  GPIO_PinSource0);
19     GPIO_EXTILineConfig(GPIO_PortSourceGPIOC,  GPIO_PinSource13);
20 }
```

在代码清单 7-6 中，第 22 ~ 31 行为 EXTI_Mode_Init() 函数的定义，配置 EXTI_Line0
和 EXTI_Line13 为上升沿中断模式。EXTI_InitTypeDef 类型的结构体变量 EXTI_InitStruct
的成员取值及其含义，可以参考表 7-5 来理解。

代码清单 7-6　实践项目 4 "interruptkey.c" 中 EXTI_NVIC_Init() 等函数代码

```
21 //配置 EXTI：EXTI_Line0, EXTI_Line13 配置为上升沿中断模式
22 void EXTI_Mode_Init(void)
23 {
24     EXTI_InitTypeDef EXTI_InitStruct;
25
26     EXTI_InitStruct.EXTI_Line=EXTI_Line0|EXTI_Line13;
27     EXTI_InitStruct.EXTI_LineCmd=ENABLE;
28     EXTI_InitStruct.EXTI_Mode=EXTI_Mode_Interrupt;
29     EXTI_InitStruct.EXTI_Trigger=EXTI_Trigger_Rising;
30     EXTI_Init(&EXTI_InitStruct);
31 }
32 //配置外部中断的优先级
33 void EXTI_NVIC_Init(void)
34 {
35     NVIC_InitTypeDef NVIC_InitStruct;
36     NVIC_PriorityGroupConfig(NVIC_PriorityGroup_0);
37     NVIC_InitStruct.NVIC_IRQChannel=EXTI0_IRQn;
38     NVIC_InitStruct.NVIC_IRQChannelCmd=ENABLE;
39     NVIC_InitStruct.NVIC_IRQChannelPreemptionPriority=0;
40     NVIC_InitStruct.NVIC_IRQChannelSubPriority=0;
41     NVIC_Init(&NVIC_InitStruct);
42
43     NVIC_InitStruct.NVIC_IRQChannel=EXTI15_10_IRQn;
44     NVIC_InitStruct.NVIC_IRQChannelSubPriority=1;
45     NVIC_Init(&NVIC_InitStruct);
46 }
47 //中断按键的初始化
48 void Inter_Key_Init(void)
```

```
49  {
50      InterruptKey_GPIO_Init();
51      EXTI_Mode_Init();
52      EXTI_NVIC_Init();
53  }
```

在代码清单 7-6 中，第 33 ~ 46 行定义了 EXTI_NVIC_Init() 函数，配置外部中断线的优先级。

代码第 35 行定义了一个 NVIC_InitTypeDef 类型的结构体变量 NVIC_InitStruct，用于中断控制器（NVIC）的初始化配置，此结构体变量的成员的作用与取值如表 7-7 所示。

表 7-7  NVIC_InitTypeDef 类型的成员及其作用与取值

| 结构体成员的名称 | 结构体成员的作用 | 取值 | 取值描述 |
| --- | --- | --- | --- |
| NVIC_IRQChannel | 配置指定的中断通道 | 共 43 个中断通道 | 可在 "stm32f10x.h" 文件中找到，或查看相关资料 |
| NVIC_IRQChannelPreemptionPriority | 设置抢占优先级 | 0 ~ 15 | 取值根据优先级组的配置来确定，如表 7-3 所示 |
| NVIC_IRQChannelSubPriority | 设置响应优先级 | 0 ~ 15 | |
| NVIC_IRQChannelCmd | 中断通道使能 | ENABLE | 使能 |
| | | DISABLE | 禁用 |

代码第 36 行调用 NVIC_PriorityGroupConfig() 函数，选择优先级组为 0，按照表 7-3 的规定，也就是抢占优先级无级别划分，响应优先级最多可以有 16 个级别。

代码第 37 ~ 40 行，对结构体变量 NVIC_InitStruct 的成员进行赋值，主要设置 NVIC 的中断通道、中断通道使能、中断通道的抢占优先级和响应优先级。

代码第 41 行调用 NVIC 初始化函数 NVIC_Init() 完成对外部中断 0 通道的初始化配置；代码第 42 ~ 45 行，对线 15 ~ 线 10 的共用通道进行配置；代码第 44 行修改了响应优先级。本项目中两个中断的抢占优先级相同，所以不能形成中断嵌套。

代码第 48 ~ 53 行定义了 Inter_Key_Init() 函数，通过调用三个函数实现中断按键的初始化。函数 InterruptKey_GPIO_Init() 初始化 GPIO 端口并配置中断线，函数 EXTI_Mode_Init() 配置外部中断为上升沿中断，函数 EXTI_NVIC_Init() 配置中断优先级。

分析完了驱动文件的代码后，下面再分析一下 main() 函数的代码。如代码清单 7-7 所示，在主函数中调用 Inter_Key_Init() 函数进行中断按键的初始化，再调用 Led_GPIO_Init() 函数初始化 LED 的 GPIO 端口为推挽输出模式，并关闭所有的 LED。

然后进入超级循环，在超级循环中没有任何代码。那是怎么实现按键控制 LED 的呢？

代码清单 7-7  实践项目 4 "main.c" 文件中的代码

```
22  /* Includes -----------------------------------------------*/
23  #include "stm32f10x.h"
24  #include "stm32f10x_conf.h"
25  #include "interruptkey.h"
26  #include "led.h"
27  /**
28    * @brief  Main program
29    * @param  None
30    * @retval None
31    */
```

```
32 int main(void)
33 {
34   Inter_Key_Init();
35   Led_GPIO_Init();
36   while (1)
37   {
38   }
39 }
```

由于本项目的按键检测采用外部中断的方式实现，故将按键处理放置在了中断服务函数中，其代码如代码清单 7-8 所示。

在代码清单 7-8 中，可以看到，两个中断通道分别对应两个中断服务函数，在中断服务函数中实现对 LED 的控制。

依据表 7-3，在 STM32 的外部中断线 0~4 分别有自己的专用中断服务函数，而中断线 5~9 共用一个中断服务函数，中断线 10~15 共用一个中断服务函数，这种多个中断源共用一个中断服务函数的情况，在其他外设的中断中也是常见的。

对于共用的中断服务函数，为了判断具体响应了哪个中断，在中断服务函数中，需要检测相应的中断状态进行确定。在初学阶段，为了避免出错，建议在所有的中断服务函数中，都统一进行中断状态检测。例如，在中断服务函数 EXTI0_IRQHandler() 中，代码第 57 行，在 if 语句中调用了标准外设库函数 EXTI_GetITStatus() 检测了对应的中断线状态，如果为 SET（即 1）就说明产生了对应的外部中断，才能对 RGB 三色灯颜色状态进行改变，否则直接退出中断服务函数。

在中断服务函数中，处理完相应的操作后，需要清除对应的中断标志后才能退出中断服务函数，否则处理器会反复进入中断服务函数。例如，代码第 66 行在完成改变 RGB 三色灯颜色状态后，调用标准外设库函数 EXTI_ClearITPendingBit() 清除了外部中断线 0 的中断标志。

代码清单 7-8　实践项目 4 "interrupt.c" 中的中断服务函数代码

```
54 // 线 0 中断的中断服务函数
55 void EXTI0_IRQHandler(void)
56 {
57     if(EXTI_GetITStatus(EXTI_Line0)==SET)
58     {
59         rgb_f=(rgb_f+1)%3;
60         switch(rgb_f)
61         {
62             case 0:D3_R=ON;   D3_G=OFF; D3_B=OFF; break;
63             case 1:D3_R=OFF;  D3_G=ON;  D3_B=OFF; break;
64             case 2:D3_R=OFF;  D3_G=OFF; D3_B=ON;  break;
65         }
66         EXTI_ClearITPendingBit(EXTI_Line0);
67     }
68 }
69 // 线 13 中断的中断服务函数
70 void EXTI15_10_IRQHandler(void)
71 {
72     if(EXTI_GetITStatus(EXTI_Line13)==SET)
```

```
73          {
74              f=(f+1)%2;
75              D5(f);
76              D4(f);
77              EXTI_ClearITPendingBit(EXTI_Line13);
78          }
79   }
```

需要说明的是，中断服务函数的函数名在标准外设库的启动文件中有明确的规定，用户只能使用对应中断的已经定义好的中断服务函数名，否则，MCU 将找不到中断服务函数的入口。尽管如此，但 MDK 编译时不会检查中断服务函数名。也就是说，如果不小心弄错了中断服务函数名，MDK 不会给出任何错误提示，这一点对于初学者一定要注意。

在 MDK 中将项目代码成功编译后，下载到开发板并运行，按下 KEY1 键，就可以实现 RGB 三色灯的颜色状态的循环改变；按下 KEY2 键可以实现 D4、D5 两个 LED 状态翻转。

**温馨提示**：关于本项目代码的编写过程，可以扫描二维码观看视频。

扫码看视频

# 7.3 拓展项目 4——中断按键控制流水灯

## 7.3.1 拓展项目 4 要求

在拓展项目 2 中实现了：

（1）KEY2 键每按一次，改变流水灯流水的速度；

（2）KEY1 键每按一次，流水灯停止或继续。

但是实验过程中发现，按键的实时性不好，必须要在特定的时刻才有效，在学习了中断按键后，尝试来实现这两个功能，看看效果如何。

## 7.3.2 拓展项目 4 实施

本项目的实验原理图如图 7-3 所示，原理在 7.2 节已经分析，不再赘述。

在本项目工程代码的基础上，添加一个延时函数用于流水灯延时，再定义流水灯函数，最后修改中断服务函数。主要代码如图 7-6、图 7-7 和图 7-8 所示。

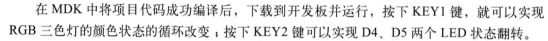

图 7-6  拓展项目 4 "main.c" 中的代码

```
led.c
  1  #include "led.h"
  2  uint8_t   lsd_f=0;//流水标志位 0:流水    非0：停止流水
  3  uint16_t   time=25;//流水灯流水速度
  4
  5  //LED的GPIO初始化
  6  void LED_GPIO_Init(void)
  7 {
 23  //阻塞延时函数
 24  void  Delay(uint16_t time)
 25 {
 26    uint32_t i;
 27    for(i=0;i<time*100000;i++);
 28  }
 29
 30  //流水灯函数
 31  void LED_LSD(void)
 32 {
 33    static uint8_t state;
 34    if(lsd_f)
 35      return;
 36    Delay(time);
 37    state=(state+1)%5;
 38    switch(state)
 39    {
 40      case 0:D3_R=ON;D3_G=OFF;D3_B=OFF;D4(OFF);D5(OFF);break;
 41      case 1:D3_R=OFF;D3_G=ON;D3_B=OFF;D4(OFF);D5(OFF);break;
 42      case 2:D3_R=OFF;D3_G=OFF;D3_B=ON;D4(OFF);D5(OFF);break;
 43      case 3:D3_R=OFF;D3_G=OFF;D3_B=OFF;D4(ON);D5(OFF);break;
 44      case 4:D3_R=OFF;D3_G=OFF;D3_B=OFF;D4(OFF);D5(ON);break;
 45    }
 46  }
 47
```

图 7-7　拓展项目 4 "led.c" 中的代码

```
interruptkey.c
  1  #include "interruptkey.h"
  2  #include "led.h"
  3  extern uint8_t   lsd_f; //声明外部变量，在led.c中定义的
  4  extern uint16_t   time;
  5  //KEY的GPIO初始化：PA0-KEY1,PC13-KEY2为浮空输入模式
  6  void InterruptKey_GPIO_Init(void)
  7 {
 21  //配置EXTI: EXTI_Line0，EXTI_Line13配置为上升沿中断模式
 22  void EXTI_Mode_Init(void)
 23 {
 32  void EXTI_NVIC_Init(void) //配置外部中断的优先级
 33 {
 46  void Inter_Key_Init(void)//中断按键的初始化
 47 {
 52  //线0中断的中断服务函数
 53  void EXTI0_IRQHandler(void)
 54 {
 55    if(EXTI_GetITStatus(EXTI_Line0)==SET)
 56    {
 57      lsd_f=!lsd_f; //翻转
 58      EXTI_ClearITPendingBit(EXTI_Line0);
 59    }
 60  }
 61  //线13中断的中断服务函数
 62  void EXTI15_10_IRQHandler(void)
 63 {
 64    if(EXTI_GetITStatus(EXTI_Line13)==SET)
 65    {
 66      time=time+10; //改变延时
 67      if(time>100) time=5;
 68      EXTI_ClearITPendingBit(EXTI_Line13);
 69    }
 70  }
 71
```

图 7-8　拓展项目 4 "interruptkey.c" 中的代码

**温馨提示**：具体的操作过程、编程思路和实验现象，请扫描二维码观看视频。

扫码看视频

# 第 8 章

# 实践项目 5——SysTick 实现精确延时

本章首先介绍了系统滴答定时器 SysTick 的基本功用；然后详细介绍了 SysTick 定时器的相关寄存器和函数，并介绍了利用 SysTick 定时器实现精确延时的方法；最后通过 SysTick 定时器产生时基，通过非阻塞的方式实现精确延时控制 LED 按照指定频率流水或闪烁，并通过拓展项目编写 24 s 倒计时的代码进行巩固提高。

## 学习目标

- 了解 STM32 芯片的 SysTick 的功能和作用，以及 SysTick 相关的寄存器。
- 掌握 SysTick 相关函数的功能和用法，学会利用相关函数配置 SysTick 滴答定时器。
- 掌握利用 SysTick 定时器实现精确延时的两种方法：一是通过阻塞的方式，延时开始打开 SysTick 定时器，延时结束就关闭 SysTick 定时器；二是利用 SysTick 定时器中断产生时基，在代码中利用时基来实现延时功能。

## 任务描述

通过 SysTick 定时器产生时基，然后利用时基实现精确延时控制 LED 按照指定频率进行流水和闪烁，并通过按键控制频率。在此基础上，再实现控制数码管显示 24 s 倒计时的功能。

## 8.1 相关知识

### 8.1.1 SysTick 定时器

SysTick 定时器又称滴答定时器，是 Cortex-M3 内核中的一个外设，内嵌在 NVIC 中。SysTick 定时器是一个 24 位的向下递减的计数器，计数器每计数一次的时间为 1/SYSCLK，一般设置系统时钟 SYSCLK 等于 72 MHz。

SysTick 定时器能产生中断，CM3 为它专门在向量表中设置了一个异常类型。当重装载数值寄存器的值递减到 0 的时候，系统定时器就产生一次 SysTick 异常（中断），以此循环往复。

SysTick 定时器属于 CM3 内核的外设，所有基于 CM3 内核的单片机都具有这个系统定时器，而且 SysTick 的处理方式都是相同的，为操作系统和其他软件在 CM3 单片机中移植提供了便利。系统定时器一般用在操作系统中产生时基，维持操作系统的心跳。使用 SysTick 定时器可以节省 MCU 资源，不需要其他定时器就可以移植操作系统。另外，SysTick 在睡眠模式下也能工作，只要不清除 SysTick 使能位，它就不会停止，保证了系统"心跳"的连续性。

## 8.1.2 SysTick 的相关寄存器及函数

如表 8-1 所示，STM32F103 微控制器的 SysTick 定时器相关的寄存器有 4 个，分别为 SysTick 控制及状态寄存器（CTRL）， SysTick 重装载数值寄存器（LOAD）、SysTick 当前数值寄存器（VAL）以及 SysTick 校准数值寄存器（CALIB）。

其中，SysTick 控制及状态寄存器（CTRL）的 bit0 位（ENABLE）是使能控制位，bit1 位（TICKINT）是中断使能控制位，bit2 位（CLKSOURCE）是时钟源分频选择控制位，bit16 位（COUNTFLAG）是中断标志位。

表 8-1　SysTick 的相关寄存器

| 寄存器 | 位段 | 位段名称 | 类型 | 复位值 | 描述 |
|---|---|---|---|---|---|
| CTRL | 16 | COUNTFLAG | R | 0 | 如果在上次读取本寄存器后，SysTick 已经计到了 0，则该位为 1。如果读取该位，该位将自动清零 |
| | 2 | CLKSOURCE | R/W | 0 | 时钟源选择位，0=HCLK/8；1=处理器时钟 HCLK |
| | 1 | TICKINT | R/W | 0 | 1=SysTick 倒数计数到 0 时产生 SysTick 异常请求；0= 数到 0 时无动作 |
| | 0 | ENABLE | R/W | 0 | SysTick 定时器的使能位，1= 使能；0= 禁用 |
| LOAD | 23:0 | RELOAD | R/W | 0 | 当倒数计数至 0 时，将被重装载的值 |
| VAL | 23:0 | CURRENT | R/W | 0 | 读取时返回当前倒计数的值，写它则使之清 0，同时还会清除在 SysTick 控制及状态寄存器中的 COUNTFLAG 标志 |
| CALIB | 31 | NOREF | R | — | NOREF 标志，读取值为 0，表示参考时钟可用，时钟频率为 HCLK/8 |
| | 30 | SKEW | R | — | 1= 校准值不是准确的 10 ms；0= 校准值是准确的 10 ms |
| | 23:0 | TENMS | R/W | 0 | 在 10 ms 的间隔中倒计数的格数。芯片设计者应该通过 Cortex-M3 的输入信号提供该数值。若该值读回零，则表示无法使用校准功能 |

校准数值寄存器（CALIB）提供了这样一个解决方案：它使系统即使在不同的 CM3 产品上运行，也能产生恒定的 SysTick 中断频率。最简单的做法就是：直接把 TENMS 的值写入重装载寄存器，这样一来，只要没突破系统的"弹性极限"，就能做到每 10 ms 产生一次 SysTick 异常。如果需要其他的 SysTick 异常周期，则可以根据 TENMS 的值加以比例计算。只不过，在少数情况下，CM3 芯片可能无法准确地提供 TENMS 的值（如 CM3 的校准输入信号被拉低），所以以保险起见，最好在使用 TENMS 之前，查阅器件的参考手册。

SysTick 定时器除了能服务于操作系统之外，还能用于其他目的：如作为一个闹铃，用于测量时间等。要注意的是，当处理器在调试期间被喊停（halt）时，则 SysTick 定时器亦将暂停运作。

SysTick 定时器常用的函数如表 8-2 所示，其中，SysTick_CLKSourceConfig() 函数用来

配置 SysTick 的时钟源，只有一个参数，可选值为 SysTick_CLKSource_HCLK 或 SysTick_CLKSource_HCLK_Div8，配置 AHB 总线时钟 HCLK 或 HCLK/8 作为系统定时器时钟源。

表 8-2  SysTick 定时器常用的函数

| 函数名称 | 函数作用 | 所在库文件 |
|---|---|---|
| SysTick_CLKSourceConfig() | SysTick 选择时钟源 | misc.c 文件 |
| SysTick_Config() | 初始化 SysTick | core_cm3.h 文件 |
| SysTick_Handler() | 中断服务函数 | stm32f10x_it.c 文件 |

SysTick_Config() 函数在 core_cm3.h 头文件中定义，代码如图 8-1 所示。

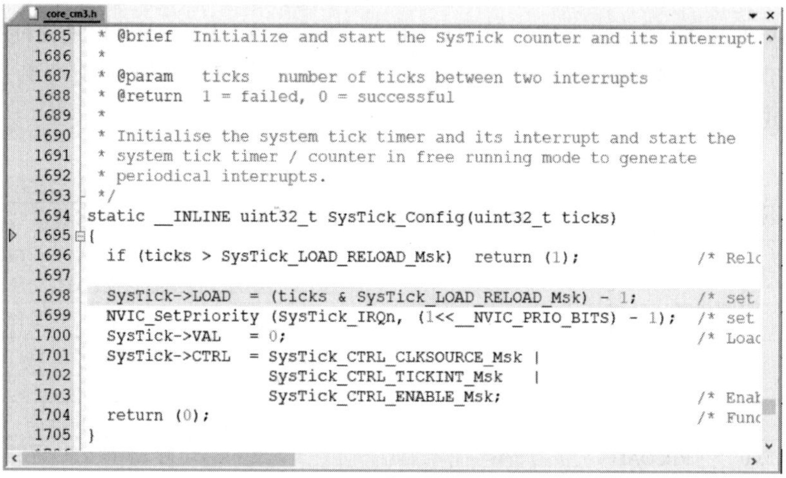

```
core_cm3.h                                                                    ▾ ×
1685    * @brief  Initialize and start the SysTick counter and its interrupt. ^
1686    *
1687    * @param   ticks   number of ticks between two interrupts
1688    * @return  1 = failed, 0 = successful
1689    *
1690    * Initialise the system tick timer and its interrupt and start the
1691    * system tick timer / counter in free running mode to generate
1692    * periodical interrupts.
1693    */
1694   static __INLINE uint32_t SysTick_Config(uint32_t ticks)
1695   {
1696     if (ticks > SysTick_LOAD_RELOAD_Msk)  return (1);              /* Relo
1697
1698     SysTick->LOAD  = (ticks & SysTick_LOAD_RELOAD_Msk) - 1;       /* set
1699     NVIC_SetPriority (SysTick_IRQn, (1<<__NVIC_PRIO_BITS) - 1);   /* set
1700     SysTick->VAL   = 0;                                           /* Load
1701     SysTick->CTRL  = SysTick_CTRL_CLKSOURCE_Msk |
1702                      SysTick_CTRL_TICKINT_Msk   |
1703                      SysTick_CTRL_ENABLE_Msk;                     /* Enab
1704     return (0);                                                   /* Func
1705   }
```

图 8-1  SysTick_Config() 函数

用固件库编程的时候，只需要调用库函数 SysTick_Config() 即可完成系统定时器初始化，形参 ticks 用来设置重装载寄存器的值，当重装载寄存器的值递减到 0 的时候产生中断，然后重装载寄存器的值又重新装载往下递减计数，以此循环往复。该函数执行成功返回 0，执行失败返回 1。

### 8.1.3  利用 SysTick 定时器实现精确延时

利用 SysTick 定时器实现精确延时，有两种思路。

其一，利用 SysTick 定时器产生一个时基 timebase，即在中断服务函数里 timebase 自加，然后利用这个时基编写精确延时函数。

其二，直接利用 SysTick 定时器的相关寄存器，编写精确延时函数。

注意：第一种思路需要定时器始终打开，第二种思路定时器延时过程中打开，延时结束就可以关闭。根据不同的应用场合，合理选择。另外，第一种思路还适用于其他定时器，是实际项目中的常用方法，也是状态机编程的必要条件。

以后的项目中，可以用其他的定时器产生时基，而 SysTick 用于第二种思路实现精确延时。为了在以后的项目中使用 SysTick 直接实现精确延时，定义两个文件，分别命名为 "delay.h" 和 "delay.c"，这两个文件的代码如代码清单 8-1 以及代码清单 8-2 所示。

代码清单 8-1　SysTick 实现精确延时 "delay.h" 文件的代码

```
 1 #ifndef _DELAY_H
 2 #define _DELAY_H
 3 // 文件包含
 4 #include "stm32f10x.h"
 5 #include "stm32f10x_conf.h"
 6 // 函数声明
 7 void SysTick_Delay_Ms( __IO uint32_t ms);
 8 void SysTick_Delay_Us( __IO uint32_t us);
 9 #endif
10
```

在代码清单 8-1 所示的 "delay.h" 文件的代码中，保持了驱动代码头文件编写的风格，使用条件编译结构防止重复编译，包含了基本的头文件，以及对 "delay.c" 文件中定义的两个函数的声明。

代码清单 8-2　SysTick 实现精确延时 "delay.c" 文件的代码

```
 1 #include "delay.h"
 2 // 毫秒级延时函数
 3 void SysTick_Delay_Ms( __IO uint32_t ms)
 4 {
 5     uint32_t i;
 6     // 计数次数 Ticks= 系统时钟 * 时间，这里的时间为 1ms
 7     SysTick_Config(SystemCoreClock/1000);
 8     for (i=0; i<ms; i++)
 9     {
10       // 当前计数器 VAL 的值减小到 0 时，CTRL 寄存器的 bit16 会置 1
11       // 当置 1 时，读取 CTRL 后会自动清 0
12       while(!((SysTick->CTRL)&(1<<16)));
13   }
14   // 关闭 SysTick 定时器
15     SysTick->CTRL &=~ SysTick_CTRL_ENABLE_Msk;
16 }
17 // 微秒级延时函数
18 void SysTick_Delay_Us( __IO uint32_t us)
19 {
20     uint32_t i;
21     // 计数次数 Ticks= 系统时钟 * 时间，这里的时间为 1μs
22     SysTick_Config(SystemCoreClock/1000000);
23     // 以下代码同 SysTick_Delay_Ms() 函数
24     for (i=0; i<us; i++)
25     {
26       while(!((SysTick->CTRL)&(1<<16)));
27     }
28     SysTick->CTRL &=~ SysTick_CTRL_ENABLE_Msk;
29 }
30 void delay_ms(uint16_t us)
31 {
32     SysTick_Delay_Ms(us);
33 }
34
```

　　在代码清单 8-2 所示的"delay.c"文件的代码中，定义了使用 SysTick 精确延时的两个函数，一个是毫秒级延时函数 SysTick_Delay_Ms()，另一个是微秒级延时函数 SysTick_Delay_Us()。首先，这两个函数都调用库函数 SysTick_Config() 初始化 SysTick 中断时间间隔，如第 7 行、第 22 行，分别初始化中断时间间隔为 1 ms 和 1 μs。然后，通过判断 CTRL 寄存器的 bit16 位（COUNTFLAG），该位为 1，说明经过了 1 个中断时间单位，软件读取后会自动清 0，通过内层 while 循环结构不停地判断该位直到该位为 1 退出 while 循环，即 while 循环执行一次经过一个中断时间间隔，再利用外层的 for 循环从而控制精确延时，如代码第 8 ~ 13 行。最后，控制 CTRL 的 bit0 位，关闭 SysTick 定时器，如代码第 15 行。代码中使用的 SystemCoreClock 宏以及 SysTick_CTRL_ENABLE_Msk 宏在标准库中已经定义，直接使用即可。

　　"delay.h"和"delay.c"中的代码，今后可以直接使用，如果自己工程中的延时函数名称不统一，可以在头文件中通过定义宏或者在源程序文件中定义函数来实现，如代码清单 8-2 中第 30 ~ 33 行，就实现了 delay_ms() 函数的毫秒级精确延时。

## 8.2　项目实施

### 8.2.1　硬件电路实现

　　在本项目中由于 SysTick 是 STM32 单片机内部外设，不需要额外的硬件电路，只需要 LED 和 KEY 即可。电路连接与实践项目 4 相同，原理部分不再赘述。

### 8.2.2　程序设计思路

　　在 8.1 节中利用 SysTick 寄存器直接控制实现了精确延时的功能。本节利用 SysTick 中断来实现精确延时。由于 LED 的连接电路与实践项目 4 相同，可以直接复制实践项目 4 中的 LED 驱动（"led.c"和"led.h"）、中断 KEY 驱动（"interruptkey.c"和"interruptkey.h"）和位带操作（"main.h"）的代码。将这五个文件复制到空工程模板 User 目录下，修改或添加部分代码实现 SysTick 中断精确延时功能，从而控制 LED 按照 1 Hz、2 Hz 等不同频率闪烁或流水。

#### 1. 编程要点

（1）初始化 SysTick；

（2）产生 1 ms 的时基，并实现毫秒级延时；

（3）编写测试程序，实现 KEY1 键控制 D4、D5 闪烁频率在 1 Hz 和 2 Hz 之间切换，KEY2 键控制 RGB 三色灯 D3 三色流水频率在 1 Hz 和 2 Hz 之间切换。

#### 2. 程序流程图

本项目的程序流程图如图 8-2 所示。

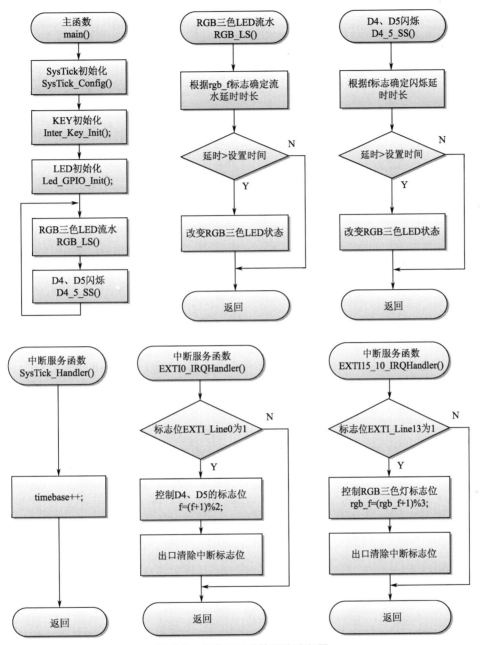

图 8-2　实践项目 5 的程序流程图

## 8.2.3　程序代码分析

从主函数开始分析,如代码清单 8-3 所示,main() 函数中首先调用 SysTick_Config() 函数,初始化 SysTick 定时器为 1 ms 产生一次中断,再调用 Inter_Key_Init()、LED_GPIO_Init() 函数,初始化中断按键和 LED 的 GPIO 端口。超级循环体内调用 RGB_LS() 函数,实现 RGB 按照指定的频率流水,调用 D4_5_SS() 函数,实现 D4、D5 两个 LED 按照指定的频率闪烁。

代码清单 8-3　实践项目 5 "main.c" 文件中的代码

```
22 /* Includes -------------------------------------------------------*/
```

```
23 #include "stm32f10x.h"
24 #include "stm32f10x_conf.h"
25 #include "led.h"
26 #include "interruptkey.h"
27 /**
28  * @brief  Main program
29  * @param  None
30  * @retval None
31  */
32 int main(void)
33 {
34     SysTick_Config(72000);//1ms: 系统时钟 72MHz/1000=72000
35     Inter_Key_Init();
36     Led_GPIO_Init();
37     while (1)
38     {
39         RGB_LS();      //RGB 三色流水
40         D4_5_SS();     //D4、D5 闪烁
41     }
42 }
```

在代码清单 8-3 的第 34 行，初始化了系统时钟定时器为 1 ms 产生一次中断，接下来在其中断服务函数中产生一个 1 ms 的时基 timebase，每隔 1 ms，timebase 的值加 1，如代码清单 8-4 所示。代码清单 8-4 的第 2 行定义了一个全局变量 timebase，供其他文件引用；第 8 ～ 11 行为 SysTick 中断服务函数，该函数在函数库中已经定义，直接在函数体增加 timebase++ 即可。

代码清单 8-4　SysTick 定时器的中断服务函数代码（在"stm32f10x_it.h"文件中）

```
1 #include "stm32f10x_it.h"
2 uint32_t timebase=0;
3 /**
4  * @brief  This function handles SysTick Handler.
5  * @param  None
6  * @retval None
7  */
8 void SysTick_Handler(void)
9 {
10     timebase++;
11 }
```

接下来分析一下如何利用时基 timebase 实现 LED 闪烁和流水，也就是实现精确延时的功能。在"led.c"文件中定义函数 D4_5_SS() 实现 LED 按指定频率闪烁，定义函数 RGB_LS() 实现 LED 按指定频率流水。如代码清单 8-5 所示。

代码清单 8-5　实践项目 5 "led.c"文件中增加的函数

```
1 #include "led.h"
2 extern uint32_t timebase;
3 extern uint8_t f,rgb_f;
4 //LED 的 GPIO 初始化
5 void Led_GPIO_Init(void)
6 {
    // 第 7 ～ 19 行为初始化 GPIO 端口为推挽输出模式，这里省略
```

```
20 }
21 void D4_5_SS(void)
22 {
23     static uint32_t gettime=0,rgb_time;
24     static uint8_t state=0;
25     if(f)
26         rgb_time=250; //2Hz
27     else
28         rgb_time=500; //1Hz
29     if(timebase-gettime<rgb_time)
30         return;
31     gettime=timebase;
32     state=(state+1)%2;
33     if(state)
34     {
35         D4(ON);D5(OFF);
36     }else
37     {
38         D4(OFF);D5(ON);
39     }
40 }
41 void RGB_LS(void)
42 {
43     static uint32_t gettime=0,rgb_time;
44     static uint8_t state=0;
45     if(rgb_f)
46         rgb_time=500; //2Hz
47     else
48         rgb_time=1000; //1Hz
49     if(timebase-gettime<rgb_time)
50         return;
51     gettime=timebase;
52     state=(state+1)%3;
53     switch(state)
54     {
55         case 0: D3_R=ON;D3_G=OFF;D3_B=OFF;break;
56         case 1: D3_R=OFF;D3_G=ON;D3_B=OFF;break;
57         case 2: D3_R=OFF;D3_G=OFF;D3_B=ON;break;
58     }
59 }
```

代码清单 8-5 中第 2、3 行用关键字 extern 定义变量，表示本文件中使用的该变量为其他文件中已经定义的同名变量，从而实现多个文件访问同一个变量的目的。用关键字 extern 定义变量时不能对变量进行赋值，且该变量必须在其他文件中已经定义。

代码清单 8-5 中第 5 ~ 20 行为 LED 的 GPIO 初始化部分，与前述项目相同。

代码清单 8-5 中第 21 ~ 40 行定义了控制 LED 按指定频率闪烁的函数。其中，第 23 行定义了用于延时的 static 类型的变量 gettime，以及指定延时时间的变量 rgb_time；第 24 行定义了一个静态变量 state。这两行都用到了关键字 static。

在函数体内定义的 static 类型的变量称为静态局部变量。这种类型的变量只能在其定义的函数内访问，但它常驻内存。静态局部变量在函数结束调用返回后，其在内存的地址和内容仍然被保留，在函数再次被调用时，静态局部变量的值将和上次函数调用返回时的值保持一致。非常适合函数多次被调用而又要保留变量值的情形。

代码清单 8-5 中第 25 ~ 28 行，根据中断按键操作的结果（中断服务函数中改变 f 的值为 0 或 1），修改延时比较时间。如 1 Hz 闪烁，需要每 500 ms 改变一次 LED 的状态，延时比较时间就为 500。

代码清单 8-5 中第 29 ~ 31 行，实现了延时 rgb_time 毫秒的功能。当 if 语句中的条件为真，函数直接返回；条件为假，执行第 31 行以后的代码，也就是说，第 31 ~ 39 行的代码每隔设定的时间执行一次。达到延时操作的目的。

代码清单 8-5 中第 32 行改变一个状态，例如，state=0，表示 D4 灭 D5 亮的状态；state=1，表示 D4 亮 D5 灭的状态。

代码清单 8-5 中第 33 ~ 39 行，根据 state 的值，确定 LED 的亮灭。

代码清单 8-5 中第 41 ~ 59 行，函数 RGB_LS() 的实现方法与 D4_5_SS() 函数类似，不再赘述。

代码中的变量 f 以及 rgb_f 的值均在按键的中断服务函数中修改，如代码清单 8-6 所示。

代码清单 8-6　实践项目 5 中断按键的中断服务函数

```
 1 #include "interruptkey.h"
 2 #include "led.h"
 3 //定义全局变量
 4 uint8_t f=0,rgb_f;
 5 //KEY 的初始化: PA0-KEY1,PC13-KEY2
   // 第 6 ~ 53 行代码为中断按键初始化代码，在此省略
54 // 线 0 中断的中断服务函数 :KEY1
55 void EXTI0_IRQHandler(void)
56 {
57     if(EXTI_GetITStatus(EXTI_Line0)==SET)
58     {
59         f=(f+1)%2;
60         EXTI_ClearITPendingBit(EXTI_Line0);
61     }
62 }
63 // 线 13 中断的中断服务函数 :KEY2
64 void EXTI15_10_IRQHandler(void)
65 {
66     if(EXTI_GetITStatus(EXTI_Line13)==SET)
67     {
68         rgb_f=(rgb_f+1)%3;
69         EXTI_ClearITPendingBit(EXTI_Line13);
70     }
71 }
```

在 MDK 中将项目代码成功编译后，下载到开发板并运行，可以看到开发板上 D3 三种颜色按照 1 Hz 的频率流水，D4、D5 按照 1 Hz 的频率闪烁。按下 KEY1 键，可以改变 D4、D5 按照 2 Hz 的频率闪烁；按下 KEY2 键，可以让 D3 按照 2 Hz 的频率流水。

**温馨提示**：关于本项目代码的编写过程和实验现象，可以扫描二维码观看视频。

扫码看视频

## 8.3 拓展项目 5——数码管显示倒计时

### 8.3.1 拓展项目 5 要求

在 SysTick 时基的基础上实现如下功能：

（1）保持 RGB 三色灯按照 2 Hz 的频率流水；

（2）D4、D5 按照 1 Hz 的频率闪烁；

（3）用数码管显示 24 s 倒计时，KEY1 键实现暂停或继续，KEY2 键实现重新 24 s 倒计时功能；

（4）倒计时为 0 时，蜂鸣器响一声。

### 8.3.2 拓展项目 5 实施

本项目需要用到按键、LED，连接情况同实践项目 5。数码管模块与控制器的连接见图 6-6。另外，本实验还需要用到蜂鸣器，其原理图如图 8-3 所示。蜂鸣器与 STM32F103 通过 PC0 引脚相连，当 PC0 输出高电平时，三极管 Q3 导通，蜂鸣器发出响声；当 PC0 输出低电平时，三极管 Q3 截止，蜂鸣器不发响声。因此，只要控制 PC0 输出高低电平就可以实现蜂鸣器的控制，代码中需要将 PC0 引脚初始化为推挽输出模式。

在实践项目 5 代码的基础上，移植拓展项目 3 中的数码管驱动代码"smg595.c"和"smg595.h"

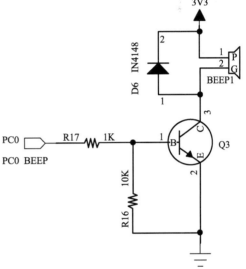

图 8-3 拓展项目 5 蜂鸣器原理图

文件，修改部分代码就可以实现本项目要求。修改后的主要代码见代码清单 8-7、代码清单 8-8、代码清单 8-9 和代码清单 8-10。

代码清单 8-7 拓展项目 5 中 "led.c" 修改后的代码

```
 1 #include "led.h"
 2 extern uint32_t timebase;
       // 第 3 ~ 19 行没有改变，在此省略
20 void Beep_GPIO_Init(void)
21 {
22    GPIO_InitTypeDef GPIO_InitStruct;
23    RCC_APB2PeriphClockCmd(RCC_APB2Periph_GPIOC, ENABLE);
24    GPIO_InitStruct.GPIO_Mode=GPIO_Mode_Out_PP;
25    GPIO_InitStruct.GPIO_Pin=GPIO_Pin_0;
26    GPIO_InitStruct.GPIO_Speed=GPIO_Speed_50MHz;
27    GPIO_Init(GPIOC, &GPIO_InitStruct);
28 }
29 void D4_5_SS1Hz(void)
30 {
31    static uint32_t gettime=0;
32    static uint8_t state=0;
33    if(timebase-gettime<500)// 固定为 500ms
```

```
34        return;
35     gettime=timebase;
36     state=(state+1)%2;
37     if(state)
38     {
39         D4(ON);D5(ON);
40     }else
41     {
42         D4(OFF);D5(OFF);
43     }
44 }
45 void RGB_LS2Hz(void)
46 {
47     static uint32_t gettime=0;
48     static uint8_t state=0;
49     if(timebase-gettime<500)//500ms 切换一次状态
50         return;
51     gettime=timebase;
52     state=(state+1)%3;
53     switch(state)
54     {
55         case 0: D3_R=ON;D3_G=OFF;D3_B=OFF;break;
56         case 1: D3_R=OFF;D3_G=ON;D3_B=OFF;break;
57         case 2: D3_R=OFF;D3_G=OFF;D3_B=ON;break;
58     }
59 }
```

代码清单 8-8　拓展项目 5 中 "interruptkey.c" 修改后的代码

```
 1 #include "interruptkey.h"
 2 #include "led.h"
 3 #include "smg595.h"
 4 // 定义全局变量
 5 uint8_t key1f=1,key2f;
 6 extern uint32_t timebase;
 7 //KEY 的 GPIO 初始化：PA0-KEY1,PC13-KEY2 为浮空输入模式
23 // 配置 EXTI：EXTI_Line0，EXTI_Line13 配置为上升沿中断模式
34 // 配置外部中断的优先级
49 // 中断按键的初始化
56 // 线 0 中断的中断服务函数 :KEY1
57 void EXTI0_IRQHandler(void)
58 {
59     if(EXTI_GetITStatus(EXTI_Line0)==SET)
60     {
61         key1f=(key1f+1)%2;
62         EXTI_ClearITPendingBit(EXTI_Line0);
63     }
64 }
65 // 线 13 中断的中断服务函数 :KEY2
66 void EXTI15_10_IRQHandler(void)
67 {
```

```
68      if(EXTI_GetITStatus(EXTI_Line13)==SET)
69      {
70          key2f=1;
71          EXTI_ClearITPendingBit(EXTI_Line13);
72      }
73  }
74  // 该函数每 1ms 调用一次
75  void time24s(void)
76  {
77      static int16_t time=2400;
78      static uint32_t gettime;
79      if(timebase %10==0)//10ms
80      {
81          if(time==-1)
82          {
83              time=2400;
84              BEEP=1;   // 在头文件定义宏 #define BEEP PCout(0)
85              gettime=timebase;
86          }
87          if(timebase-gettime >=200)
88          {
89              BEEP=0;
90          }
91          SMG_Send2Buf(3,time%10);
92          SMG_Send2Buf(2,time/10%10);
93          SMG_Send2Buf(1,time/100%10);
94          SMG_Send2Buf(0,time/1000%10);
95          if(key1f)
96          {
97              time--;
98          }
99          if(key2f)
100         {
101             time=2400;
102             key2f=0;
103         }
104     }
105 }
```

代码清单 8-9  拓展项目 5 中 "smg595.c" 修改后的代码

```
1  #include "smg595.h"
2  /* 定义数码管字形码表 */
3  uint8_t Seg[]={0xC0,0xF9,0xA4,0xB0,0x99,0x92,0x82,0xF8
4              // 0    1    2    3    4    5    6    7,
5              0x80,0x90,0x8C,0xBF,0xC6,0xA1,0x86,0xFF,0xbf };
6              //8    9         A    b    C    dE   F    -
7  /* 定义数码管位选控制字表 */
8  uint8_t  segbit[]={0x08,0x04,0x02,0x01};
9  /* 定义数码管显示缓冲区 */
10 uint8_t  disbuf[4]={4,3,2,1};
```

```
11 /**************** 数码管连接GPIO端口初始化 *****************/
21 /*************** 发送1字节数据到74HC595****************/
33 /******************** 数码管显示1位数据 ********************/
41 /******************** 数码管缓冲区数据显示 ********************/
42 void SMG_disbuf(void)
43 {
44     uint8_t i;
45     for(i=0;i<4;i++)
46     {
47         if(i==1)
48             // 显示带小数点的格式
49             SMG_disonebit(segbit[i],Seg[disbuf[i]]&0x7F);
50         else
51             // 只显示数字，不显示小数点
52             SMG_disonebit(segbit[i],Seg[disbuf[i]]);
53     }
54 }
55 /* 显示数据发送到缓冲区
56 *index:数码管位置：最左边为0，最右边为4；
57 *data:0～9数码
58 */
59 void SMG_Send2Buf(uint8_t index,uint8_t data)
60 {
61     disbuf[index]=data;
62 }
```

代码清单8-10 拓展项目5中"stm32f10x_it.c"中的SysTick_Handler()函数

```
133 uint32_t timebase=0;
134 /**
135  * @brief  This function handles SysTick Handler.
136  * @param  None
137  * @retval None
138  */
139 void SysTick_Handler(void)
140 {
141     timebase++;
142     time24s();//调用24s倒计时函数
143 }
```

代码清单8-11 拓展项目5中"main.c"中的代码

```
22 /* Includes -------------------------------------------------*/
23 #include "stm32f10x.h"
24 #include "stm32f10x_conf.h"
25 #include "led.h"
26 #include "interruptkey.h"
27 #include "smg595.h"
28 /**
29  * @brief  Main program
30  * @param  None
31  * @retval None
32  */
```

```
33 int main(void)
34 {
35    SysTick_Config(72000);//1ms: 系统时钟 72MHz/1000=72000
36    Inter_Key_Init();
37    Led_GPIO_Init();
38    SMG_GPIO_Init();
39    Beep_GPIO_Init();
40     while (1)
41     {
42        RGB_LS2Hz();      //RGB 三色流水
43        D4_5_SS1Hz();     //D4、D5 闪烁
44        SMG_disbuf();     // 数码管缓冲区数据显示
45     }
46 }
```

温馨提示：具体实验现象及代码讲解，请扫描二维码观看视频。

扫码看视频

# 第 9 章

## 阶段项目——状态机编程实现按键长按短按操作

本章首先介绍了裸机前后台系统和实时操作系统的程序执行过程，然后详细介绍了状态机编程思想及其实现方法。通过扫描按键的长按短按操作实际实现状态机编程，并控制 LED 亮灭。最后通过拓展项目实现简易时钟，进行巩固提高。

### 学习目标

- 了解前后台系统与实时操作系统的程序执行过程。
- 掌握状态机编程的相关概念，学会状态机编程思想。
- 掌握状态机编程的实现方法。

### 任务描述

通过检测按键长按短按控制 LED 亮灭，学习状态机编程的基本方法。在按键正常控制 LED 的基础上，实现简易时钟功能。

## 9.1  相关知识

### 9.1.1  前后台系统与实时操作系统

早期嵌入式开发没有嵌入式操作系统的概念，直接操作裸机，在裸机上写程序，基本就没有操作系统的概念。通常把程序分为两部分：前台系统和后台系统。

简单的小系统通常是前后台系统（foreground/background system），这样的程序包括一个死循环和若干个中断服务程序。这种系统又称超级循环系统（super-loops），如图 9-1 所示。应用程序是一个无限的循环，循环中调用 API 函数完成所需的操作，这个大循环就称为后台系统（background system）。中断服务程序用于处理系统的突发事件，这部分可以看成前台行为，称为前台系统（foreground system）。前台行为是中断级的，后台行为是任务级的。

前后台系统中，多个任务按顺序始终在循环中轮流执行，控制任务有关的参数在前台系统中修改，前台根据事件处理的优先级来进行。时间相关性强的关键操作 (critical operation)

一定是靠中断服务来保证的。由于前台提供的信息一直要等到后台程序运行相关任务（该处理这个信息的这一步）时才能得到处理，这种系统在处理信息的及时性上，比实际期待的要差，这个指标称为任务级响应时间。最坏情况下的任务级响应时间取决于整个循环的执行时间。因为循环的执行时间不是常数，程序经过某一特定部分的准确时间也是不能确定的。进而，如果程序修改了，循环的时序也会受到影响。

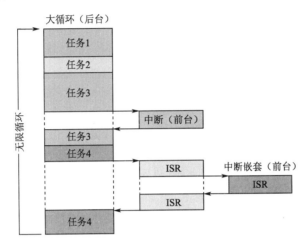

图 9-1　前后台系统示意图

实时操作系统（real time OS，RTOS）强调的是实时性，需要在裸机上运行操作系统，又分为硬实时和软实时。硬实时要求在规定的时间内必须完成操作，硬实时系统不允许超时，在软实时里面处理过程超时的后果就没有那么严格。

在实时操作系统中，可以把要实现的功能划分为多个任务，每个任务负责实现其中的一部分，每个任务都是一个很简单的程序，通常是一个死循环，如图 9-2 所示。

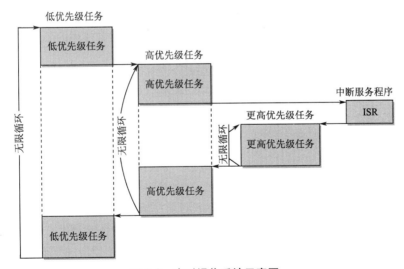

图 9-2　实时操作系统示意图

常用的 RTOS 操作系统有 μCOS，FreeRTOS，RTX，RT-Thread，DJYOS 等。RTOS 操作系统的核心内容在于实时内核。RTOS 的内核负责管理所有的任务，内核决定了运行哪个任务，何时停止当前任务切换到其他任务，这个是内核的多任务管理功能。多任务管理给人的感觉就好像芯片有多个CPU，多任务管理实现了CPU资源的最大化利用，多任务管理有助于实现程序的模块化开发，能够实现复杂的实时应用。

### 9.1.2 状态机编程思想

我们目前编写的程序都是在裸机上直接运行的，属于前后台系统。缩短任务级响应时间，是提高操作实时性的基本要求。避免在任务级的后台使用阻塞延时是提高实时性的重要手段，如何不用阻塞，又能达到延时的目的呢？状态机编程思想可以有效解决这一问题。

#### 1. 状态机的概念

状态机是一种概念性机器，它能采取某种操作来响应一个外部事件。具体采取的操作不仅能取决于接收到的事件，还能取决于各个事件的相对发生顺序。之所以能做到这一点，是因为机器能跟踪一个内部状态，它会在收到事件后进行更新。为一个事件而响应的行动不仅取决于事件本身，还取决于机器的内部状态。另外，采取的行动还会决定并更新机器的状态。这样一来，任何逻辑都可建模成一系列事件/状态组合。

状态机是软件编程中的一个重要概念。比如在一个按键命令解析程序中，就可以看作状态机，其过程如下：本来在A状态下，触发一个按键后切换到B，再触发另一个键后就切换到C状态，或者返回A状态。这是最简单的例子。其他的很多的程序都可以当作状态机来处理。

进一步看，击键动作本身也可以看作一个状态机。一个细小的击键动作包含了：释放、抖动、闭合、抖动和重新释放等状态。

同样，一个串行通信的时序（不管它是遵循何种协议，标准串口也好，I2C也好；也不管它是有线的，还是红外的、无线的）也都可以看作由一系列有限的状态构成。

显示扫描程序也是状态机；通信命令解析程序也是状态机；甚至连继电器的吸合/释放控制、发光管（LED）的亮/灭控制都是状态机。

当我们打开思路，把状态机作为一种思想导入程序中时，就会找到解决问题的一条有效的捷径。有时候用状态机的思维去思考程序该干什么，比用控制流程的思维去思考，可能会更有效。这样一来状态机便有了更实际的功用。

#### 2. 状态机的要素

状态机可归纳为四个要素，即现态、条件、动作、次态。这样的归纳，主要是出于对状态机的内在因果关系的考虑。"现态"和"条件"是因，"动作"和"次态"是果。具体如下：

（1）现态：是指当前所处的状态。

（2）条件：又称"事件"。当一个条件被满足，将会触发一个动作，或者执行一次状态的迁移。

（3）动作：条件满足后执行的动作。动作执行完毕后，可以迁移到新的状态，也可以仍旧保持原状态。动作不是必需的，当条件满足后，也可以不执行任何动作，直接迁移到新状态。

（4）次态：条件满足后要迁往的新状态。"次态"是相对于"现态"而言的，"次态"一旦被激活，就转变成新的"现态"了。

如果我们进一步归纳，把"现态"和"次态"统一起来，而把"动作"忽略（降格处理），则只剩下两个最关键的要素，即状态、迁移条件。

3．状态机的表示

状态机的表示方法有多种，可以用文字、图形或表格的形式来表示一个状态机。由于纯粹用文字描述效率很低，所以一般用状态迁移图（STD）或状态迁移表来表示。

1）状态迁移图

状态迁移图是一种描述系统的状态，以及相互转化关系的图形方式。状态迁移图的画法很多，不过都大同小异。下面结合一个例子，给出一种状态迁移图的画法，如图 9-3 所示。

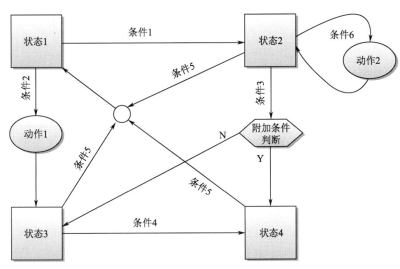

图 9-3　状态迁移图

（1）状态框：用方框表示状态，包括所谓的"现态"和"次态"。

（2）条件及迁移箭头：用箭头表示状态迁移的方向，并在该箭头附近标注触发条件。

（3）节点圆圈：当多个箭头指向一个状态时，可以用节点符号（小圆圈）连接汇总。

（4）动作框：用椭圆框表示。

（5）附加条件判断框：用六角菱形框表示。

状态迁移图和一般常见的流程图相比有着本质的区别，具体体现为：在流程图中，箭头代表了程序的跳转；而在状态迁移图中，箭头代表的是状态的改变。

通过观察发现，这种状态迁移图比普通程序流程图更简练、直观、易懂。这正是我们需要达到的目的。

2）状态迁移表

除了状态迁移图，还可以用表格的形式来表示状态之间的关系，这种表一般称为状态迁移表。表 9-1 为图 9-3 所示状态迁移图对应的状态迁移表。

采用表格方式来描述状态机，优点是可容纳更多的文字信息。例如，不但可以在状态迁移表中描述状态的迁移关系，还可以把每个状态的特征描述也包含在内。如果表格内容较多，过于臃肿不利于阅读，也可以将状态迁移表进行拆分。经过拆分后的表格根据其具体内容，表格名称也有所变化。比如，可以把状态特征和迁移关系分开列表。被单独拆分出来的描述状态特征的表格，也可以称为"状态真值表"。这其中比较常见的就是把每个状态的显示内容单独列表。这种描述每个状态显示内容的表称为"显示真值表"。同样，把单独表述基于按键的状态迁移表称为"按键功能真值表"。另外，如果每一个状态包含的信息量过多，也可以把每个状态单独列表。

表9-1　状态迁移表示例

| 状态（现态） | 状态描述 | 条件 | | 动作 | 次态 |
|---|---|---|---|---|---|
| 状态1 | … | 条件1 | | — | 状态2 |
| | | 条件2 | | 动作1 | 状态3 |
| 状态2 | … | 条件3 | 附加条件成立 | — | 状态4 |
| | | | 附件条件不成立 | — | 状态3 |
| | | 条件5 | | | 状态1 |
| | | 条件6 | | 动作2 | — |
| 状态3 | … | 条件5 | | — | 状态1 |
| | | 条件4 | | — | 状态4 |
| 状态4 | … | 条件5 | | | 状态1 |

由此可见，状态迁移表作为状态迁移图的有益补充，它的表现形式是灵活的。状态迁移表的优点是信息涵盖面大，缺点是视觉上不够直观，因此它并不能取代状态迁移图。比较理想的是将图形和表格结合应用。用图形展现宏观，用表格说明细节。二者互为参照，相得益彰。

**4．状态机应用注意事项**

基于状态机的程序调度机制，其应用的难点并不在于对状态机概念的理解，而在于对系统工作状态的合理划分。

初学者往往会把某个"程序动作"当作是一种"状态"来处理，称之为"伪态"。那么如何区分"动作"和"状态"。一般来说，还是得看二者的本质，"动作"是不稳定的，即使没有条件的触发，"动作"一旦执行完毕就结束了；而"状态"则是相对稳定的，如果没有外部条件的触发，一个状态会一直持续下去。

初学者的另一种比较致命的错误，就是在状态划分时漏掉一些状态，称之为"漏态"。"伪态"和"漏态"这两种错误的存在，将会导致程序结构的涣散。因此要特别小心，注意避免。

### 9.1.3　状态机编程的实现方法

下面以一个按键从键按下到松开的过程为例，讲解状态机编程的实现方法。

按键按下和松开的过程都有抖动干扰的问题，因此需要消抖处理。我们将按键抽象为4个状态：

（1）未按下，假定为S0；

（2）确认有键按下，假定为S1；

（3）键稳定按下状态，假定为S2；

（4）键释放状态，假定为S3。

在一个系统中按键的操作是随机的，因此系统软件中要对按键进行循环查询。在按键检测过程中需要进行消抖处理，消抖的延时处理一般要10 ms或20 ms，因此取状态机的时间序列为10 ms或20 ms，这样不仅可以跳过按键消抖的影响，同时也远小于按键的稳定闭合时间（0.3～0.5 s），不会将按键操作状态丢失。

假设键按下时端口电平为1，未按下时为0（或者相反）。通过状态机实现按键检测的过程如下：

首先，按键的初始态为 S0，当检测到输入为 0 时，表示没有键按下，保持 S0。当按键输入为 1 时，则有键按下，转入 S1 状态。

在 S1 状态时，如果输入信号为 0，则表示刚才的按键操作为干扰，则状态跳转到 S0；如果输入信号为 1，则表示确实有键按下，此时可以读取键状态，产生相应的按键标志或者将该事件存入消息队列。同时状态机切换到状态 S2。

在 S2 状态时，如果输入信号为 0，则没有键按下，切换到 S3 状态；如果输入信号为 1，则保持 S2 状态，并进行计数。如果计数值超过一定的门限值，则可以认为该按键为长按键事件或者键一直为按下状态；如果未超过门限值，则认为是短按键事件，保持 S2 状态。

在 S3 状态，如果输入信号为低电平，则切换到 S0 状态。

上述就是采用状态机进行按键检测的过程，可以用状态迁移图表示，如图 9-4 所示。

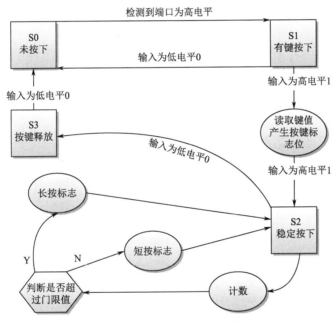

图 9-4　按键检测的状态迁移图

按键检测的状态机编程实现的伪码如代码清单 9-1 所示。

代码清单 9-1　按键检测的状态机编程实现的伪码

```
1  #define Keystate1    S0
2  #define Keystate2    S1
3  #define Keystate3    S2
4  #define Keystate4    S3
5  unsigned char Keystate=Keystate1;
6  unsigned char Keypress;// 按键输入
7
8  void Key(void)
9  {
10     switch(Keystate)
11     {
```

```
12          case Keystate1:
13              if(Keypress==1)
14              {
15                  Keystate=Keystate2;
16              }
17              else
18                  Keystate=Keystate1;
19              break;
20          case Keystate2:
21              if(Keypress==1)
22              {
23                  Keystate=Keystate3;
24                  // 相应的按键处理操作程序
25              }
26              else
27                  Keystate=Keystate1;
28              break;
29          case Keystate3:
30              if(Keypress==1)
31              {
32                  Keystate=Keystate3;
33                  // 相应的计数操作，判断是长按还是短按
34              }
35              else
36                  Keystate=Keystate4;
37              break;
38          case Keystate4:
39              if(!Keypress )
40              {
41                  Keystate=Keystate1;
42              }
43              break;
44          default:
45              Keystate=Keystate1;
46          break;
47      }
48  }
```

在定时器中，设置定时间隔为 10 ms，然后在中断服务程序中调用上述函数。上述函数每次执行的时间间隔为 10 ms，可以有效地消除按键抖动的影响。同时代码中也没有使用阻塞式的延时，可以有效提高 CPU 的利用率和改善任务级响应时间。

总之，使用状态机编程思想，首先需要设置一个合适的时基，然后将编程对象根据需要划分为若干个状态，找到各状态的转移条件并编写状态机函数即可。

## 9.2 项目实施

### 9.2.1 硬件电路实现

在本项目中，由于 SysTick 是 STM32 单片机内部外设，不需要额外的硬件电路，只需要

LED 和 KEY 即可。电路连接与实践项目 4 相同,原理部分不再赘述。

## 9.2.2 程序设计思路

下面要进行按键的长按短按识别。首先要用定时器(暂时选用 SysTick,将来可以选用任何定时器)产生一个时基,然后利用状态机思想编写按键驱动("statekey.c"和"statekey.h")和 LED 驱动("stateled.c"和"stateled.h")。从而实现按键长按变慢闪烁或流水速度,短按加快闪烁或流水速度。

### 1. 编程要点

(1)利用 SysTick 产生 1 ms 的时基 timebase;

(2)KEY 及 LED 的状态机编程;

(3)编写测试程序,实现 KEY1 控制 D4、D5 闪烁速度,KEY2 控制 RGB 三色灯 D3 三色流水速度。

### 2. 程序流程图

本项目的主要程序流程图如图 9-5、图 9-6、图 9-7 所示。在图 9-5 中,主函数首先初始化了 SysTick、KEY 和 LED 等。超级循环里有三个任务在执行,包括 RGB 三色流水灯,D4、D5 闪烁以及按键处理程序。在之前的类似代码中,如果按键按下,流水灯将不流水,LED 也不闪烁,而且按键必须在流水执行完成的时候按下才有效果。本项目中虽然也是扫描按键,但是使用了状态机编程思想,很好地解决了这一问题,提高了系统的实时性。

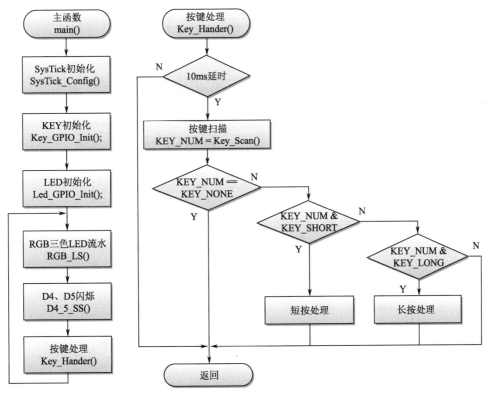

图 9-5 主函数及按键处理流程图

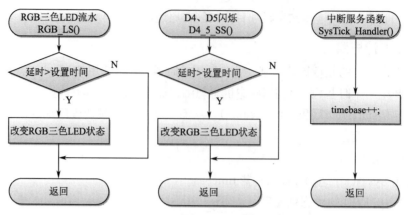

图 9-6　LED 操作及中断服务流程图

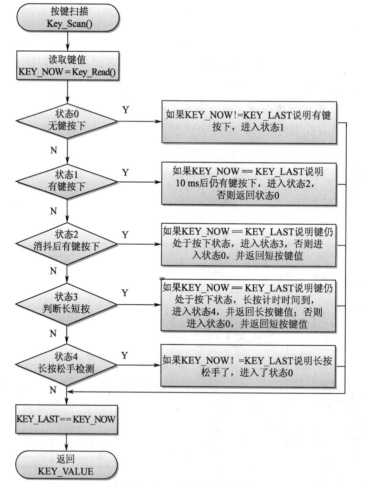

图 9-7　Key 状态机的流程图

### 9.2.3　程序代码分析

首先来看一下项目中"main.c"文件的代码，如代码清单 9-2 所示。超级循环前的初始化部分，代码第 34 行初始化 SysTick 为 1ms 的中断；代码第 35 行调用 Key_GPIO_Init() 函数，初始化 KEY 的 GPIO 端口为浮空输入模式；代码第 36 行调用 Led_GPIO_Init() 函数，初始 LED 的 GPIO 端口为推挽输出模式。超级循环的循环体为正常完成的任务，包括三个函数的调用，分别实现 RGB 三色灯流水、LED 闪烁和按键处理。

代码清单 9-2　阶段项目 "main.c" 文件中的代码

```
22 /* Includes -----------------------------------------------------------*/
23 #include "stm32f10x.h"
24 #include "stm32f10x_conf.h"
25 #include "stateled.h"
26 #include "statekey.h"
27 /**
28  * @brief  Main program
29  * @param  None
30  * @retval None
31  */
32 int main(void)
33 {
34     SysTick_Config(72000);//1ms:系统时钟 72MHz/1000=72000
35     Key_GPIO_Init();
36     Led_GPIO_Init();
37     while(1)
38     {
39         RGB_LS();       //RGB 三色灯流水
40         D4_5_SS();      //D4、D5 闪烁
41         Key_Hander();// 按键处理程序
42     }
43 }
```

接下来分析 LED 的驱动文件。本项目中新建了 "stateled.c" 和 "stateled.h" 文件以区别前期项目，并且将 "stateled.c" 文件添加到 "USER" 组。

代码清单 9-3 所示为 "stateled.h" 文件中的代码，这部分代码与前期项目基本相同，在此不做详细分析，可以参考前述项目的分析内容。

代码清单 9-3　阶段项目 "stateled.h" 文件中的代码

```
 1 #ifndef _STATELED_H
 2 #define _STATELED_H
 3 // 文件包含
 4 #include "stm32f10x.h"
 5 #include "stm32f10x_CONF.h"
 6 // 使用位带，需要包含实现位带操作的宏
 7 #include "main.h"
 8
 9 // 利用位带定义 LED 引脚
10 #define D3_R   PBout(5)
11 #define D3_G   PBout(0)
12 #define D3_B   PBout(1)
13
14 #define ON  0
```

```
15 #define OFF 1
16 // 定义带参数宏实现翻转功能
17 #define D4(a) if(a) GPIO_SetBits( GPIOF,  GPIO_Pin_7);\
18                  else GPIO_ResetBits( GPIOF,  GPIO_Pin_7);
19 #define D5(a) if(a) GPIO_SetBits( GPIOF,  GPIO_Pin_8);\
20                  else GPIO_ResetBits( GPIOF,  GPIO_Pin_8);
21 // 函数声明
22 void Led_GPIO_Init(void);
23 void RGB_LS(void);
24 void D4_5_SS(void);
25 #endif
26
```

LED 源程序文件"stateled.c"中的代码如代码清单 9-4 所示。代码中定义了三个函数,第一个函数 Led_GPIO_Init() 与前述项目相同,后面的两个函数均采用状态机的思想编写。这两个函数中,都包含两个部分,其一是通过时基精确延时,其二是 LED 状态的改变。如代码第 25 ~ 27 行,利用时基 timebase 实现了精确延时功能,而且没有阻塞,通过 if 语句判断是否到达延时时间,如果没到函数直接返回;如果到达延时时间,就改变一次 state 的值。如代码第 28 行,state 的值在 0,1 之间切换。代码第 29 ~ 35 行,根据 state 的值确定 LED 的亮灭状态,达到闪烁的目的。代码第 37 ~ 51 行定义了 RGB_LS() 函数,基本结构与 D4_5_SS() 函数相同,只不过流水灯的状态多了一个而已,不再赘述,读者可以自行分析。

代码清单 9-4　阶段项目"stateled.c"文件中的代码

```
 1 #include "stateled.h"
 2 extern uint32_t timebase;
 3 extern uint32_t D4_5_time,rgb_time;
 4 //LED 的 GPIO 初始化
 5 void Led_GPIO_Init(void)
 6 {
 7     GPIO_InitTypeDef GPIO_InitStruct;
 8     RCC_APB2PeriphClockCmd(RCC_APB2Periph_GPIOB|RCC_APB2Periph_GPIOF,
       ENABLE );
 9     GPIO_InitStruct.GPIO_Mode=GPIO_Mode_Out_PP;
10     GPIO_InitStruct.GPIO_Pin=GPIO_Pin_0|GPIO_Pin_1|GPIO_Pin_5;
11     GPIO_InitStruct.GPIO_Speed=GPIO_Speed_50MHz;
12     // 初始化 PB0, PB1 和 PB5 为推挽输出模式
13     GPIO_Init(GPIOB, &GPIO_InitStruct);
14     GPIO_InitStruct.GPIO_Pin=GPIO_Pin_7|GPIO_Pin_8;
15     // 初始化 PF7, PF8 为推挽输出模式
16     GPIO_Init(GPIOF, &GPIO_InitStruct);
17     // 关闭所有 LED
18     GPIO_SetBits( GPIOB, GPIO_Pin_0|GPIO_Pin_1|GPIO_Pin_5);
19     GPIO_SetBits( GPIOF, GPIO_Pin_7|GPIO_Pin_8);
20 }
21 void D4_5_SS(void)
22 {
23     static uint32_t gettime=0;
24     static uint8_t state=0;
25     if(timebase-gettime<D4_5_time)
```

```
26          return;
27      gettime=timebase;
28      state=(state+1)%2;
29      if(state)
30      {
31          D4(ON);D5(OFF);
32      }else
33      {
34          D4(OFF);D5(ON);
35      }
36 }
37 void RGB_LS(void)
38 {
39      static uint32_t gettime=0;
40      static uint8_t state=0;
41      if(timebase-gettime<rgb_time)
42          return;
43      gettime=timebase;
44      state=(state+1)%3;
45      switch(state)
46      {
47          case 0: D3_R=ON;D3_G=OFF;D3_B=OFF;break;
48          case 1: D3_R=OFF;D3_G=ON;D3_B=OFF;break;
49          case 2: D3_R=OFF;D3_G=OFF;D3_B=ON;break;
50      }
51 }
```

下面重点分析按键的驱动程序。同 LED 的驱动一样，本项目中也新建了"statekey.c"和"statekey.h"文件以区别前述项目。并且将"statekey.c"文件添加到"USER"组。

头文件"statekey.h"中的代码如代码清单 9-5 所示。

代码第 6 行包含了实现位带操作的头文件。

代码第 7、8 行定义了按键的引脚。

代码第 10、11 行定义了按键按下时用以区别按键的键值。

代码第 13、14 行定义了区别长按短按的操作数，与按键键值一起可以返回具体按键的长按或短按标志，如返回 0x41 代表 KEY1 键短按，返回 0x82 代表 KEY2 键长按。

代码第 15 行定义的宏代表没有按键按下的状态。

代码清单 9-5　阶段项目"statekey.h"文件中的代码

```
1 #ifndef _STATEKEY_H
2 #define _STATEKEY_H
3
4 #include "stm32f10x.h"
5 #include "stm32f10x_CONF.h"
6 #include "main.h"
7 #define READ_KEY1 PAin(0)
8 #define READ_KEY2 PCin(13)
9
10 #define KEY1_PRES 0x01
```

```
11 #define KEY2_PRES 0x02
12
13 #define KEY_SHORT  0x40
14 #define KEY_LONG   0x80
15 #define KEY_NONE       0
16
17 void Key_GPIO_Init(void);
18 void Key_Hander(void);
19 #endif
20
```

源程序文件"statekey.c"中的代码如代码清单 9-6 所示。其中，代码第 3 行定义的变量 D4_5_time 用来表示 D4、D5 状态切换的延时时间，而变量 rgb_time 表示三色流水灯的状态切换延时时间，单位均为 ms。

代码第 4 行，声明文件外部的时基变量 timebase，其值在 SysTick 中断中每隔 1 ms 自加 1。

代码第 6 ~ 15 行为 KEY 的 GPIO 端口初始化函数的定义，将对应的按键端口初始化为浮空输入模式。

代码第 18 ~ 23 行，定义了读取按键状态的 Key_Read() 函数。返回对应的键值。

代码第 25 ~ 75 行，定义了 KEY 的状态机 Key_Scan() 函数。该函数中定义了按键的五种状态，即 state=0，无键按下的初始状态；state=1，有键按下的状态；state=2，消除抖动之后仍有按键按下的状态；state=3,判断长按短按的状态；state=4，长按松手检测状态。在 switch 分支中，根据各种状态转换的条件进行状态转换，并返回按键的长按短按对应的键值。

代码清单 9-6　阶段项目"statekey.c"文件中的代码

```
1 #include "statekey.h"
2 #include "stateled.h"
3 uint32_t D4_5_time=250,rgb_time=500;
4 extern u32 timebase;
5
6 void Key_GPIO_Init(void)
7 {
8     GPIO_InitTypeDef GPIO_InitStruct;
9     RCC_APB2PeriphClockCmd(RCC_APB2Periph_GPIOA|RCC_APB2Periph_GPIOC,
    ENABLE );
10    GPIO_InitStruct.GPIO_Mode=GPIO_Mode_IN_FLOATING;
11    GPIO_InitStruct.GPIO_Pin=GPIO_Pin_0;
12    GPIO_Init(GPIOA, &GPIO_InitStruct);
13    GPIO_InitStruct.GPIO_Pin=GPIO_Pin_13;
14    GPIO_Init(GPIOC, &GPIO_InitStruct);
15 }
16
17 // 只读取初次按键电平状态，在状态机中进一步处理
18 static u8 Key_Read(void)
19 {
20     if(READ_KEY1)  return KEY1_PRES;
21     if(READ_KEY2)  return KEY2_PRES;
```

```
22      return KEY_NONE;
23  }
24  // 状态机   在按键处理程序里面调用
25  static u8 Key_Scan(void)
26  {
27      static u8 state=0;  // 按键初始化状态
28      static u8 KEY_LAST=0,KEY_NOW=0; // 记录两次电平状态
29      u8 KEY_VALUE=0;
30      KEY_NOW=Key_Read();// 读按键值
31      switch(state)
32      {
33          case 0:
34              if(KEY_NOW!=KEY_LAST)      state=1; // 有按键按下
35              break;
36          case 1:
37              if(KEY_NOW==KEY_LAST)      state=2; // 消抖之后有按键按下
38              else state=0; // 认为误读
39          break;
40          case 2: // 消抖之后
41              if(KEY_NOW==KEY_LAST) // 还是按下的状态
42              {
43                  state=3;
44              }
45              else// 松开了，短按
46              {
47                  state=0;
48                  KEY_VALUE=KEY_LAST|KEY_SHORT;  // 返回键值短按
49              }
50              break;
51          case 3: // 判断长按短按
52              if(KEY_NOW==KEY_LAST)
53              {
54                  static u8 cnt=0;
55                  if(cnt++>150)  //1500ms
56                  {
57                      cnt=0;
58                      state=4;
59                      KEY_VALUE=KEY_LAST|KEY_LONG; // 返回键值长按
60                  }
61              }
62              else
63              {
64                  state=0;
65                  KEY_VALUE=KEY_LAST|KEY_SHORT; // 返回键值短按
66              }
67              break;
68          case 4:// 长按松手检测
69              if(KEY_NOW!=KEY_LAST)
70                  state=0;
71              break;
```

```
72          }//switch
73          KEY_LAST=KEY_NOW;  //记录本次状态
74          return KEY_VALUE;
75     }
76
77     static void KEY1_ShortHander(void)
78     {
79          D4_5_time=100;
80     }
81     static void KEY1_LongHander(void)
82     {
83          D4_5_time=500;
84     }
85     static void KEY2_ShortHander(void)
86     {
87          rgb_time=100;
88     }
89     static void KEY2_LongHander(void)
90     {
91          rgb_time=500;
92     }
93     void Key_Hander(void)  //按键处理函数 在1ms定时器中断里面调用
94     {
95          u8 KEY_NUM=0;
96          static uint32_t  gettime=0;
97          if(timebase-gettime<10)        return;      //10ms处理一次后面的代码
98          gettime=timebase;
99          KEY_NUM=Key_Scan();   //按键扫描值
100         if(KEY_NUM==KEY_NONE) return;
101         //有按键按下
102         if(KEY_NUM & KEY_SHORT) // 短按
103         {
104              if(KEY_NUM & KEY1_PRES)//KEY1_PRES
105              {
106                   KEY1_ShortHander();
107              }
108              else if(KEY_NUM & KEY2_PRES)//KEY2_PRES
109              {
110                   KEY2_ShortHander();
111              }
112         }
113         else if(KEY_NUM & KEY_LONG) // 长按
114         {
115              if(KEY_NUM & KEY1_PRES)//KEY1_PRES
116              {
117                   KEY1_LongHander();
118              }
119              else if(KEY_NUM & KEY2_PRES)//KEY2_PRES
120              {
121                   KEY2_LongHander();
```

```
122          }
123       }
124 }
125
```

代码第 77 ~ 84 行，定义了 KEY1 键短按、长按的处理函数。其中，第 79 行将变量 D4_5_time 设为 100 ms，即短按 KEY1 键，D4、D5 以 5 Hz 的频率闪烁；代码第 83 行将变量 D4_5_time 设为 500ms，即长按 KEY1 键，D4、D5 以 1 Hz 的频率闪烁。

代码第 85 ~ 92 行，定义了 KEY2 键短按、长按的处理函数。其中，第 87 行将变量 rgb_time 设为 100 ms，即短按 KEY2 键，RGB 三色灯以 10 Hz 的频率切换颜色；代码第 91 行将变量 rgb_time 设为 500 ms，即长按 KEY2 键，RGB 三色灯以 2 Hz 的频率闪烁。

代码第 93 ~ 124 行，定义了按键处理函数 Key_Hander()。该函数一般在 1 ms 定时器中断中调用。本项目中，由于超级循环中的任务没有任何阻塞，而且几乎都是瞬间完成，所以直接在主函数的超级循环中调用了该函数。

代码第 96 ~ 98 行使用 timebase 时基实现 10 ms 的延时，即该函数第 98 行以后的部分 10 ms 执行一次。

代码第 99 行调用 Key_Scan() 函数得到按键的键值 KEY_NUM（包含长按和短按的信息）。

代码第 100 行，判断如果没有键按下，直接退出按键处理函数。

代码第 102 行，取出 KEY_NUM 中的短按标志，判断是否为短按。

代码第 103 ~ 112 行调用按键的短按操作函数处理短按操作。

代码第 113 行，取出 KEY_NUM 中的长按标志，判断是否为长按。

代码第 114 ~ 123 行调用按键的长按操作函数处理长按操作。

关于 SysTick 在中断服务函数中产生 1 ms 的 timebase 的代码与实践项目 5 相同，在此不再赘述。

在 MDK 中将项目代码成功编译后，下载到开发板运行，可以看到开发板上 RGB 慢速（2 Hz）流水，D4、D5 闪烁（1 Hz）。短按按键可以加快闪烁和流水的速度，而长按按键则减缓闪烁和流水的速度。

温馨提示：关于本项目代码的详细内容，请扫描二维码观看视频。

扫码看视频

# 9.3　拓展项目 6——简易时钟

### 9.3.1　拓展项目 6 要求

要求使用状态机编程思想，实现简易时钟功能，具体如下：

（1）保持 9.2 节的实验现象不变；

（2）使用 LCD12864 显示当前时间（格式为 HH:MM:SS）；

（3）使用 4 位数码管显示时间（MM.SS）。

### 9.3.2　拓展项目 6 实施

本项目的按键电路与前述项目相同。在 9.2 节代码的基础上，移植 LCD12864 的驱动以及数码管的驱动。编写函数实现时分秒的功能,在主函数中进行调用。主要代码如代码清单 9-7 所示。

代码清单9-7　拓展项目 "main.c" 的代码

```
22  /* Includes ------------------------------------------------------------*/
23  #include "stm32f10x.h"
24  #include "stm32f10x_conf.h"
25  #include "stateled.h"
26  #include "statekey.h"
27  #include "lcd12864.h"
28  #include "smg595.h"
29  extern uint32_t timebase;
30  uint8_t easyclock_disbuf[8]="00:00:00";
31  void Easy_Clock(void)
32  {
33      static uint32_t gettime;
34      static uint8_t hour,min,sec;
35      if(timebase-gettime <1000)//1s 延时
36          return;
37      gettime=timebase;
38      sec++;// 秒针增加
39      if(sec>=60)
40      {
41          sec=0;
42          min++;    // 分针增加
43          if(min>=60)
44          {
45              min=0;
46              hour++;               // 时针增加
47              if(hour>=24)
48              {
49                  hour=0;
50              }
51              easyclock_disbuf[1]=hour%10+0x30;// 转换成字符
52              easyclock_disbuf[0]=hour/10+0x30;
53          }
54          easyclock_disbuf[4]=min%10+0x30;
55          easyclock_disbuf[3]=min/10+0x30;
56          SMG_Send2Buf(0,min/10);// 修改数码管显示缓冲区
57          SMG_Send2Buf(1,min%10);// 修改数码管显示缓冲区
58      }
59      easyclock_disbuf[7]=sec%10+0x30;
60      easyclock_disbuf[6]=sec/10+0x30;
61      SMG_Send2Buf(2,sec/10);// 修改数码管显示缓冲区
62      SMG_Send2Buf(3,sec%10);// 修改数码管显示缓冲区
63
64      LCD12864_ClearLine(3);// 清除行消隐
65      LCD12864_Disp(3,2,8,easyclock_disbuf);//LCD 显示时钟数据
66  }
67
68  /**
69   * @brief  Main program
70   * @param  None
```

```
71    * @retval None
72    */
73 int main(void)
74 {
75     SysTick_Config(72000);//1ms：系统时钟 72MHz/1000=72000
76     Led_GPIO_Init();//LED 的初始化
77     Key_GPIO_Init();// 扫描按键的初始化
78     LCD12864_Init();//LCD12864 的初始化
79     SMG_GPIO_Init();// 数码管的初始化
80     LCD12864_Buf2Screen();// 初始化 LCD 屏幕显示状态
81     while(1)
82     {
83         RGB_LS();        //RGB 三色流水
84         D4_5_SS();       //D4、D5 闪烁
85         Key_Hander();// 按键处理程序
86         Easy_Clock();// 简易时钟
87         SMG_disbuf();// 数码管动态显示刷新
88     }
89 }
```

温馨提示：具体的实验现象和操作过程，请扫描二维码观看视频。

扫码看视频

# 第10章

# 实践项目6——USART 实现
# 计算机控制 LED

本章首先讲解了通信相关的基本概念，异步串行通信协议等基础知识；然后介绍了 STM32 的同步/异步收发器（USART）的结构、功能及特点，以及编程涉及的标准库外设库函数，并通过实践项目实现了计算机与 STM32 开发板的通信，以及两个 STM32 开发板之间的双机通信功能。

## 学习目标

- 掌握通信有关的基本概念。
- 了解异步通信协议物理层的结构，掌握其协议层的特点。
- 了解 STM32F103 的 USART 的结构、功能及特点。
- 掌握 USART 编程涉及的标准外设库函数的用法。
- 掌握 USART 外设初始结构体，会模仿利用库函数根据应用需要初始化 USART 外设。

## 任务描述

利用 USART 通信，实现计算机与 STM32 微控制器、STM32 微控制器与微控制器之间的通信。通过计算机串口调试助手发送开关等命令，开关 STM32 开发板上相应的 LED；A、B 两个 STM32 开发板，实现按键互控对方的 LED 亮灭。

## 10.1 相关知识

### 10.1.1 通信的相关概念

在计算机设备与设备之间或集成电路之间经常需要进行数据传输，在嵌入式系统中用到各种各样的通信方式，本节将介绍通信相关的基本概念。

#### 1. 通信系统

通信系统是用以完成信息传输过程的技术系统的总称。现代通信系统主要借助电磁波在自由空间的传播或在导引媒体中的传输机理来实现，前者称为无线通信系统，后者称为有线通信系统。

如图 10-1 所示，通信系统一般由信源（发端设备）、信宿（收端设备）和信道（传输媒介）等组成，被称为通信的三要素。来自信源的消息（语言、文字、图像或数据）在发信终端先由末端设备（如电话机、电传打字机、传真机或数据末端设备等）变换成电信号，然后经发端设备编码、调制、放大或发射后，把基带信号变换成适合在传输媒介中传输的形式；经传输媒介传输，在收信终端经收端设备进行反变换恢复成消息提供给收信者。这种点对点的通信大都是双向传输的。因此，在通信对象所在的两端均备有发端和收端设备。

图 10-1　通信系统的模型

通信系统按所用传输媒介的不同可分为两类：以线缆为传输媒介的通信系统称为有线电通信系统；利用无线电波在大气、空间、水或岩、土等传输媒介中传播而进行通信的系统称为无线电通信系统。光通信系统也有"有线"和"无线"之分，它们所用的传输媒介分别为光学纤维和大气、空间或水。

信号在时间上是连续变化的，称为模拟信号（如电话）；在时间上离散、其幅度取值也是离散的信号称为数字信号（如电报）。通信系统中传输的基带信号为模拟信号时，这种系统称为模拟通信系统；传输的基带信号为数字信号的通信系统称为数字通信系统。

### 2. 串行通信与并行通信

按数据传送的方式，通信可分为串行通信与并行通信。串行通信是指设备之间通过少量数据信号线（一般是 8 根以下）、地线以及控制信号线，按数据位形式一位一位地传输数据的通信方式。而并行通信一般是指使用 8 根、16 根、32 根及 64 根或更多的数据线进行传输的通信方式，并行通信就像多个车道的公路，可以同时传输多个数据位的数据，而串行通信就像单个车道的公路，同一时刻只能传输一个数据位的数据。

### 3. 全双工、半双工及单工通信

对于点对点之间的通信，按照消息传送的方向与时间关系，通信方式可分为单工通信、半双工通信及全双工通信三种。

单工通信(simplex communication)是指消息只能单方向传输的工作方式。在单工通信中，通信的信道是单向的，发送端与接收端也是固定的，即发送端只能发送信息，不能接收信息；接收端只能接收信息，不能发送信息。基于这种情况，数据信号从一端传送到另外一端，信号流是单方向的。

半双工通信（half-duplex communication）可以实现双向的通信，但不能在两个方向上同时进行，必须轮流交替地进行。在这种工作方式下，发送端可以转变为接收端；相应地，接收端也可以转变为发送端。但是在同一个时刻，信息只能在一个方向上传输。因此，也可以将半双工通信理解为一种切换方向的单工通信。

全双工通信（full duplex communication）是指在通信的任意时刻，线路上存在 A 到 B 和 B 到 A 的双向信号传输。全双工通信允许数据同时在两个方向上传输，又称双向同时通信，即通信的双方可以同时发送和接收数据。在全双工方式下，通信系统的每一端都设置了发送器和接收器，因此，能控制数据同时在两个方向上传送。这种方式要求通信双方均有发送器和接收器，同时，需要两根数据线传送数据信号（可能还需要控制线和状态线，以及地线）。

### 4．同步通信与异步通信

根据通信时数据的同步方式不同，又分为同步通信和异步通信两种，可以根据通信过程中是否使用同步时钟信号进行简单区分。

同步通信要求收发双方具有同频同相的同步时钟信号。进行数据传输时，发送和接收双方要保持完全的同步，因此，要求接收和发送设备必须使用同一时钟。所以，收发双方会使用一根信号线表示时钟信号，在时钟信号的驱动下双方进行协调，同步数据。通信中通常双方会统一规定在时钟信号的上升沿或下降沿对数据线进行采样。

异步通信是一种很常用的通信方式。相对于同步通信，异步通信在发送字符时，所发送的字符之间的时隙可以是任意的，当然，接收端必须时刻做好接收的准备。发送端可以在任意时刻开始发送字符，因此必须在每一个字符的开始和结束的地方加上标志，即加上开始位和停止位，以便使接收端能够正确地将每一个字符接收下来。

在异步通信中不使用时钟信号进行数据同步，它们直接在数据信号中穿插一些同步用的信号位，或者把主体数据进行打包，以数据帧的格式传输数据，某些通信中还需要双方约定数据的传输速率，以便更好地同步。

在同步通信中，数据信号所传输的内容绝大部分就是有效数据，而异步通信中会包含有帧的各种标识符，所以同步通信的效率更高，但是同步通信双方的时钟允许误差较小，而异步通信双方的时钟允许误差较大。

### 5．波特率和比特率

波特率表示每秒传送的码元符号的个数，是衡量数据传送速率的指标，它用单位时间内载波调制状态改变的次数来表示。在信息传输通道中，携带数据信息的信号单元称为码元，每秒通过信道传输的码元数称为码元传输速率，简称波特率。波特率是传输通道频宽的指标。

波特率可以通俗地理解为一个设备在 1 s 内发送（或接收）了多少码元的数据。它是对符号传输速率的一种度量，1 波特即指每秒传输 1 个码元符号（通过不同的调制方式，可以在一个码元符号上负载多个位信息），1 比特每秒是指每秒传输 1 比特（bit）。模拟线路信号的速率，以波形每秒的振荡数来衡量。如果数据不压缩，波特率等于每秒传输的数据位数；如果数据进行了压缩，那么每秒传输的数据位数通常大于调制速率，使得交换使用波特和比特/秒偶尔会产生错误。

波特率是指数据信号对载波的调制速率，它用单位时间内载波调制状态改变的次数来表示（也就是每秒调制的符号数），其单位是波特（Baud，symbol/s）。

每秒通过信道传输的信息量称为位传输速率，也就是每秒传送的二进制位数，简称比特率。比特率表示有效数据的传输速率，单位为 bit/s（比特 / 秒），读作"比特每秒"。

波特率与比特率的关系也可换算成：比特率 = 波特率 × 单个调制状态对应的二进制位数。例如，假设数据传送速率为 120 符号 / 秒 (symbol/s)（也就是波特率为 120 Baud），又假设每一个符号为八相调制（单个调制状态对应三个二进制位），则其传送的比特率为 120 symbol/s × 3 bit/symbol=360 bit/s。

### 10.1.2 异步串行通信协议

串口通信 (serial communication) 是一种设备间非常常用的串行通信方式,大部分电子设备都支持该通信方式,电子工程师在调试设备时也经常使用该通信方式输出调试信息。

在计算机科学里,大部分复杂的问题都可以通过分层来简化。如芯片被分为内核层和片上外设;STM32 标准库则是在寄存器与用户代码之间的软件层。对于通信协议,也可以用分层的方式来理解,可简单地把它分为物理层和协议层。物理层规定通信系统中具有的机械、电子功能部分的特性,确保原始数据在物理媒体的传输。协议层主要规定通信逻辑,统一收发双方的数据格式(打包、解包)标准。

#### 1. 物理层

串口通信的物理层有很多标准及变种,比如 RS-232、RS-485、USB 等。这里,我们了解 RS-232 标准。RS-232 标准主要规定了信号的用途、通信接口以及信号的电平标准。常见的 RS-232 标准的设备之间通信结构如图 10-2 所示。

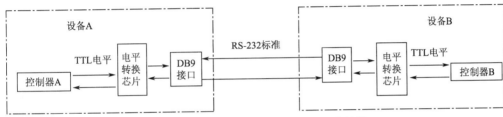

图 10-2 RS-232 标准的设备之间通信结构

如图 10-2 所示,两个通信设备的"DB9 接口"之间通过串口信号线建立物理连接,串口信号线中使用"RS-232 标准"传输数据信号。由于 RS-232 电平标准的信号不能直接被控制器直接识别,所以需要一个"电平转换芯片",将 RS-232 电平与 TTL 电平进行转换,才能实现通信。

串口通信的电平有 TTL 标准及 RS-232 标准之分,两者的主要区别如表 10-1 所示。

表 10-1 TTL 标准与 RS-232 标准的电平比较

| 标准 | 逻辑 1(发送端) | 逻辑 0(发送端) |
| --- | --- | --- |
| TTL 标准 | 2.4 ~ 5V | 0 ~ 0.5V |
| RS-232 标准 | -15 ~ -3V | +3 ~ +15V |

由于控制器一般使用 TTL 电平标准,所以常常会使用 MAX232 等芯片对 TTL 电平与 RS-232 电平的信号进行相互转换。

RS-232 标准的接口称为 COM 口(又称 DB9 接口),如图 10-3 所示。其中接口以针式引出信号线的称为公头,以孔式引出信号线的称为母头。在工业控制系统的串口通信中,一般只使用 RXD(数据接收信号,即输入)、TXD(数据发送信号,即输出)以及 GND(地线,两个通信设备之间的地电位可能不一样,这会影响收发双方的电平信号,所以两个串口设备之间必须要使用地线连接,即共地)三条信号线,直接传输数据信号。

#### 2. 协议层

串口通信的数据包由发送设备通过其接口的 TXD 信号线传输到接收设备的 RXD 信号线。在串口通信的协议层中,规定了数据包的格式,它由起始位、主体数据、校验位以及停止位组成，通信双方的数据包格式要约定一致才能正常收发数据，其组成如图 10-4 所示。

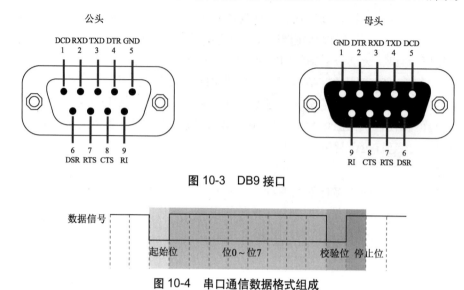

图 10-3　DB9 接口

图 10-4　串口通信数据格式组成

1）波特率

异步通信中由于没有时钟信号（如 DB9 接口），所以两个通信设备之间需要约定好波特率，即每个码元的长度，以便对信号进行解码。图 10-4 中用虚线分开的每一格就代表一个码元。常见的波特率有 4 800、9 600、115 200 等。

2）起始信号和停止信号

异步串口通信的一个数据包从起始信号开始，直到停止信号结束。数据包的起始信号由 1 个逻辑 0 的数据位表示，而数据包的停止信号可由 0.5、1、1.5 或 2 个逻辑 1 的数据位表示，只要通信双方一致即可。

3）有效数据

在数据包的起始位之后的信号代表需要传输的数据内容，又称有效数据，有效数据的长度常被约定为 5 位、6 位、7 位或 8 位长。

4）数据校验

在有效数据之后，有一个可选的数据校验位。由于数据通信往往受到外部干扰导致传输数据出现差错，所以在传输过程中加上校验位来解决这个问题。校验方法分为奇校验 (odd)、偶校验 (even)、0 校验 (space)、1 校验 (mark) 以及无校验 (no parity)。

奇校验要求有效数据及校验位中"1"的个数为奇数，比如一个 8 位长的有效数据为：10110111，此时总共有 6 个"1"，校验位就为"1"，最终传输的数据将是 8 位有效数据加 1 位校验位总共 9 位。

偶校验与奇校验要求刚好相反，要求有效数据及校验位中"1"的个数为偶数，比如数据：11001101，此时数据中"1"的个数为 5 个，所以校验位为"1"。

0 校验是不管有效数据中的内容是什么，校验位总为"0"；1 校验就是校验位总为"1"。

### 10.1.3　STM32 的同步/异步收发器（USART）

通用同步异步收发器（universal synchronous asynchronous receiver and transmitter, USART）

是一个串行通信设备，可以与使用标准的异步串行外围设备进行全双工通信。有别于 USART 还有一个通用异步收发器（universal asynchronous receiver and transmitter，UART），它只有异步通信功能。平时用的串口通信设备基本都是 UART。

STM32 微控制器的 USART 满足外围设备对工业标准 NRZ 异步串行数据格式的要求，利用分数波特率发生器可以提供宽范围波特率。除了异步串行通信外，USART 还支持同步单向通信和半双工通信，也支持局部互联网（Local Interconnect Network，LIN），智能卡协议和 IrDA( 红外数据组织 )SIR ENDEC 规范，以及调制解调器 (CTS/RTS) 操作。

STM32 微控制器的 USART 的功能框图如图 10-5 所示。主要由波特率发生器、发送/接收控制逻辑与中断控制、发送/接收寄存器三部分组成。

在图 10-5 中，标识出了 USART 的功能引脚。任何 USART 双向通信至少需要两个引脚，即发送数据输出引脚（TX）、接收数据输入引脚（RX）。另外,nRTS（请求发送）和 nCTS（清除发送）是硬件流控制信号的引脚。目前，硬件流控制主要应用于调制解调器的数据通信中。对于普通串口而言，只有在通信速率较高时为了防止数据丢失才会用到。

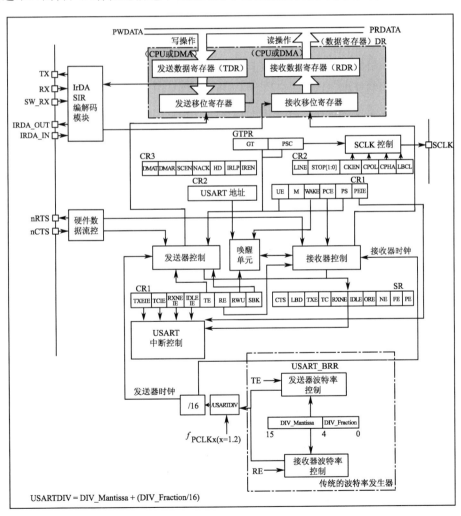

图 10-5 STM32 微控制器的 USART 的功能框图

硬件流控制中的"流"指的是数据流。数据在串口之间高速传输时，由于双方处理速度的不同，可能会出现数据丢失的现象。例如计算机与单片机的通信，如果接收端数据缓冲区已满，则此时继续发送来的数据就会丢失。流控制能有效解决数据丢失的问题，当接收端数据处理速度跟不上时，就发出"不再接收"的信号，发送端就停止发送，直到收到"可以继续发送"的信号再发送数据。因此流控制可以控制数据传输的进程，防止数据的丢失。

使用 nRTS（请求发送）和 nCTS（清除发送）实现硬件流控制的时候，应将通信设备两端的 nRTS、nCTS 线对应相连，数据发送端使用 nRTS 来表明接收端有没有准备好接收数据，而数据接收端则根据数据接收缓冲区的占用情况，使用 nRTS 启动或暂停来自发送端的数据流。

例如，可以在编程时根据接收端缓冲区的大小，设置一个高位标志（缓冲区大小的75%）和一个低位标志（缓冲区大小的25%），当缓冲区内数据量达到高位时，就在 nCTS 线置为低电平（逻辑0），当发送端的程序检测到 nCTS 线为低电平后，就停止发送数据，直到接收端缓冲区的数据量低于低位再将 nCTS 线置为高电平。

STM32 微控制器的 USART 的功能十分强大，但平时应用中，最多的仍然是异步串口通信。对于异步串口通信而言，STM32 微控制器的 USART 具有以下特点：

（1）全双工的异步通信。

（2）分数波特率发生器，发送和接收共用的可编程波特率最高可达 4.5 Mbit/s。

（3）可编程数据字长度（8 位或 9 位）。

（4）可配置的停止位（支持 1 或 2 个停止位）。

（5）智能卡模拟功能。智能卡接口支持 ISO 7816-3 标准里定义的异步智能卡协议，智能卡用到 0.5 和 1.5 个停止位。

（6）使用 DMA 方式进行通信控制。

（7）单独的发送器和接收器使能。

（8）丰富的状态标志位：接收缓冲器满（RXNE）、发送缓冲器空（TXE）、传输结束（TC）等标志。

（9）丰富的中断控制。

### 10.1.4　STM32 微控制器的 USART 编程涉及的标准外设库函数

STM32 微控制器的 USART 编程涉及的标准外设库函数如表 10-2 所示。现在只要简单了解函数的作用，具体用法在代码分析中再做详细介绍。

表 10-2　USART 编程涉及的标准外设库函数

| 函数名称 | 函数的作用 | 函数名称 | 函数的作用 |
|---|---|---|---|
| USART_Init() | 串口初始化函数 | USART_GetITStatus() | 获取串口的中断状态 |
| USART_Cmd() | 串口的使能与禁用函数 | USART_ClearITPendingBit() | 清除中断悬挂标志位 |
| USART_ITConfig() | 串口中断配置函数 | USART_GetFlagStatus() | 获取串口的事件标志位状态 |
| USART_SendData() | 串口发送单个数据 | USART_ClearFlag() | 清除事件标志位 |
| USART_ReceiveData() | 串口接收数据 | USART_DMACmd() | 串口 DMA 接口使能与禁用 |

## 10.2 项目实施

### 10.2.1 硬件电路实现

STM32 开发板上的串口支持 TTL 电平、RS-232 电平和 USB 转串口三种接口模式，考虑到目前大部分计算机只配备 USB 接口，所以本项目选择 USB 转串口方式与计算机相连。

STM32 开发板上 USB 转串口采用的是 CH340 转换芯片，在连接计算机时可能需要下载相应的驱动程序，建议使用电脑管家之类的软件进行下载，也可以使用本书配套的电子资源中的驱动程序。

如图 10-6 所示，与 CH340 转换芯片相连的是 STM32 微控制器的 USART1，其中信号发送引脚 USART1_TX 与 PA9 端口复用，信号接收引脚 USART1_RX 与 PA10 端口复用。

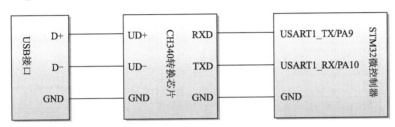

图 10-6 LED 控制电路

本项目要实现计算机与单片机的通信，并控制 LED 的亮灭。通信线路通过 USB 线连接。另外，还需要用到 STM32 开发板上的 LED 模块，电路如图 10-7 所示。

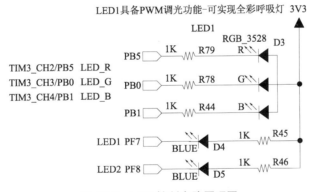

图 10-7 LED 控制电路原理图

### 10.2.2 程序设计思路

将"led.c"及"led.h"文件复制到工程 USER 目录直接使用，新建"usart.c"和"usart.h"两个文件，并添加到工程 USER 组。

#### 1．编程要点

（1）初始化 USART1；

（2）进行 printf() 和 scanf() 函数重映射；

（3）接收命令处理，控制 LED 亮灭。

| 0xaa | 0x55 | 主命令 | 从命令 | 和校验 |
|------|------|--------|--------|--------|

图 10-8 计算机发给 STM32 开发板的命令格式

项目中计算机发给 STM32 开发板的命令格式如图 10-8 所示。

其中命令包头 2 字节,固定为 0xaa,0x55;主命令 1 字节表示开关操作,定义 0x01 为开灯,0x02 为关灯;从命令 1 字节表示具体的 LED, 定义 0x01 为红灯, 0x02 为绿灯, 0x03 为蓝灯, 0x04 为 D4,0x05 为 D5。和校验为"主命令 + 从命令"。例如, 开蓝灯的命令为 0xaa,0x55,0x01,0x03,0x04。

### 2. 程序流程图

本项目的程序流程图如图 10-9 所示。在主函数中首先完成对 LED 的初始化和串口 USART1 的初始化。重点是串口的初始化,接收数据采用中断方式。

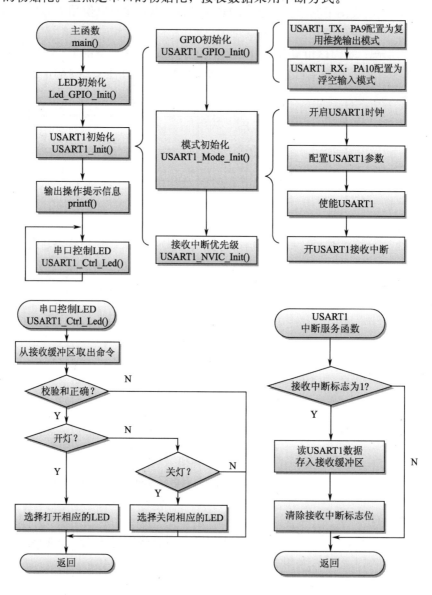

图 10-9　USART 实现计算机控制 LED 亮灭程序流程图

在中断中接收来自计算机串口助手发送的数据存入接收缓冲区,在主函数的任务中,首先在接收缓冲区取出一条完整的命令,然后对命令进行解析,并打开或关闭相应的 LED。

## 10.2.3　程序代码分析

从 "main.c" 文件的代码开始分析。如代码清单 10-1 所示，main() 函数首先调用 Led_GPIO_Init() 函数初始化 LED 的 GPIO 引脚，然后调用 USART1_Init() 函数初始化串口 1。代码第 35 ～ 39 行利用串口的重映射后，将提示信息通过串口 1 发送给计算机的串口，在计算机上运行的串口调试助手中显示出来。超级循环里的任务只有一个，即调用 USART1_Ctrl_Led() 函数实现根据串口调试助手发送的命令控制相应的 LED 亮灭。

代码清单 10-1　实践项目 6 "main.c" 文件中的代码

```
22 /* Includes -------------------------------------------------*/
23 #include "stm32f10x.h"
24 #include "stm32f10x_conf.h"
25 #include "usart.h"
26 /**
27   * @brief  Main program
28   * @param  None
29   * @retval None
30   */
31 int main(void)
32 {
33  Led_GPIO_Init();
34  USART1_Init();
35  printf("\r\n这是一个串口控制灯的程序 \r\n");
36  printf(" 命令共 5 个字节，格式：包头，主命令，从命令，校验码 \n 包头 2B: 0xAA 0x55\n");
37  printf(" 主命令 1B: 0x01 开灯 0x02 关灯 \n");
38  printf(" 从命令 1B: 0x01 红灯 0x02 绿灯 0x03 蓝灯 0x04 D4 0x05 D5\n");
39  printf(" 校验码 1B: 主命令 + 从命令 \n");
40  while(1)
41  {
42        USART1_Ctrl_Led();
43  }
44 }
```

接下来重点分析串口 1 的驱动程序，为了更方便代码移植，本项目中新建了 "usart.c" 和 "usart.h" 文件。其中，"usart.h" 文件中的代码如代码清单 10-2 所示。

代码清单 10-2　实践项目 6 "usart.h" 文件中的代码

```
1 #ifndef_USART_H
2 #define_USART_H
3
4 #include "stm32f10x.h"
5 #include "stm32f10x_conf.h"
6 #include "stdio.h"
7 #include "led.h"
8
9 void USART1_Init(void);
10 void USART1_Ctrl_Led(void);
11 #endif
```

代码中使用了条件编译结构，防止重复编译。代码第 6 行，包含了 "stdio.h" 文件，原因是我们在代码中需要使用标准输入 / 输出函数，如 printf() 函数。其他的代码应该都不陌生，不再赘述。

在 "usart.c" 文件中，定义了 USART1 的初始化函数、中断服务函数、串口控制 LED 的命令解析函数和输入/输出重映射函数。其中，初始化函数如代码清单 10-3 所示。

代码清单 10-3  实践项目 6 "usart.c" 文件中 USART1 初始化函数代码

```c
 1 #include "usart.h"
 2 uint16_t Rx_Buf[10];   // 接收缓冲区
 3 uint8_t RX_Pointer;     // 接收缓冲区指针
 4 //USART1 的 GPIO 端口初始化
 5 //TX: PA9 复用推挽输出模式
 6 //RX: PA10 浮空输入模式
 7 void USART1_GPIO_Init(void)
 8 {
 9    GPIO_InitTypeDef GPIO_InitStruct;
10    RCC_APB2PeriphClockCmd(RCC_APB2Periph_GPIOA,  ENABLE );
11    GPIO_InitStruct.GPIO_Pin=GPIO_Pin_9;
12    GPIO_InitStruct.GPIO_Mode=GPIO_Mode_AF_PP;
13    GPIO_InitStruct.GPIO_Speed=GPIO_Speed_50MHz;
14    GPIO_Init(GPIOA, &GPIO_InitStruct);
15
16    GPIO_InitStruct.GPIO_Pin=GPIO_Pin_10;
17    GPIO_InitStruct.GPIO_Mode=GPIO_Mode_IN_FLOATING;
18    GPIO_Init(GPIOA, &GPIO_InitStruct);
19 }
20 //USART1 模式配置函数: 8-N-1
21 void USART1_Mode_Init(void)
22 {
23    USART_InitTypeDef USART_InitStruct;
24    // 打开串口 1 的时钟
25    RCC_APB2PeriphClockCmd(RCC_APB2Periph_USART1,  ENABLE );
26    // 配置串口 1 的参数
27    USART_InitStruct.USART_BaudRate=115200;
28    USART_InitStruct.USART_HardwareFlowControl=USART_HardwareFlowControl_
      None;
29    USART_InitStruct.USART_Mode=USART_Mode_Rx|USART_Mode_Tx;
30    USART_InitStruct.USART_Parity=USART_Parity_No;
31    USART_InitStruct.USART_StopBits=USART_StopBits_1;
32    USART_InitStruct.USART_WordLength=USART_WordLength_8b;
33    USART_Init(USART1,&USART_InitStruct);
34    // 使能串口 1
35    USART_Cmd(USART1,  ENABLE);
36    // 开串口 1 接收中断
37    USART_ITConfig(USART1, USART_IT_RXNE,  ENABLE);
38 }
39 //USART1 中断优先级配置函数
40 void USART1_NVIC_Init(void)
41 {
42    NVIC_InitTypeDef NVIC_InitStruct;
43    NVIC_PriorityGroupConfig(NVIC_PriorityGroup_1);
44    NVIC_InitStruct.NVIC_IRQChannel=USART1_IRQn;
45    NVIC_InitStruct.NVIC_IRQChannelCmd=ENABLE ;
```

```
46      NVIC_InitStruct.NVIC_IRQChannelPreemptionPriority=0;
47      NVIC_InitStruct.NVIC_IRQChannelSubPriority=0;
48      NVIC_Init(&NVIC_InitStruct);
49  }
50  //USART1 初始化函数
51  void USART1_Init(void)
52  {
53      USART1_GPIO_Init();
54      USART1_Mode_Init();
55      USART1_NVIC_Init();
56  }
```

在代码清单 10-3 中，第 2 行定义了用于存放接收命令的接收缓冲区 Rx_Buf。串口的初始化主要包含三个任务：①对 USART1 发送端和接收端的复用引脚进行配置，②对 USART1 的工作参数进行配置，③对中断优先级进行配置。代码中将三个任务分别定义了一个函数，然后在第 51 行定义的 USART1_Init() 函数中调用，这样代码的层次更加清晰。

代码第 7 ~ 19 行定义了 USART1_GPIO_Init() 函数，对串口 1 的 TX 和 RX 复用引脚进行配置。

通过查阅 STM32F103 的芯片手册，可以找到片上外设的功能引脚与 GPIO 的复用关系，对于 USART1 而言，发送信号的引脚 TX 与 PA9 引脚复用，而接收信号的引脚 RX 与 PA10 复用。根据编程手册对外设 GPIO 配置的要求，在全双工模式下，串口的引脚 TX 应配置为复用推挽输出模式，引脚 RX 应配置为浮空输入或带上拉输入模式。

因此，在 USART1_GPIO_Init() 函数中，将 PA9 初始化为复用推挽输出模式，而 PA10 配置为浮空输入模式。

下面重点分析 USART1_Mode_Init() 函数。代码第 23 行定义了类型为 USART_InitTypeDef 的结构体变量 USART_InitStruct，用来配置串口的参数。该结构体有六个成员与异步通信有关，如表 10-3 所示。

表 10-3   结构体 USART_InitTypeDef 的成员及其作用与取值

| 结构体成员名称 | 结构体成员作用 | 结构体成员的取值 | 描述 |
|---|---|---|---|
| USART_BaudRate | 串口通信波特率 | 建议取典型值，如 115 200 | 每秒传输位数 |
| USART_HardwareFlowControl | 硬件流控制模式 | USART_HardwareFlowControl_None | 无硬件流控制 |
| | | USART_HardwareFlowControl_RTS | RTS 使能 |
| | | USART_HardwareFlowControl_CTS | CTS 使能 |
| | | USART_HardwareFlowControl_RTS_CTS | RTS、CTS 使能 |
| USART_Mode | 接收和发送模式使能控制 | USART_Mode_Rx | 接收 |
| | | USART_Mode_Tx | 发送模式 |
| USART_Parity | 奇偶校验位 | USART_Parity_No | 无校验位 |
| | | USART_Parity_Even | 偶校验 |
| | | USART_Parity_Odd | 奇校验 |
| USART_StopBits | 帧尾停止位长度 | USART_StopBits_1 | 1 位停止位 |
| | | USART_StopBits_0_5 | 0.5 位停止位 |
| | | USART_StopBits_2 | 2 位停止位 |
| | | USART_StopBits_1_5 | 1.5 位停止位 |
| USART_WordLength | 数据字长 | USART_WordLength_8b | 数据字长 8 位 |
| | | USART_WordLength_9b | 数据字长 9 位 |

根据表 10-2 描述的结构体成员作用与取值范围，代码第 27～32 行配置了本项目 USART1 的参数。其中，通信波特率为 115 200 bit/s，无硬件流控制，全双工模式，无校验位，1 位停止位，数据字长 8 位。

代码第 33 行调用标准库函数 USART_Init()，将上述参数写入 USART1 对应的寄存器，完成对 USART1 的基本参数配置。

代码第 35 行调用标准库函数 USART_Cmd() 使能 USART1，使其能正常工作。由于本项目接收数据采用中断方式进行控制，代码第 37 行调用串口中断配置函数使能接收中断。

既然使用了中断，就必须对其配置中断优先级。代码第 40～49 行定义了 USART1 的中断优先级配置函数 USART1_NVIC_Init()。代码第 42 行定义了类型位 NVIC_InitTypeDef 的初始化结构体变量 NVIC_InitStruct。代码第 43 行调用库函数 NVIC_PriorityGroupConfig() 配置优先级组为第 1 组，即抢占优先级用 1 位，响应优先级用 3 位表示。代码第 44～47 行分别指定中断通道 USART1_IRQn，使能中断通道，抢占优先级为 0（最高级别），响应优先级为 0。代码第 48 行调用 NVIC_Init()，将初始化结构体的值写入 NVIC 的寄存器，使优先级配置生效。

配置好了接收中断（使能了中断，配置了中断优先级），一旦中断事件发生，就应该去响应中断了，接下来分析以下 USART1 的中断服务函数，如代码清单 10-4 所示。

代码清单 10-4　实践项目 6 "usart.c" 文件中 USART1 中断服务函数代码

```
57 //USART1 中断服务函数
58 void USART1_IRQHandler(void)
59 {
60     if(USART_GetITStatus(USART1, USART_IT_RXNE)!=RESET)
61     {
62         RX_Pointer=(RX_Pointer+1)%10;
63         Rx_Buf[RX_Pointer]=USART_ReceiveData(USART1);
64         USART_ClearITPendingBit(USART1, USART_IT_RXNE);
65     }
66 }
```

由于 USART1 的中断服务函数被多个中断事件共用，在代码第 60 行首先调用标准外设库函数 USART_GetITStatus() 查询 USART1 的接收寄存器非空标志（USART_IT_RXNE），以确定当前响应的中断是否为接收中断。

代码第 62 行，改变接收缓冲的指针，保证每接收一个数据依次循环存入接收缓冲区数组。

代码第 63 行，调用标准外设库函数 USART_ReceiveData() 读取 USART1 接收到的数据并存入接收缓冲区；然后接收缓冲区中的数据在命令解析函数中进行解析。

在结束 USART1 中断服务函数前，代码第 64 行调用库函数 USART_ClearITPendingBit() 清除接收中断标志。

通过上述的过程，单片机已经可以接收来自计算机串口的数据，并且循环存入了接收缓冲区数组。那么如何利用这些数据去控制 LED 的亮灭呢？接下来继续分析。

代码清单 10-5　实践项目 6 "usart.c" 文件中 USART1_Ctrl_Led() 函数代码

```
67 /* 命令格式定义，共 5 字节
68 包头 2B: 0xAA 0x55, 主命令 1B: 0x01 开灯 0x02 关灯
```

```
69 从命令 1B: 0x01 红灯 0x02 绿灯 0x03 蓝灯 0x04 D4 0x05 D5
70 校验码 1B: 主命令 + 从命令 */
71 void USART1_Ctrl_Led(void) // 命令解析函数
72 {
73     uint16_t CMD[5];
74     uint8_t i,j;
75     for(i=0;i<6;i++)
76     {
77         if(Rx_Buf[i]==0xAA&&Rx_Buf[i+1]==0x55)
78         {
79             for(j=0;j<5;j++)
80             {
81                 CMD[j]=Rx_Buf[i+j];
82             }
83             break;
84         }
85     }
86     if(CMD[2]+CMD[3]==CMD[4])
87     {
88         if(CMD[2]==0x01)// 开灯
89         {
90             switch(CMD[3])
91             {
92                 case 0x01:D3_R_ON;     break;
93                 case 0x02:D3_G_ON;     break;
94                 case 0x03:D3_B_ON;     break;
95                 case 0x04:D4(ON);      break;
96                 case 0x05:D5(ON);      break;
97             }
98         }else if(CMD[2]==0x02) // 关灯
99         {
100            switch(CMD[3])
101            {
102                case 0x01:D3_R_OFF;break;
103                case 0x02:D3_G_OFF;break;
104                case 0x03:D3_B_OFF;break;
105                case 0x04:D4(OFF);     break;
106                case 0x05:D5(OFF);     break;
107            }
108        }
109    }
110 }
```

在代码清单 10-5 中，定义了函数 USART1_Ctrl_Led()，根据 USART1 接收缓冲区中的数据，首先找出一条完整的控制命令，然后判断命令是否正确，在确定命令检验正确的前提下，根据主命令确定开灯还是关灯，再根据从命令开关具体的 LED。

代码第 73 行，定义了存放完整命令的数组 CMD；代码第 75 ~ 85 行，从串口接收缓冲区中取出一条命令存入命令数组 CMD；代码第 86 行，按照命令的约定进行和校验，若校验正确，认为是一条正确的命令，继续解析，否则认为是错误的命令，不予解析，函数直接返回。

代码第 88 行判断主命令是否为 0x01；第 98 行判断主命令是否为 0x02，从而确定开灯、关灯操作。

代码第 90 ~ 97 行，根据从命令的值，点亮相应的 LED；而代码第 100 ~ 107 行则根据从命令的值，熄灭相应的 LED。

在主函数中，使用了 printf() 函数输出了一些操作提示信息，这是如何实现的呢？这里利用了 printf() 函数的重定向功能，具体如代码清单 10-6 所示。

代码清单 10-6  实践项目 6 "usart.c" 文件中重定向输入 / 输出函数

```
111 // 串口重定向函数：printf 函数重定向
112 int fputc(int ch, FILE *f)
113 {
114     USART_SendData(USART1, (uint8_t) ch);
115     while(USART_GetFlagStatus(USART1, USART_FLAG_TXE)==RESET);
116     return(ch);
117 }
118 // 串口重定向函数：scanf 函数重定向
119 int fgetc(FILE *f)
120 {
121     while (USART_GetFlagStatus(USART1, USART_FLAG_RXNE) == RESET);
122     return (int)USART_ReceiveData(USART1);
123 }
124
```

在 C 语言标准库中，fputc() 函数是 printf() 函数内部的一个函数，功能是将字符 ch 写入文件指针 f 所指向文件的当前写指针位置，简单理解就是把字符写入特定文件中。使用 USART 函数重新修改 fputc() 函数内容，达到类似"写入"的功能。

fgetc() 函数与 fputc() 函数非常相似，实现字符读取功能。在使用 scanf() 函数时需要注意字符输入格式。

还有一点需要注意的，使用 fputc() 和 fgetc() 函数达到重定向 C 语言标准库输入 / 输出函数必须在 MDK 的工程选项中把 Use MicroLIB 选中，MicoroLIB 是默认 C 库的备选库，它对标准 C 库进行了高度优化使代码更少，占用更少资源。为了使用 printf()、scanf() 函数，需要在文件中包含 "stdio.h" 头文件。

在 MDK 中将项目代码成功编译后，下载到开发板运行，开发板上除了电源指示灯外，看不到其他现象。这时需要用到串口调试助手，协助我们完成实验调试。

### 10.2.4  使用串口调试助手验证实验现象

使用 USB 线连接好计算机与 STM32 开发板并通电，首先进入计算机的设备管理器查看 CH340 占据的串口号，然后打开计算机上的工具软件"串口调试助手"对串口通信进行调试。

"串口调试助手"的操作界面如图 10-10 所示。在"端口"栏选择正确的端口号（图 10-10 中为 COM5），通信的参数要与程序中的 USART1 的配置一致，其中，波特率选择 115200、校验位选择 none，数据位选择 8，停止位选择 1，单击"打开串口"按钮（变为"关闭串口"），如果打开成功，下方的状态栏会提示"串口已开启"。

右侧的两个区域，上方为接收显示区，下方为发送区。在发送区输入图中命令，并手动发送，如果通信正常，开发板红灯就会点亮。按照控制命令的格式，发送行相应的命令就可以开关开发板上的任意一个 LED。

图 10-10　串口调试助手的界面

扫码看视频

温馨提示：关于本项目代码的编写过程，可以扫描二维码观看视频。

## 10.3　拓展项目 7——双机互控 LED 灯

### 10.3.1　拓展项目 7 要求

要求在 USART 学习的基础上，实现如下功能：

（1）A、B 两个 STM32 开发板实现双向通信；

（2）A 开发板的按键控制 B 开发板的 LED 亮灭，B 开发板的按键控制 A 开发板的 LED 亮灭；

（3）按键 KEY1 每按一次点亮一个灯，按键 KEY2 每按一次熄灭一个灯。

### 10.3.2　拓展项目 7 实施

在实践项目 6 中，已经实现了从串口 1 接收命令，解析后控制 LED，发送数据的是计算机。本例中首先要解决发送命令的问题，还涉及命令打包的问题。

解决了这两个问题之后，利用串口调试助手，先单机调试，若均能正确发送命令，又都能接收命令并控制 LED 亮灭，再将两个开发板用交叉线（即 A 开发板 TX 连接到 B 开发板 RX，同时，A 开发板 RX 连接到 B 开发板 TX）连接，要注意共地。若用 RS-232 交叉线连接，线缆本身已有共地线。

本项目的部分核心代码如图 10-11，图 10-12、图 10-13 所示。图中隐藏函数体的函数与前述项目相同。

```
22  /* Includes -----------
23  #include "stm32f10x.h"
24  #include "stm32f10x_conf.h"
25  #include "usart.h"
26  #include "key.h"
27
28  /**
29   * @brief  Main program.
30   * @param  None
31   * @retval None
32   */
33  int main(void)
34  {
35    USART1_Init();
36    Led_GPIO_Init();
37    Key_GPIO_Init();
38    while (1)
39    {
40      USART1_Ctrl_Led();
41      Key_Function();
42    }
43  }
44
```

图 10-11  拓展项目 7 主函数代码

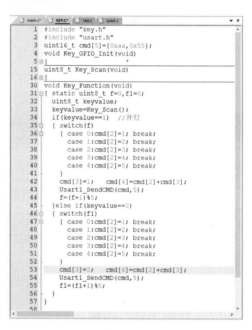

```
1  #include "usart.h"
2  uint16_t Rx_Buf[10];
3  uint8_t RX_Pointer;
4  void USART1_GPIO_Init(void)
5  {
17  void USART1_Mode_Init(void)
18  {
34  void USART1_NVIC_Init(void)
35  {
44  void USART1_Init(void)
45  {
51  void USART1_IRQHandler(void)
52  {
61  void USART1_Ctrl_Led(void)
62  {
102  void Usart1_SendCMD(uint16_t cmd[],uint8_t cmdlen)
103  {
104    uint8_t i,j;
105    for(j=0;j<3;j++)
106    {
107      for(i=0;i<cmdlen;i++)
108      {
109        USART_SendData(USART1, cmd[i]);
110        while(USART_GetFlagStatus(USART1, USART_FLAG_TC)==RESET);
111        USART_ClearFlag(USART1,  USART_FLAG_TC);
112      }
113    }
114  }
115
```

```
1  #include "key.h"
2  #include "usart.h"
3  uint16_t cmd[5]={0xaa,0x55};
4  void Key_GPIO_Init(void)
5  {
15  uint8_t Key_Scan(void)
16  {
30  void Key_Function(void)
31  { static uint8_t f=0,f1=0;
32    uint8_t keyvalue;
33    keyvalue=Key_Scan();
34    if(keyvalue==1)   //开灯
35    { switch(f)
36      { case 0:cmd[2]=1; break;
37        case 1:cmd[2]=2; break;
38        case 2:cmd[2]=3; break;
39        case 3:cmd[2]=4; break;
40        case 4:cmd[2]=5; break;
41      }
42      cmd[3]=1;   cmd[4]=cmd[2]+cmd[3];
43      Usart1_SendCMD(cmd,5);
44      f=(f+1)%5;
45    }else if(keyvalue==2)
46    { switch(f1)
47      { case 0:cmd[2]=1; break;
48        case 1:cmd[2]=2; break;
49        case 2:cmd[2]=3; break;
50        case 3:cmd[2]=4; break;
51        case 4:cmd[2]=5; break;
52      }
53      cmd[3]=2;   cmd[4]=cmd[2]+cmd[3];
54      Usart1_SendCMD(cmd,5);
55      f1=(f1+1)%5;
56    }
57  }
58
```

图 10-12  拓展项目 7 命令发送函数　　　图 10-13  拓展项目 7 命令打包函数

扫码看视频

**温馨提示**：项目详细代码、具体的操作过程，请扫描二维码观看视频。

# 第11章

# 实践项目 7——ADC 数据采集

本章从模/数转换的过程讲起，介绍了采样、量化、编码的过程，并介绍了模/数转换的技术指标，然后介绍了逐次逼近型 ADC 的工作原理。重点介绍了 STM32F103x 微控制器的 ADC 模块的功能框图，并简单介绍了 STM32 的 ADC 编程设计的标准外设库函数。通过采集电位器电压项目，学习 ADC 独立连续模式下，规则序列单通道的编程，通过查询方法读取 ADC 转换结果。在拓展项目中通过中断方式读取片内温度传感器的电压值，并通过读取片内温度传感器的电压值检测芯片的温度。

## 学习目标

- 了解模/数转换过程，理解采样、量化、编码的概念。
- 理解模/数转换器的技术指标，学会根据工程实践需要选择合适的 ADC。
- 了解逐次逼近型 ADC 的工作原理和工作过程。
- 了解 STM32 的 ADC 模块的功能框图，学会 ADC 编程的方法。
- 掌握 ADC 外设初始化结构体，会利用库函数初始化 ADC 的工作参数，并进行相关配置。

## 任务描述

通过 ADC 的规则通道，采集电位器电压，并输出到串口调试助手显示。通过 ADC 的内部通道采集内置温度传感器的电压值，从而检测芯片的温度。学会 ADC 的初始化及规则通道的配置，学会使用查询方式和中断方式读取 ADC 转换结果的方法。

## 11.1 相关知识

### 11.1.1 模/数转换过程

模/数转换器（ADC）是连接模拟信号与数字信号的桥梁。如图 11-1 所示，模拟信号经过采样、量化、编码三个步骤后转换为数字信号。其中，采样是对模拟信号进行时间轴上的离散，量化是对模拟信号进行幅度轴上的离散。

#### 1. 采样

采样是对模拟信号进行周期性的抽取，把时间上连续的信号变成时间上离散的信号。如

图 11-2 所示，相邻两次采样的时间间隔 $T$ 称为采样周期，其倒数称为采样频率 $f_s$。

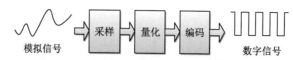

图 11-1 模拟信号转换为数字信号的过程

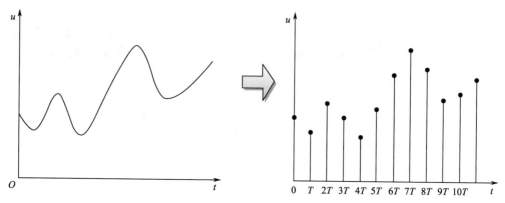

图 11-2 信号采样的过程

采样周期或者采样频率必须遵循奈奎斯特采样定理的规定。为了使该模拟信号，经过采样后包含原始信号的所有信息，即能够无失真地恢复原模拟信号，采样频率的下限，必须是被采样模拟信号最高频率的两倍。

**2. 量化**

对时间轴上连续的模拟信号进行采样后，会得到一个在时间轴上离散的脉冲信号序列，但是每个脉冲的值在幅度轴上，仍然是连续的，这种信号仍然无法被微处理器等数字器件识别。因此需要对幅度轴上连续的信号序列继续进行幅度的离散化，这个过程称为量化。

具体来说，量化就是将采样后的脉冲信号序列，以一定的单位进行度量，以整数倍的数值来标识的过程。这个度量的单位决定了量化的精度。如图 11-3 所示，考虑到脉冲信号的最大幅值后，以 $U$ 为单位将幅度轴划分成若干份（考虑到信号以二进制处理，通常为 $2^n$ 份），对脉冲信号进行均匀度量，$n$ 称为量化位数。

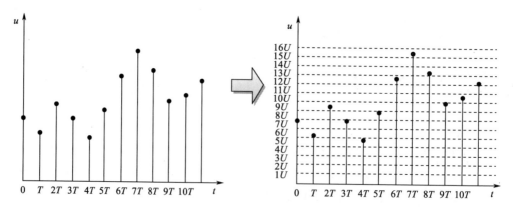

图 11-3 信号量化的过程

量化后的信号和原始信号的差值称为量化误差，很显然，量化位数 $n$ 越大，幅度轴划分得越细，相应的量化误差越小。

### 3．编码

编码就是用一组二进制数码来表示一个有固定电平的量化值。一般来说，编码是在量化的同时完成的。

## 11.1.2 模/数转换的技术指标

对于应用工程师来说，在选择一款合适的 ADC 时，主要考察其技术指标是否满足使用需求，这些技术指标主要包括参考电压、采样精度、分辨率、转换时间等。

### 1．参考电压

参考电压规定了 ADC 所能输入的模拟电压的类型和范围。电压类型包括单极性（只有正向参考电压 $V_{REF+}$ 或者只有负向参考电压 $V_{REF-}$）和双极性（既有正向参考电压 $V_{REF+}$ 也有负向参考电压 $V_{REF-}$）。单极性的电压参考范围为 $0\sim V_{REF+}$ 或 $V_{REF-}\sim 0$ V，双极性的电压参考范围为 $V_{REF-}\sim V_{REF+}$。在 STM32F103ZE 微控制器的 ADC 中，参考电压的范围为 $0\sim 3.3$ V（$V_{REF+}=3.3$ V）。

### 2．采样精度

采样精度一般用采样位数表示。采样位数就是量化过程中的量化位数 $n$，A/D 转换后的输出结果用 $n$ 位二进制数表示。例如，12 位的 ADC 输出值就是 $0\sim 4\,095$（共 $2^{12}=4\,096$ 种），8 位的 ADC 输出值就是 $0\sim 255$（共 $2^8=256$ 种）。由此可见，参考电压相同的情况下，采样位数越高，量化误差就越小。STM32F103ZE 微控制器的 ADC 的采样位数为 12 位。

### 3．分辨率

分辨率是 ADC 能分辨的模拟信号的最小变化量，与参考电压和采样位数直接相关，可用以下公式计算：

$$分辨率 = (V_{REF+} - V_{REF-})/2^n$$

例如，STM32F103ZE 微控制器的 ADC 的分辨率为：$(3.3-0)/4\,096\text{V}=0.805\,66$ mV。

### 4．转换时间

转换时间是 ADC 完成一次完整 A/D 转换所需的时间，包括采样、量化、编码的全过程。在实际应用中，对于不同类型的信号，采样的时间是不一样的。

转换时间的倒数就是转换速率，表明了 1 s 内可以完成 A/D 转换的次数。

## 11.1.3 逐次逼近型 ADC

ADC 按照转换原理的不同，可以分为逐次逼近型 ADC、电压－时间型 ADC 和电压－频率型 ADC。基于性能和成本的考虑，STM32F103 微控制器的片上外设 ADC 为逐次逼近型。

如图 11-4 所示，逐次逼近型 ADC 由电压比较器、D/A 转换器、输出缓冲寄存器及控制逻辑电路组成。

逐次逼近型 ADC 的基本原理是从高位到低位逐位试探比较，就像用天平称重，从重到轻逐级增减砝码进行试探。一个典型的转换过程如下：

（1）初始化时，将逐次逼近寄存器的各位清零。

（2）转换开始，先将逐次逼近寄存器的最高位置 1，送入图 11-4 中的 D/A 转换器，经 D/A 转换后产生对应的模拟量（$V_o$）送入比较器，与送入比较器的待转换模拟量（$V_i$）进行比较，如果 $V_o < V_i$，则该位保留，否则清除。

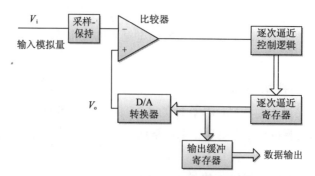

图 11-4　逐次逼近型 ADC 原理方框图

（3）将逐次逼近寄存器的次高位置 1，将寄存器中的新的数字量送入 D/A 转换器，D/A 转换器的输出模拟量 $V_o$ 与 $V_i$ 再次比较，如果 $V_o < V_i$，则该位的 1 保留，否则被清除。

（4）重复（3）的操作步骤直到逐次逼近寄存器的最低位。

（5）转换结束后，将逐次逼近寄存器的状态送入输出缓冲寄存器，即得到 ADC 转换的结果。

图 11-5 给出了一个 4 位逐次逼近型 ADC 进行 A/D 转换的过程。图中，$V_i$ 表示待转换的模拟量，粗线表示 DAC 的输出电压 $V_o$，转换过程描述如下：

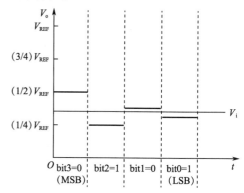

图 11-5　4 位逐次逼近型 ADC 进行 A/D 转换的过程

（1）首先，DAC 被设置为 1000 ；

（2）进行第一次比较，由于 $V_o > V_i$，bit3 位清零，DAC 被设置为 0100 ；

（3）进行第二次比较，由于 $V_o < V_i$，bit2 位保持为 1，DAC 被设置为 0110 ；

（4）进行第三次比较，由于 $V_o > V_i$，bit1 位清零，DAC 被设置为 0101 ；

（5）进行第四次比较，由于 $V_o < V_i$，bit0 位保持为 1。

转换结果为 0101。

在转换过程中，输入模拟信号 $V_i$ 需要进行多次比较，而在整个转换过程中是希望 $V_i$ 能保持稳定的。但是外部的模拟信号随时都会发送变化。为了保证 $V_i$ 保持稳定，几乎所有的 ADC 都在模拟信号输入端增加一个采样－保持电路。

采样－保持电路能够跟踪或者保持输入模拟信号的电平值。在理想状况下，当处于采样状态时，采样－保持电路的输出信号跟随输入信号变化而变化；当处于保持状态时，采样－保持电路的输出信号保持为接到保持命令的瞬间的输入信号电平值。当电路处于采样状态时，电子开关导通，这时电容充电，如果电容值很小，电容可以在很短的时间内完成充放电，这时，输出端输出信号跟随输入信号的变化而变化；当电路处于保持状态时，电子开关断开，这时由于电子开关断开，以及集成运放的输入端呈高阻状态，电容放电缓慢，由于电容一端接由集成运放构成的信号跟随电路，所以输出信号基本保持为断开瞬间的信号电平值。

电子开关闭合给电容充放电的时间称为采样时间。不同变化规律的模拟信号对采样时间的要求是不一样的。时间短了，电容来不及完成充放电；时间长了，会对模拟信号产生滤波效应。因此，在实际使用过程中，需要根据模拟信号的特点通过实验来选择恰当的采样时间。

## 11.1.4 STM32 微控制器的 ADC 模块

STM32 微控制器有 3 个 ADC，均为 12 位逐次逼近型 ADC。每个 ADC 具有 18 个测量通道，最多可测量 16 个外部通道（与 GPIO 端口复用引脚）和 2 个内部信号（内部温度和内部参考电压）。其中，ADC1 和 ADC2 都有 16 个外部通道，ADC3 根据 CPU 引脚的不同通道数也不同，一般都有 8 个外部通道。2 个内部信号源只能连接 ADC1。

单个 ADC 的功能框图如图 11-6 所示。可以看到，除了核心的 ADC、模拟信号输入通道、数据寄存器外，还有很多触发控制电路。实际应用过程中，可以由其他外设来触发 A/D 转换，也可以由软件触发来启动 A/D 转换。

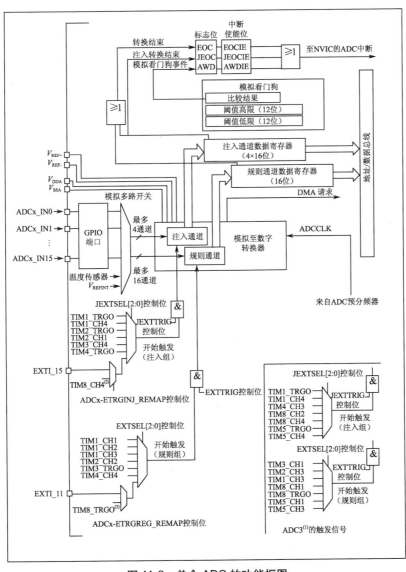

图 11-6 单个 ADC 的功能框图

下面,按照图 11-6 从左到右(同 ADC 数据处理的方向大概一致)的顺序来了解 ADC 的功能。

### 1．电压输入范围

ADC 的电压输入范围为 $V_{REF-} \sim V_{REF+}$,由 $V_{REF-}$、$V_{REF+}$、$V_{DDA}$、$V_{SSA}$ 这四个外部引脚决定。在设计原理图时一般把 $V_{SSA}$ 和 $V_{REF-}$ 接地,把 $V_{REF+}$ 和 $V_{DDA}$ 接 3V3,得到 ADC 的输入电压范围为 0~3.3 V。

如果需要测量不在测量范围的电压,比如测试负电压或者更高的正电压,这时需要在外部增加一个电压调理电路,把待测电压抬升或者降压到 0~3.3 V,这样 ADC 就可以测量了。

### 2．输入通道

在确定了 ADC 输入电压范围之后,待测电压信号怎么输入 ADC?这里引入通道的概念。STM32 的 ADC 多达 18 个通道,其中外部的 16 个通道就是框图中的 ADCx_IN0、ADCx_IN1 ~ ADCx_IN15。这 16 个通道与 GPIO 端口复用,具体是哪些 GPIO 端口可以从手册中查到,对应关系如表 11-1 所示。

表 11-1　STM32F103ZE 的 ADC 输入通道对应的 GPIO 引脚

| 通道 | ADC1(x=1) | ADC2(x=2) | ADC3(x=3) |
|---|---|---|---|
| ADCx_IN0 | PA0 | PA0 | PA0 |
| ADCx_IN1 | PA1 | PA1 | PA1 |
| ADCx_IN2 | PA2 | PA2 | PA2 |
| ADCx_IN3 | PA3 | PA3 | PA3 |
| ADCx_IN4 | PA4 | PA4 | PF6 |
| ADCx_IN5 | PA5 | PA5 | PF7 |
| ADCx_IN6 | PA6 | PA6 | PF8 |
| ADCx_IN7 | PA7 | PA7 | PF9 |
| ADCx_IN8 | PB0 | PB0 | PF10 |
| ADCx_IN9 | PB1 | PB1 | 连接内部 $V_{SS}$ |
| ADCx_IN10 | PC0 | PC0 | PC0 |
| ADCx_IN11 | PC1 | PC1 | PC1 |
| ADCx_IN12 | PC2 | PC2 | PC2 |
| ADCx_IN13 | PC3 | PC3 | PC3 |
| ADCx_IN14 | PC4 | PC4 | 连接内部 $V_{SS}$ |
| ADCx_IN15 | PC5 | PC5 | 连接内部 $V_{SS}$ |
| ADCx_IN16 | 连接内部温度传感器 | 连接内部 $V_{SS}$ | 连接内部 $V_{SS}$ |
| ADCx_IN17 | 连接内部 $V_{REFINT}$ | 连接内部 $V_{SS}$ | 连接内部 $V_{SS}$ |

按转换的组织形式来划分,ADC 的模拟信号输入通道分为规则通道和注入通道两种。ADC 可以对一组最多 16 个通道按照指定的顺序逐个进行转换,这组通道称为规则通道。

在实际应用中,可能需要中断规则通道的转换,临时对某些通道进行转换,就好像这些通道注入原来的规则通道一样,所以形象地称为注入通道。注入通道最多有 4 个。

如果在规则通道转换过程中,有注入通道插队,那么就要先转换完注入通道,等注入通道转换完成后,再回到规则通道的转换流程。这与中断很像。所以,注入通道只有在规则通道存在时才会出现。

### 3．转换顺序

如表 11-2 所示,规则通道的转换顺序由三个规则序列寄存器(SQR3、SQR2、SQR1)

中的位段来确定。

表 11-2 规则序列寄存器与注入序列寄存器

| 寄存器 | 位段 | 功能 | 设定值 |
|---|---|---|---|
| SQR3 | SQ1[4:0] | 设置第 1 个转换的规则通道 | 通道的编号 (0~17)。<br><br>例如：设置通道 16 第 1 个转换，将 SQ1[4:0] 设置为 16 即可。<br><br>第 8 个转换通道 1，则 SQ8[4:0] 写 1 |
| | SQ2[4:0] | 设置第 2 个转换的规则通道 | |
| | SQ3[4:0] | 设置第 3 个转换的规则通道 | |
| | SQ4[4:0] | 设置第 4 个转换的规则通道 | |
| | SQ5[4:0] | 设置第 5 个转换的规则通道 | |
| | SQ6[4:0] | 设置第 6 个转换的规则通道 | |
| SQR2 | SQ7[4:0] | 设置第 7 个转换的规则通道 | |
| | SQ8[4:0] | 设置第 8 个转换的规则通道 | |
| | SQ9[4:0] | 设置第 9 个转换的规则通道 | |
| | SQ10[4:0] | 设置第 10 个转换的规则通道 | |
| | SQ11[4:0] | 设置第 11 个转换的规则通道 | |
| | SQ12[4:0] | 设置第 12 个转换的规则通道 | |
| SQR1 | SQ13[4:0] | 设置第 13 个转换的规则通道 | |
| | SQ14[4:0] | 设置第 14 个转换的规则通道 | |
| | SQ15[4:0] | 设置第 15 个转换的规则通道 | |
| | SQ16[4:0] | 设置第 16 个转换的规则通道 | |
| | L[3:0] | 规则通道序列的长度 | 1~16（规则通道个数） |
| JSQR | JSQ1[4:0] | 设置第 1 个转换的注入通道 | 通道的编号 (0~17)。注：不同于规则转换序列，如果 JL[1:0] 的长度小于 4，则转换的序列顺序是从 (4~JL) 开始 |
| | JSQ2[4:0] | 设置第 2 个转换的注入通道 | |
| | JSQ3[4:0] | 设置第 3 个转换的注入通道 | |
| | JSQ4[4:0] | 设置第 4 个转换的注入通道 | |
| | JL[1:0] | 注入通道序列长度 | 1~4（注入通道个数） |

注入通道的转换顺序由注入序列寄存器（JSQR）的设置来确定。其中，JSQR 的 JL[1:0] 指定注入通道序列的长度。如果 JL 的值小于 4，那么注入通道转换的顺序从 JSQRx[4:0]（其中，x =4-JL）开始。例如，JL=00（1 个注入通道），那么转换的顺序是从 JSQR4[4:0] 开始，而不是从 JSQR1[4:0] 开始，这个要注意，编程的时候不要弄错。

关于规则通道序列和注入通道序列的转换关系，做如下说明：

（1）规则通道序列或注入通道序列中的通道并不需要按照通道号的顺序排列；

（2）在同一个序列中，同一通道可以多次出现；

（3）注入通道序列插入规则通道序列的时机可以是任意的，但必须在当前规则通道转换结束之后才可以开始注入通道序列的转换。

各通道的 A/D 转换可以以单次、连续、扫描或非扫描模式进行。ADC 转换方式与扫描模式的关系如表 11-3 所示。

表 11-3 ADC 转换方式与扫描模式的关系

| 转换方式 | 扫描模式 | 运行结果描述 |
|---|---|---|
| 单次转换 | 非扫描模式 | 转换序列内第一个通道转换一次即停止 |
| 连续转换 | 非扫描模式 | 转换序列内第一个通道连续转换 |
| 单次转换 | 扫描模式 | 转换序列内所有通道按顺序转换一次即停止 |
| 连续转换 | 扫描模式 | 转换序列内所有通道按顺序转换一次并继续下一轮 |

#### 4．触发源

规则通道序列可以由软件启动，也可以由触发启动。注入通道序列可以由外部触发或自动注入（在规则通道序列转换结束后自动开始注入通道序列的转换，可以看作是对规则通道序列的扩充）。

ADC 支持触发转换，这个触发包括内部定时器触发和外部 IO 触发。触发源有很多，具体选择哪一种触发源，由 ADC 控制寄存器 2（ADC_CR2）的 EXTSEL[2:0] 和 JEXTSEL[2:0] 位来控制。EXTSEL[2:0] 用于选择规则通道的触发源，JEXTSEL[2:0] 用于选择注入通道的触发源。选定好触发源之后，触发源是否要激活，则由 ADC_CR2 的 EXTTRIG 和 JEXTTRIG 这两位来控制。另外，ADC3 的触发源与 ADC1/2 的有所不同，在框图上已经表示出来了。

#### 5．转换时间

ADC 的输入时钟由 APB2 时钟（一般与系统时钟相同）经 ADC 分频器分频得到，最大为 14 MHz（当主频为 56 MHz 时，经四分频得到），对应的 ADC 转换时间为 1μs。当系统时钟为 72 MHz 时，ADC 转换时间为 1.17μs。

ADC 对输入的电压采样需要若干个 ADC_CLK 周期，每个通道可以分别设置采样周期数，其中采样周期数最小是 1.5 个时钟周期。

ADC 的转换时间 $T_{conv}$= 采样时间 +12.5 个周期。当 ADCLK=14 MHz（最高），采样时间设置为 1.5 个周期（最快），那么总的转换时间（最短）$T_{conv}$=1.5 个周期 +12.5 个周期 =14 个周期 =1μs。

一般设置 PCLK2=72 MHz，经过 ADC 预分频器能分频到最大的时钟只能是 12 MHz，采样周期设置为 1.5 个周期，算出最短的转换时间为 1.17μs，这个才是最常用的。

#### 6．数据寄存器

ADC 转换结果以左对齐或右对齐的方式，存入 16 位规则组数据寄存器或注入组数据寄存器。规则组数据寄存器只有 1 个，而注入组数据寄存器有 4 个，每个注入通道有一个专用的注入通道数据寄存器。

16 个规则通道共用同一个规则数据寄存器，如果使用多通道转换，可能会出现前一个时间点转换的通道数据，被下一个时间点的另外一个通道转换的数据覆盖掉。所以，在通道转换完成时就应该把数据取走，或者开启 DMA 模式，把数据传输到内存里面，避免造成数据被覆盖。最常用的做法就是开启 DMA 传输。

#### 7．ADC 中断

1）转换结束中断（EOC）

数据转换结束后，可以产生中断，中断分为三种：规则通道转换结束中断、注入转换通道转换结束中断、模拟看门狗中断。其中，转换结束中断很好理解，与平时接触的中断一样，有相应的中断标志位和中断使能位，还可以根据中断类型写相应配套的中断服务程序。

2）模拟看门狗中断

当被 ADC 转换的模拟电压低于低阈值或者高于高阈值时，就会产生中断，前提是开启了模拟看门狗中断。例如，设置高阈值是 2.5 V，那么模拟电压超过 2.5 V 的时候，就会产生模拟看门狗中断；反之，低阈值也一样。

#### 8．DMA 请求

规则和注入通道转换结束后，除了产生中断外，还可以产生 DMA 请求，把转换结果直接存储到内存里面。要注意的是，只有 ADC1 和 ADC3 可以产生 DMA 请求。一般在使用 ADC 的时候都会开启 DMA 传输。有关 DMA 的内容将在第 12 章中介绍。

最后说明一点，由于生产工艺所限，逐次逼近型 ADC 内部 DAC 所使用的电容组的一致性差异会造成 A/D 转换结果的误差，所以在初始化配置 ADC 时应该进行校准操作。在校准过程中，每个电容器上都会计算出一个误差修正码（数字值），这个修正码用于抵消随后的转换中每个电容上产生的误差。

### 11.1.5 STM32 微控制器的 ADC 编程涉及的标准外设库函数

STM32 微控制器的 ADC 编程涉及的标准外设库函数如表 11-4 所示。现在只要简单了解函数的作用，具体用法在代码分析中再做详细讲解。

表 11-4　ADC 编程涉及的标准外设库函数

| 函数名称 | 函数的作用 |
| --- | --- |
| ADC_Init() | ADC 初始化配置函数 |
| ADC_Cmd() | 使能与禁用指导的 ADC |
| ADC_RegularChannelConfig() | 配置 ADC 的规则通道 |
| ADC_ResetCalibration() | 重置指定 ADC 的校准寄存器 |
| ADC_StartCalibration() | 开始指定 ADC 的校准 |
| ADC_GetResetCalibrationStatus() | 获取指定 ADC 的重置校准寄存器的状态 |
| ADC_GetCalibrationStatus() | 获取指定 ADC 的校准寄存器的状态 |
| ADC_SoftwareStartConvCmd() | 软件启动转换使能或禁用 |
| ADC_GetFlagStatus() | 获取指定 ADC 的事件标志位状态 |
| ADC_ClearFlag() | 清除指定 ADC 事件标志位 |
| ADC_GetITStatus() | 获取指定 ADC 的中断状态 |
| ADC_ClearITPendingBit() | 清除指定 ADC 中断悬挂标志位 |
| ADC_GetConversionValue() | 获取指定 ADC 规则序列的转换结果 |
| ADC_DMACmd() | ADC 的 DMA 接口使能与禁用 |
| ADC_ITConfig() | ADC 中断配置函数 |
| ADC_TempSensorVrefintCmd() | 使能/禁用片上温度传感器和内部参考电压通道 |

## 11.2　项目实施

### 11.2.1　硬件电路实现

在本项目中利用 STM32 开发板板载的贴片滑线式变阻器，电路设计如图 11-7 所示。贴片滑线式变阻器的动触点通过跳线连接至 STM32 芯片的 ADC 通道引脚。当旋转滑动变阻器调节旋钮时，其动触点电压也会随之改变，电压变化范围为 0~3.3 V，亦是 STM32 的 ADC 板默认的电压采集范围。

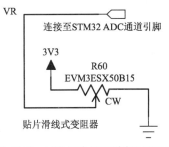

图 11-7　开发板电位器连接原理图

### 11.2.2　程序设计思路

在串口项目工程的基础之上完成本项目的代码编写。新建两个 ADC 的驱动文件（"adc.c"和"adc.h"），用来存放 ADC 所用 GPIO 引脚（本项目选择 PC1）的初始化函数和 ADC 模式配置相关函数。本项目利用串口调试助手打印输出 ADC 转换结果，因此要将串口的驱动文件（"usart.c"和"usart.h"）添加到本项目的工程中。

#### 1．编程要点

（1）初始化 ADC 用到的 GPIO 引脚；

（2）设置 ADC 的工作参数并初始化；

（3）设置 ADC 工作时钟；

（4）设置 ADC 转换通道顺序及采样时间；

（5）使能 ADC；

（6）使能软件触发 ADC 转换；

（7）编写测试程序，通过串口调试助手查看 ADC 转换结果。

#### 2．程序流程图

本项目主要程序流程图如图 11-8 所示，首先完成 USART1、ADC1 以及 SysTick 的初始化配置，然后在主函数的 while(1) 循环中每间隔 500 ms 读取一次 ADC 转换结果并转换成对应的模拟信号值，通过串口输出到串口调试助手。本项目采用独立的单通道连续非扫描模式，ADC 转换结果的读取采用查询的方式进行，没有采用中断及 DMA 模式。

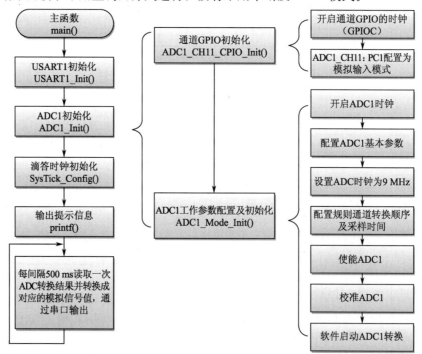

图 11-8　ADC 数据采集主要程序流程图

### 11.2.3　程序代码分析

首先分析项目中"main.c"文件的代码，如代码清单 11-1 所示。其中，代码第 23 ~ 26 行包含了本程序所需要的头文件，第 27 行声明了由 SysTick 中断产生的 1 ms 时基变量 timebase。

代码清单 11-1　实践项目 7 "main.c" 文件中的代码

```
/* Includes -------------------------------------------------*/
23 #include "stm32f10x.h"
24 #include "stm32f10x_conf.h"
25 #include "usart.h"
26 #include "adc.h"
27 extern uint32_t timebase;
28 /**
29   * @brief  Main program.
30   * @param  None
31   * @retval None
32   */
33 int main(void)
34 {
35    uint16_t advalue;
36    float Vi;
37    USART1_Init();
38    ADC1_Init();
39    SysTick_Config(72000);//1ms
40    printf("这是 ADC 采集电位器电压程序 \n");
41    while(1)
42    {
43      if(timebase%500==0)// 每 500ms 读一次 ad
44      { // 判断是否转换完成
45          if(ADC_GetFlagStatus(ADC1, ADC_FLAG_EOC)==1)
46          {
47              advalue=ADC_GetConversionValue(ADC1);// 读转换结果
48              printf("ADVALUE=0x%x: %d\n",advalue,advalue);
49              Vi=advalue*3.3/4096;   // 计算对应的输入模拟量电压值
50              printf("ADVALUE=%f\n",Vi); // 输出模拟电压值
51              ADC_ClearFlag(ADC1,ADC_FLAG_EOC);// 清除转换结束标志位
52          }
53      }
54
55    }
56 }
57
```

在主函数中，首先定义了两个变量，一个用于存放 ADC 转换的结果，一个用于存放模拟量的值。然后，在初始化了 USART1、ADC1、SysTick 后进入主循环。在主循环中每隔 500 ms 读取一次 ADC1 的转换结果并输出到串口。其中，代码第 43 行的 if 语句中判断 timebase 能否被 500 整除，达到类似延时的效果，即代码第 45 ~ 51 行每隔 500 ms 执行一次。

代码第 45 行，调用标准库函数 ADC_GetFlagStatus() 检查 ADC1 的转换结束标志位（ADC_FLAG_EOC）的状态。该函数有两个参数，第一个参数为 ADCx（x=1, 2, 3），用于指定 ADC 外设；第二个参数为 ADC_FLAG，用于指定标志位（其中，ADC_FLAG_AWD 表示模拟看门狗标志，ADC_FLAG_EOC 表示转换结束标志，ADC_FLAG_JEOC 表示注入组转换结束标志，ADC_FLAG_JSTRT 表示注入组开始转换标志，ADC_FLAG_STRT 表示规则组开

始转换标志）。

代码第 47 行，调用标准库函数 ADC_GetConversionValue() 读取 ADC1 规则通道最近一次的转换结果。该函数只有一个参数为 ADCx（x=1，2，3），用于指定 ADC 外设。

代码第 49 行，将 ADC 转换结果的数字量（Dout）转换成对应的模拟量（Vi）。由于 STM32 微控制器的 ADC 的参考电压为 3.3 V，采样精度为 12 位，所以 Vi= Dout ×（Vref+-Vref-）/4 096=3.3 × advlaue/4 096。

代码第 51 行，调用标准库函数 ADC_ClearFlag() 清除 ADC1 的转换结束标志位。该函数的参数取值同 ADC_GetFlagStatus() 函数。

下面分析驱动文件，即 "adc.c" 和 "adc.h" 文件。如代码清单 11-2 所示，在驱动文件的头文件中，依然采用我们熟悉的防重复编译结构，然后包含驱动文件所需要的标准外设库基本头文件后，对驱动文件中的函数进行声明。

代码清单 11-2　实践项目 7 "adc.h" 文件中的代码

```
1 #ifndef _ADC_H
2 #define _ADC_H
3
4 #include "stm32f10x.h"
5 #include "stm32f10x_conf.h"
6
7 void ADC1_Init(void);
8 #endif
```

在 "adc.c" 文件中，定义了 ADC1 的初始化函数，包括通道 GPIO 端口的初始化和 ADC1 工作模式的初始化，如代码清单 11-3 所示。其中，代码第 38 ~ 42 行，定义了 ADC1_Init(void) 函数。首先调用 ADC1_CH11_GPIO_Init() 函数初始化 ADC1 的通道 11 所复用的 GPIO 端口 PC1 为模拟输入模式，然后调用 ADC1_Mode_Init() 函数对 ADC1 的工作参数及相关配置进行初始化。

代码清单 11-3　实践项目 7 "adc.c" 文件中的代码

```
 1 #include "adc.h"
 2 // 通道 GPIO 初始化
 3 void ADC1_CH11_GPIO_Init(void)
 4 {
 5     GPIO_InitTypeDef GPIO_InitStruct;
 6     RCC_APB2PeriphClockCmd(RCC_APB2Periph_GPIOC, ENABLE );
 7     GPIO_InitStruct.GPIO_Pin=GPIO_Pin_1;
 8     GPIO_InitStruct.GPIO_Mode=GPIO_Mode_AIN; // 模拟输入模式
 9     GPIO_Init(GPIOC, &GPIO_InitStruct);
10 }
11 //ADC1 的模式配置
12 void ADC1_Mode_Init(void)
13 {
14     ADC_InitTypeDef ADC_InitStruct;
15     RCC_APB2PeriphClockCmd(RCC_APB2Periph_ADC1, ENABLE );
16     ADC_InitStruct.ADC_ContinuousConvMode=ENABLE; // 连续转换模式
17     ADC_InitStruct.ADC_DataAlign=ADC_DataAlign_Right; //ADC 数据右对齐
18     ADC_InitStruct.ADC_ExternalTrigConv=ADC_ExternalTrigConv_None;
19     ADC_InitStruct.ADC_Mode=ADC_Mode_Independent; // 独立模式
```

```
20      ADC_InitStruct.ADC_NbrOfChannel=1;// 规则通道序列中的通道个数
21      ADC_InitStruct.ADC_ScanConvMode=DISABLE;  // 非扫描模式
22      ADC_Init(ADC1, &ADC_InitStruct);
23
24      RCC_ADCCLKConfig(RCC_PCLK2_Div8);// 配置 ADC 时钟为 9MHz
25      // 规则通道配置
26      ADC_RegularChannelConfig(ADC1, ADC_Channel_11, 1, ADC_SampleTime_
        55Cycles5);
27
28      ADC_Cmd(ADC1, ENABLE);   // 使能 ADC1
29
30      ADC_ResetCalibration(ADC1); // 复位 ADC1 校准寄存器
31      while(ADC_GetResetCalibrationStatus(ADC1));// 等待复位校准寄存器完成
32
33      ADC_StartCalibration(ADC1);   // 开始 ADC1 校准
34      while(ADC_GetCalibrationStatus(ADC1));    // 等待校准完成
35
36      ADC_SoftwareStartConvCmd(ADC1, ENABLE); // 软件启动 A/D 转换
37 }
38 void ADC1_Init(void)
39 {
40      ADC1_CH11_GPIO_Init();
41      ADC1_Mode_Init();
42 }
```

下面重点分析 ADC1_Mode_Init() 函数的定义，如代码第 12 ~ 37 行所示。

代码第 14 行，定义了 ADC_InitTypeDef 类型的结构体变量 ADC_InitStruct，用以初始化 ADC 的基本工作参数。该结构体的成员及其作用与取值如表 11-5 所示。

表 11-5　结构体 ADC_InitTypeDef 的成员及其作用与取值

| 结构体成员名称 | 成员作用 | 结构体成员的取值 | 描述 |
|---|---|---|---|
| ADC_ContinuousConvMode | 设置连续转换模式 | ENABLE | 连续转换 |
| | | DISABLE | 单次转换 |
| ADC_DataAlign | 转换结果对齐方式 | ADC_DataAlign_Right | 右对齐 |
| | | ADC_DataAlign_Left | 左对齐 |
| ADC_ExternalTrigConv | 设置外部触发方式 | ADC_ExternalTrigConv_None | 软件触发 |
| | | 多种外部触发通道 | 外部触发 |
| ADC_Mode | 设置工作模式 | ADC_Mode_Independent | 独立模式 |
| | | 多种双 ADC 模式 | 按需选择 |
| ADC_NbrOfChannel | 规则组通道数 | 1~16 | 按需选择 |
| ADC_ScanConvMode | 设置扫描模式 | ENABLE | 扫描 |
| | | DISABLE | 非扫描 |

根据表 11-5 的描述，代码第 16 ~ 21 行对照设置了 ADC1 的工作参数，设置 ADC1 工作在独立的连续非扫描模式下。

代码第 17 行，设置了 ADC 的转换结果采用右对齐方式。

代码第 18 行，禁止外部触发 ADC，采用软件触发方式启动 A/D 转换。

代码第 20 行，设定规则通道序列中的通道数为 1。

代码第 22 行，调用标准外设库函数 ADC_Init()，将上述初始化结构体的值写入 ADC1 的相关寄存器，使得配置生效。该函数有两个参数，第一个参数 ADCx（x=1，2，3）用于

指定 ADC 外设，第二个参数为 ADC_InitTypeDef 类型的结构体指针。

代码第 24 行，调用标准外设库函数 RCC_ADCCLKConfig() 配置 ADC 的时钟（ADCCLK）。ADCCLK 由 APB2 总线时钟（PCLK2）分频得到，该函数的参数为 RCC_PCLK2_Divx(x=2, 4, 6, 8)，用于指定分频的系数 x。如代码第 24 行中使用 RCC_PCLK2_Div8，表示分频系数为 8，即 ADCCLK= PCLK2/8，如果 PCLK2 为 72 MHz，则 ADCCLK 为 9 MHz。

代码第 26 行，调用标准外设库函数 ADC_RegularChannelConfig() 配置规则通道的转换顺序和采样周期。该函数共有四个参数：第一个参数 ADCx（x=1, 2, 3）用于指定 ADC 外设；第二个参数 ADC_Channel_x（x=0, 1, …, 17）用于指定具体通道 x；第三个参数用于指定规则组中通道的转换顺序（取值为 1~16）；第四个参数设置指定通道的采样周期，可设置为 1.5（ADC_SampleTime_1Cycles5）、7.5（ADC_SampleTime_7Cycles5）、13.5（ADC_SampleTime_13Cycles5）、28.5（ADC_SampleTime_28Cycles5）、41.5（ADC_SampleTime_41Cycles5）、55.5（ADC_SampleTime_55Cycles5）、71.5（ADC_SampleTime_71Cycles5）、239.5（ADC_SampleTime_239Cycles5）个周期。例如，本例中设置 ADC1 的通道 11 在规则组中第一个转换，采样周期为 55.5 个周期。

代码第 28 行，调用标准外设库函数 ADC_Cmd() 使能 ADC1 后，在代码第 30 ~ 34 行完成 ADC1 的校准操作，这也是对 ADC 进行初始化配置过程中的规定动作。

在校准完成后，代码第 36 行调用标准库函数 ADC_SoftwareStartConvCmd()，软件启动 A/D 转换。

关于 ADC1_CH11_GPIO_Init() 函数的代码，除了在代码的第 8 行将 GPIO 的模式设置成模拟输入模式之外，与其他外设的 GPIO 端口设置相同。

接下来，用 USB 线连接开发板与计算机，在计算机端打开串口调试助手，把编译好的程序下载到开发板。在串口调试助手中可看到不断有数据从开发板传输过来，如图 11-9 所示，此时旋转电位器旋钮改变其电阻值，那么对应的数据也会有变化。

图 11-9　ADC 数据采集主要流程

温馨提示：关于本项目代码的详细内容，请扫描二维码观看视频。

扫码看视频

# 11.3 拓展项目 8——利用规则通道检测芯片温度

## 11.3.1 拓展项目 8 要求

在 ADC 学习的基础上，实现如下功能：

（1）利用 ADC1 的通道 16 检测芯片温度；

（2）利用中断方式读取转换结果；

（3）开启连续非扫描模式，将温度值通过串口发送给串口调试助手显示。

## 11.3.2 拓展项目 8 实施

STM32 微控制器的温度传感器产生一个随温度线性变化的电压，片内温度传感器特性如表 11-6 所示。

表 11-6 片内温度传感器特性

| 符号 | 参数 | 最小值 | 典型值 | 最大值 | 单位 |
|---|---|---|---|---|---|
| $T_L$ | $V_{SENSE}$ 相对于温度的线性度 | | ±1 | ±2 | ℃ |
| Avg_Slope | 平均斜率 | 4.0 | 4.3 | 4.6 | mV/℃ |
| $V_{25}$ | 在 25℃时的电压 | 1.34 | 1.43 | 1.52 | V |
| $t_{START}$ | 建立时间 | 4 | | 10 | μs |
| $T_{s\_temp}$ | 当读取温度时，ADC 采样时间 | | | 17.1 | μs |

温度传感器可以用来测量器件周围的温度（$T_A$）。温度传感器在内部和 ADC1_IN16 输入通道相连接，此通道把传感器输出的电压转换成数字值。温度传感器模拟输入推荐采样时间是 17.1μs。当没有被使用时，传感器可以置于关电模式。

温度传感器输出电压随温度线性变化。由于生产过程的变化，温度变化曲线的偏移在不同芯片上会有不同。内部温度传感器更适合于检测温度的变化，而不是测量绝对的温度。如果需要测量精确的温度，应该使用一个外置的温度传感器。

读温度传感器的值，需要进行如下设置：

（1）选择 ADC1_IN16 输入通道；

（2）选择采样时间为 17.1μs；

（3）设置 ADC 控制寄存器 2（ADC_CR2）的 TSVREFE 位，以唤醒关电模式下的温度传感器；

（4）通过设置 ADON 位启动 ADC 转换（或用外部触发）；

（5）读 ADC 数据寄存器上的 $V_{SENSE}$ 数据结果；

（6）利用下列公式得出温度：

$$温度（℃）=\{(V_{25}-V_{SENSE})/Avg\_Slope\}+25$$

式中，$V_{25}=V_{SENSE}$ 在 25℃时的数值，Avg_Slope ＝温度与 $V_{SENSE}$ 曲线的平均斜率（单位为 mV/℃或 μV/℃）。

注意：传感器从关电模式唤醒后到可以输出正确水平的 $V_{SENSE}$ 前，有一个建立时间。ADC 在加电后也有一个建立时间，因此为了缩短延时，应该同时设置 ADON 和 TSVREFE 位。

本项目的主要代码见代码清单 11-4、代码清单 11-5。实验结果如图 11-10 所示。

代码清单 11-4　拓展项目 8 "main.c" 的代码

```
22 /* Includes --------------------------------------------------*/
23 #include "stm32f10x.h"
24 #include "stm32f10x_conf.h"
25 #include "usart.h"
26 #include "adc.h"
27 extern uint32_t timebase;
28 extern uint16_t advalue;
29 /**
30   * @brief  Main program.
31   * @param  None
32   * @retval None
33   */
34 int main(void)
35 {
36    double temp_ic;
37    USART1_Init();
38    ADC1_Init();
39    SysTick_Config(72000);//1ms
40    printf("这是ADC采集芯片温度的程序\n");
41    while (1)
42    {
43         if(timebase %500==0)//每500 ms 读一次 ad
44         {
45            // 串口输出转换结果
46            printf("片内温度传感器A/D转换的结果: 0x%x: %d\n",advalue,advalue);
47
48            temp_ic=advalue*3300/4096;
49            printf("温度传感器电压 =%.3f mv\n",temp_ic);
50
51            temp_ic=(1430-(advalue*3300/4096))/4.3+25;// 转换成温度
52            printf("芯片的温度: %.1f℃ \n",temp_ic); // 输出模拟电压值
53         }
54    }
55 }
```

代码清单 11-5　拓展项目 8 "adc.c" 的代码

```
1 #include "adc.h"
2 #include "stdio.h"
3 uint16_t advalue;
4 //ADC1 的模式配置
5 void ADC1_Mode_Init(void)
6 {
7     ADC_InitTypeDef ADC_InitStruct;
8     // 开 ADC1 时钟
9     RCC_APB2PeriphClockCmd(RCC_APB2Periph_ADC1, ENABLE );
10    ADC_InitStruct.ADC_ContinuousConvMode=ENABLE; // 连续转换模式
11    ADC_InitStruct.ADC_DataAlign=ADC_DataAlign_Right; //ADC 数据右对齐
12    // 不使用外部触发源
13    ADC_InitStruct.ADC_ExternalTrigConv=ADC_ExternalTrigConv_None;
```

```
14      ADC_InitStruct.ADC_Mode=ADC_Mode_Independent; // 独立模式
15      ADC_InitStruct.ADC_NbrOfChannel=1;// 规则通道序列中的通道个数
16      ADC_InitStruct.ADC_ScanConvMode=DISABLE; // 非扫描模式
17      ADC_Init(ADC1, &ADC_InitStruct);
18      // 配置 ADC 时钟为 9MHz ADCCLK=1/9M=0.1111μs
19      RCC_ADCCLKConfig(RCC_PCLK2_Div8);
20      // 规则通道配置 采样时间要求 17.1μs 采样周期 =17.1/0.111=153.9 个周期
21      ADC_RegularChannelConfig(ADC1, ADC_Channel_16, 1, ADC_SampleTime_
        239Cycles5);
22
23      ADC_Cmd(ADC1, ENABLE);    // 使能 ADC1
24
25      ADC_ResetCalibration(ADC1); // 复位 ADC1 校准寄存器
26      while(ADC_GetResetCalibrationStatus(ADC1));// 等待复位校准寄存器完成
27
28      ADC_StartCalibration(ADC1);    // 开始 ADC1 校准
29      while(ADC_GetCalibrationStatus(ADC1));    // 等待校准完成
30      ADC_ITConfig(ADC1,  ADC_IT_EOC, ENABLE);
31      ADC_SoftwareStartConvCmd(ADC1, ENABLE); // 软件启动 A/D 转换
32      ADC_TempSensorVrefintCmd(ENABLE);// 使能片上温度传感器通道和参考电压通道
33  }
34  // 中断优先级配置
35  void ADC1_NVIC_Init(void)
36  {
37      NVIC_InitTypeDef NVIC_InitStruct;
38      NVIC_PriorityGroupConfig(NVIC_PriorityGroup_1);
39      NVIC_InitStruct.NVIC_IRQChannel=ADC1_2_IRQn;//ADC1, 2 中断通道
40      NVIC_InitStruct.NVIC_IRQChannelCmd=ENABLE ;
41      NVIC_InitStruct.NVIC_IRQChannelPreemptionPriority=0;
42      NVIC_InitStruct.NVIC_IRQChannelSubPriority=1;
43      NVIC_Init(&NVIC_InitStruct);
44  }
45  //ADC1 初始化
46  void ADC1_Init(void)
47  {
48      ADC1_Mode_Init();
49      ADC1_NVIC_Init();
50  }
51
52  // 中断服务函数：ADC1 和 ADC2 共用
53  void ADC1_2_IRQHandler(void)
54  {
55      // 判断是否为 ADC1 转换结束
56      if(ADC_GetITStatus(ADC1, ADC_IT_EOC)==SET)
57      {
58          // 读取 ADC 转换结果
59          advalue=ADC_GetConversionValue(ADC1);
60          // 清除转换结果标志位
61          ADC_ClearITPendingBit(ADC1, ADC_IT_EOC);
62      }
63  }
```

图 11-10　ADC 检测芯片温度的运行结果

**温馨提示**：具体的操作过程，请扫描二维码观看视频。

扫码看视频

# 第12章

# 实践项目8——利用DMA
# 实现多路ADC数据采集

本章介绍了 DMA 控制器的基本概念，详细介绍了 STM32F103x 微控制器的 DMA 外设的功能框图和数据传输特性，并介绍了 STM32F103x 微控制器的 DMA 外设编程常用的标准库函数。通过利用 DMA 控制多路 ADC 的转换结果的传输学习外设到内存的 DMA 控制方法，通过 DMA 控制 Flash 中的数据传输到 SRAM 中，学习 DMA 的 M2M 模式的编程方法。

## 学习目标

- 了解 DMA 的基本概念，理解 DMA 外设的作用。
- 掌握 STM32F103x 微控制器的 DMA 外设的功能框图，理解 DMA 请求、DMA 通道控制逻辑、DMA 通道优先级的控制方法。
- 了解 STM32F103x 微控制器的 DMA 控制器的数据传输特性。
- 掌握 DMA 外设初始结构体，会利用库函数初始化 DMA 通道。
- 了解 DMA 通道的中断，学会 DMA 通道的中断编程。
- 掌握常用的 DMA 相关标准库函数，学会使用 DMA 库函数编写 DMA 程序。

## 任务描述

本任务采用 ADC 采集三路信号（片内温度、片内参考电压、片外电位器电压），A/D 转换结果利用 DMA 控制实时传输到内存，在 DMA 中断或主循环中将内存中的数据转换成对应的模拟量，并输出到串口调试助手。在拓展项目中，配置 DMA 的通道为 M2M 模式，控制 Flash 中的数据传输到 SRAM 中。

## 12.1 相关知识

### 12.1.1 DMA 的基本概念

在第 11 章中，通过 ADC 检测电压值或片内温度，都需要反复读取数据，一般采用查询或中断的方式读取，并放到内存中进行处理。无论是采取中断方式还是查询方式读取 ADC 等外设的数据，都需要内核 CPU 的介入进行简单的数据搬运工作。这对宝贵的运算资源来说，无疑是巨大的浪费。那么，有没有什么办法把 CPU 从数据搬运工作中解放出来呢？答案是肯定的，这就是 DMA。

直接存储器存取（direct memory access，DMA）可以在不占用 CPU 资源的情况下，将数据从一个地址空间复制到另一个地址空间，最典型的应用就是在外设和存储器（包括数据存储器和程序存储器）之间，以及存储器的不同区域之间进行数据传输。

DMA 传输对于高效能嵌入系统算法和网络都是很重要的。由于 DMA 方式不需要 CPU 直接控制传输，也不需要中断处理方式那样保留现场和恢复现场，而是通过硬件直接为外设和存储器提供数据传输的通道，从而大大降低了 CPU 的负荷，从而提高了 CPU 处理数据的效率。

### 12.1.2　STM32F10x 微控制器的 DMA

DMA 的主要功能就是传输数据，而且不占用 CPU 资源，即在传输数据的时候，CPU 可以干其他的事情，好像是多线程一样。

#### 1．STM32F10x 微控制器的 DMA 功能框图

STM32F10x 微控制器最多有 DMA1、DMA2 两个 DMA 控制器，DMA2 只存在于大容量的微控制器中（例如，STM32F103ZE）。其中，DMA1 有 7 个通道，DMA2 有 5 个通道。

图 12-1 是 STM32F103ZE 微控制器的 DMA 的功能框图。

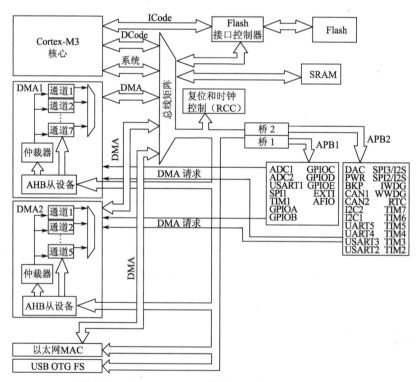

**图 12-1　STM32F103ZE 微控制器的 DMA 功能框图**

由图 12-1 可以看出，DMA 控制器是独立于 CM3 内核的一个单独的外设，通过 DMA 总

线直接与总线矩阵相连，外设可以向 DMA 控制器发出 DMA 请求并通过 AHB 总线与 DMA 通道连接。每个通道专门用来管理来自一个或多个外设对存储器访问的请求，并且有一个仲裁器用来协调各个 DMA 通道请求的优先权。

1) DMA 通道的外设请求

如果外设要想通过 DMA 来传输数据，必须先给 DMA 控制器发送 DMA 请求，DMA 收到请求信号之后，控制器会给外设一个应答信号，当外设给出应答且 DMA 控制器收到应答信号之后，就会启动 DMA 传输，直到传输结束。不同的 DMA 控制器的通道对应着不同的外设请求，这决定了在软件编程上该怎么设置。

DMA1 控制器有 7 个通道，每个通道由多个外设共用，一次只能接受其中一个外设的 DMA 请求。外设与存储器（包括 Flash 和 SRAM）通过总线矩阵连接，并且拥有对应的触发请求与控制电路。DMA1 的通道请求映像关系如表 12-1 所示。

表 12-1　STM32F10x 微控制器 DMA1 的通道请求映像关系

| 外设 | 通道 1 | 通道 2 | 通道 3 | 通道 4 | 通道 5 | 通道 6 | 通道 7 |
|---|---|---|---|---|---|---|---|
| ADC1 | ADC1 | | | | | | |
| SPI/I2S | | SPI1_RX | SPI1_TX | SPI/I2S2_RX | SPI/I2S2_TX | | |
| USART | | USART3_TX | USART3_RX | USART1_TX | USART1_RX | USART2_RX | USART2_TX |
| I2C | | | | I2C2_TX | I2C2_RX | I2C1_TX | I2C1_RX |
| TIM1 | | TIM1_CH1 | TIM1_CH2 | TIM1_TX4<br>TIM1_TRIG<br>TIM1_COM | TIM1_UP | TIM1_CH3 | |
| TIM2 | TIM2_CH3 | TIM2_UP | | | TIM2_CH1 | | TIM2_CH2<br>TIM2_CH4 |
| TIM3 | | TIM3_CH3 | TIM3_CH4<br>TIM3_UP | | | TIM3_CH1<br>TIM3_TRIG | |
| TIM4 | TIM4_CH1 | | | TIM4_CH2 | TIM4_CH3 | | TIM4_UP |

STM32F103 微控制器的 DMA2 控制器有 5 个通道，各通道的请求映像关系如表 12-2 所示。其中，ADC3、SDIO 和 TIM8 的 DMA 请求只在大容量的产品中存在，这一点在具体使用时需要注意。

表 12-2　STM32F10x 微控制器 DMA2 的通道请求映像关系

| 外设 | 通道 1 | 通道 2 | 通道 3 | 通道 4 | 通道 5 |
|---|---|---|---|---|---|
| ADC3 | | | | | ADC3 |
| SPI/I2S3 | SPI/I2S3_RX | SPI/I2S3_TX | | | |
| USART4 | | | USART4_RX | | USART4_TX |
| SDIO | | | | SDIO | |
| TIM5 | TIM5_CH4<br>TIM5_TRIG | TIM5_CH3<br>TIM5_UP | | TIM5_CH2 | TIM5_CH1 |
| TIM6/DAC 通道 1 | | | TIM6_UP/DAC 通道 1 | | |
| TIM7/DAC 通道 2 | | | | TIM7_UP/DAC 通道 2 | |
| TIM8 | TIM8_CH3<br>TIM8_UP | TIM8_CH4<br>TIM8_TRIG<br>TIM8_COM | TIM8_CH1 | | TIM8_CH2 |

2）DMA 通道的触发控制逻辑

DMA 具有 12 个独立可编程的通道，其中 DMA1 有 7 个通道，DMA2 有 5 个通道，每个通道对应不同的外设的 DMA 请求。虽然每个通道可以接收多个外设的请求，但是同一时间只能接收一个，不能同时接收多个。

图 12-2 所示为 STM32F03ZE 的 DMA1 通道触发控制逻辑框图。从外设产生的请求信号经过"逻辑或"产生对应通道的硬件请求信号，这也就意味着同时只能有一个外设请求有效。外设的 DMA 请求信号可以通过设置外设寄存器中的相应控制位，被独立地开启或关闭。硬件请求信号可以通过设置通道使能位，控制是否进行相应通道的 DMA 请求。

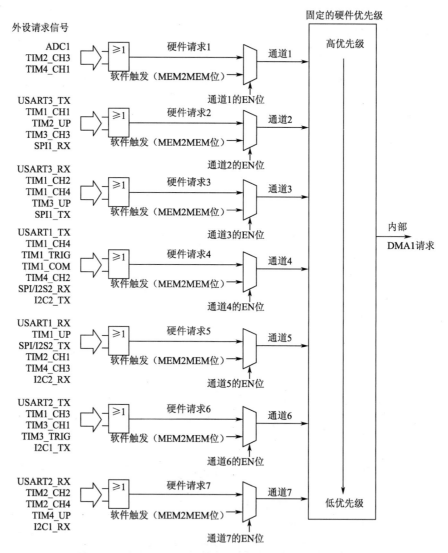

图 12-2　STM32F03ZE 的 DMA1 通道触发控制逻辑框图

图 12-3 所示为 STM32F03ZE 的 DMA2 通道触发控制逻辑框图，控制方式与 DMA1 相同。需要说明的是，在图 12-2 及图 12-3 中，任一通道的软件触发（MEM2MEM 位）均可触发对应通道进行 M2M 的传输控制请求。

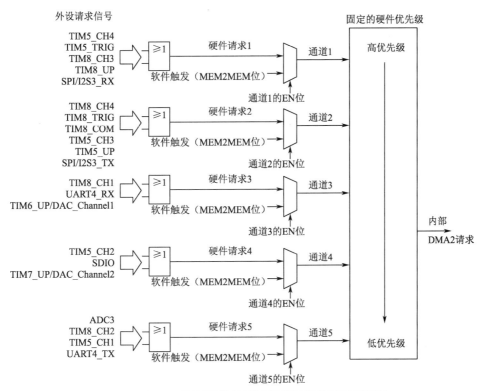

图 12-3 STM32F03ZE 的 DMA2 通道触发控制逻辑框图

3）DMA 的仲裁器

当发生多个 DMA 通道请求时，就意味着处理有先后响应的顺序问题，这个就由仲裁器管理。仲裁器根据通道请求的优先级来启动外设/存储器的访问，分为两个阶段。

第一阶段属于软件阶段，可以在通道配置寄存器（DMA_CCRx）中设置，有四个等级：非常高、高、中和低四个优先级。

第二阶段属于硬件阶段，如果两个或以上的 DMA 通道请求设置的优先级一样，则它们优先级取决于通道编号，编号越小优先权越高，比如通道 0 高于通道 1。在大容量产品和互联型产品中，DMA1 控制器拥有高于 DMA2 控制器的优先级。

2．STM32F10x 微控制器的 DMA 的传输特性

使用 DMA，最核心的操作就是配置数据传输过程，包括数据传输方向、传输的数据单位和数据量以及传输模式等。

1）DMA 触发请求

STM32F10x 的 DMA 控制器的每个通道都直接连接到专用的硬件 DMA 请求，同时支持软件触发 DMA 请求。

2）数据传输方向

STM32F10x 微控制器的 DMA 支持数据传输从外设到存储器（P2M）、从存储器到外设（M2P）、从存储器到存储器（M2M）等多个方向。需要配置参与数据传输的外设地址、存储器地址以及传输方向，从而确定数据从哪里来，到哪里去。

（1）从外设到存储器。以 ADC 数据采集为例说明配置要求。DMA 外设寄存器的地址对应的就是 ADC 的数据寄存器的地址，DMA 存储器的地址就是自定义的变量（用来接收存储 ADC 采集的数据）的地址，传输方向设置外设为源地址。

（2）从存储器到外设。以串口向计算机端发送数据为例说明配置要求。DMA 外设寄存器的地址对应的就是串口数据寄存器的地址，DMA 存储器的地址就是自定义的变量（相当于一个缓冲区，用来存储通过串口发送到计算机的数据）的地址。传输方向设置外设为目标。

（3）从存储器到存储器。以内部 Flash 向内部 SRAM 复制数据为例。DMA 外设寄存器的地址对应的就是内部 Flash（这里把内部 Flash 当作一个外设来看）的地址，DMA 存储器的地址就是自定义的变量（相当于一个缓冲区，用来存储来自内部 Flash 的数据）的地址。传输方向设置外设（即内部 Flash）为源地址。与上面两个不一样的是，这里需要启动 M2M 模式。

3）传输数量与传输单位

STM32F10x 微控制器的 DMA 数据传输的最大数目为 65 536，传输数据的宽度可以单独设置为字节（8 位）、半字（16 位）、字（32 位），源数据地址和目标数据地址必须按数据宽度对齐。

4）DMA 的地址控制

在 DMA 传输数据过程中，每完成一次数据传输，可将参与传输的外设地址和存储器地址设为自动加 1。由于参与 DMA 传输的外设寄存器一般为特定对象，所有外设地址一般不设定为自动加 1，当参与 DMA 传输的存储器以数组形式存在时，通常将存储器地址设定为自动加 1。

5）DMA 传输模式

STM32F10x 微控制器的 DMA 传输模式分为普通模式和循环模式。普通模式是指在进行一轮 DMA 数据传输后，DMA 通道就关闭；循环模式是指在进行一轮 DMA 数据传输后，会自动开始新一轮 DMA 数据传输，不断重复。

当 DMA 的传输方向为存储器到存储器（M2M）时，传输模式只能配置为普通模式，不能工作在循环模式。

6）DMA 的中断处理

STM32F10x 微控制器的每个 DMA 通道都有三个标志位（DMA 数据传输完成一半、DMA 传输完成、DMA 传输出错），这三个标志位都可以触发中断。对 DMA 传输数据的处理通常会放在 DMA 中断服务函数中进行。

7）DMA 的通道优先级

当多个通道同时产生 DMA 请求时，按照各自的优先级进行。优先级可以通过编程设置为很高、高、中、低四个级别，当软件优先级相同时由硬件优先级决定。

## 12.1.3　DMA 控制器编程涉及的标准外设库函数

DMA 控制器编程常用的标准外设库函数如表 12-3 所示。这里先了解函数的作用，具体的用法在代码分析时再详细讲解。

表 12-3　DMA 控制器编程常用的标准外设库函数

| 函数名称 | 函数的作用 |
| --- | --- |
| DMA_DeInit() | 将 DMA 通道的寄存器重设为默认值 |
| DMA_Init() | DMA 初始化配置函数 |
| DMA_Cmd() | 使能或禁用指定的 DMA 通道 |
| DMA_ITConfig() | 使能或禁用指定的 DMA 通道中断 |
| DMA_GetITStatus() | 获取指定 DMA 通道的中断状态 |
| DMA_ClearITPendingBit() | 清除指定 DMA 通道中断悬挂标志位 |
| DMA_GetFlagStatus() | 获取指定 DMA 通道的事件标志位状态 |
| DMA_ClearFlag() | 清除指定 DMA 通道事件标志位 |

# 12.2　项目实施

## 12.2.1　硬件电路实现

本项目的硬件电路与第 11 章项目完全一致，这里不再赘述。

## 12.2.2　程序设计思路

这里只讲解核心部分的代码，有些变量的设置、头文件的包含等可能不会涉及，完整的代码请参考本章配套的工程。

由于硬件电路与第 11 章的项目完全一致，所以本项目的实施可以在"实践项目 7"工程代码直接修改。

### 1．编程要点

（1）初始化 ADC 工作参数，并开启 ADC 的 DMA 请求；

（2）初始化 DMA1 控制器的通道 1；

（3）开启 DMA1 通道 1 的传输完成中断；

（4）使能 DMA1 通道 1；

（5）配置 DMA1 通道 1 的中断优先级；

（6）编写测试程序，输出内部温度传感器测得的温度、内部参考电压以及电位器电压。

### 2．程序流程图

本项目的主要程序流程图如图 12-4 所示。

在主函数中首先完成设备的初始化，包括 USART1、ADC1 和 SysTick。其中，重点是 ADC 的初始化，在配置基本工作参数之后，需要选通对应的 DMA 通道，并在 DMA 的初始化设置中设定相关参数。另外，需要使用 ADC1 的内部通道，所以要开启内部温度传感器模块（默认复位后是关闭状态）。

然后在主函数的超级循环中每隔 500 ms 调用 ADC 转换结果处理函数 ADC_Print()，将采集的数据信息输出到计算机的串口调试助手。

需要说明的是，在 DMA 数据传输一轮结束时，如果要立即处理相关数据，可以在 DMA 传输结束中断中进行处理。本例中的处理函数 ADC_Print() 也可以在中断服务函数中调用。

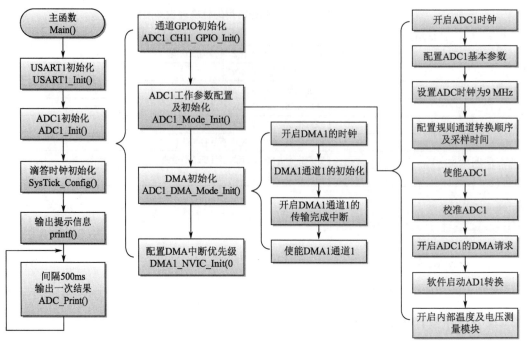

图 12-4　DMA 实现多路数据采集主要程序流程图

### 12.2.3　程序代码分析

首先分析项目中"main.c"文件的代码，如代码清单 12-1 所示。其中，代码第 23 ~ 26 行包含了本程序所需要的头文件，第 27 行声明了由 SysTick 中断产生的 1ms 时基变量 timebase（每隔 1 ms 加 1）。

代码清单 12-1　实践项目 8 "main.c" 文件中的代码

```
22 /* Includes -------------------------------------------------*/
23 #include "stm32f10x.h"
24 #include "stm32f10x_conf.h"
25 #include "usart.h"
26 #include "adc.h"
27 extern uint32_t timebase;
28// extern uint16_t advalue[3];
29 /**
30   * @brief  Main program.
31   * @param  None
32   * @retval None
33   */
34 int main(void)
35 {
36   USART1_Init();
37   ADC1_Init();
38   SysTick_Config(72000);//1ms
39   printf(" 这是 ADC 多通道数据采集 DMA 传输的程序 \n");
40   while(1)
41   {
```

```
42           if(timebase%500==0)//每隔 500 ms 处理输出一次
43           {
44               ADC_Print();
45           }
46    }
47 }
```

主函数中，在初始化了 USART1、ADC1、SysTick 后进入主循环。在主循环中每隔 500 ms 调用一次 ADC_Print() 函数，将 DMA 控制器负责传输的原始数据（从 ADC1 传输到内存）转换成温度和电压并输出到串口调试助手。其中，ADC_Print() 函数的定义如代码清单 12-2 所示。

代码清单 12-2　实践项目 8 "adc.c" 文件中 ADC_Print() 函数的代码

```
  1 #include "adc.h"
  2 #include "stdio.h"
  3 uint16_t advalue[3];
102 // 串口输出转换结果
103 void ADC_Print(void)
104 {
105   double temp_ic,vrefint,Vi;
106   printf("\r\n   温度传感器 AD_Value=%d\t",advalue[0]);
107   temp_ic=advalue[0]*3300/4096;
108 //printf(" Vtemp_ic=%.1fmv\t",temp_ic);
109   temp_ic=(1430-(advalue[0]*3300/4096))/4.3+25;// 转换成温度
110   printf("temp_ic=%.1f℃\n",temp_ic); // 输出温度值
111
112   printf(" 内部参考电压 AD_Value=%d\t",advalue[1]);
113   vrefint=advalue[1]*3.3/4096;
114   printf("Vrefint=%.2fV\n",vrefint);
115
116   printf(" 电位器的电压 AD_Value=%d\t",advalue[2]);
117   Vi=advalue[2]*3.3/4096;
118   printf("Vi=%.2fV\n",Vi);
119 }
120
```

在代码清单 12-2 中，代码第 1 行和第 2 行包含了本文件需要使用的头文件。代码第 3 行定义的数组 advalue[3]，用于存放三个 ADC 通道转换的结果数据。其中，advalue[0] 用于存放内部温度传感器电压被转换后的数字值，advalue[1] 用于存放内部参考电压值，advalue[2] 用于存放电位器电压值。

代码第 103 ~ 119 行定义了 ADC_Print() 函数；代码第 106 ~ 110 行将 advalue[0] 转换成温度传感器电压，再利用手册提供的转换公式，将电压值转换成对应的温度值并输出；代码第 112 ~ 114 行，将内部参考电压数字值 advalue[1] 转换成电压 vrefint 并输出；代码第 116 ~ 118 行将 ADC 转换的电位器电压 advalue[2] 转换成模拟电压值并输出。

接下来分析驱动部分的代码，如代码清单 12-3 所示。代码第 5 ~ 12 行定义的 ADC1_CH11_GPIO_Init() 函数，初始化 ADC1 的通道 11 的 GPIO 端口，由于另外两个为内部通道，无须初始化端口，所以该函数与第 11 章中的完全相同，这里不再赘述。

代码清单 12-3  实践项目 8 "adc.c" 文件中的驱动部分的代码

```c
1  #include "adc.h"
2  #include "stdio.h"
3  uint16_t advalue[3];
4  //ADC 的 GOIO 配置 ADC1_CH11:PC1
5  void ADC1_CH11_GPIO_Init(void)
6  {
7    GPIO_InitTypeDef GPIO_InitStruct;
8    RCC_APB2PeriphClockCmd(RCC_APB2Periph_GPIOC, ENABLE );
9    GPIO_InitStruct.GPIO_Pin=GPIO_Pin_1;
10   GPIO_InitStruct.GPIO_Mode=GPIO_Mode_AIN; // 模拟量输入模式
11   GPIO_Init( GPIOC, &GPIO_InitStruct);
12 }
13 //ADC1 的模式配置
14 void ADC1_Mode_Init(void)
15 {
16   ADC_InitTypeDef ADC_InitStruct;
17   // 开 ADC1 时钟
18   RCC_APB2PeriphClockCmd(RCC_APB2Periph_ADC1, ENABLE );
19   ADC_InitStruct.ADC_ContinuousConvMode=ENABLE; // 连续转换模式
20   ADC_InitStruct.ADC_DataAlign=ADC_DataAlign_Right; //ADC 数据右对齐
21   // 不使用外部触发源
22   ADC_InitStruct.ADC_ExternalTrigConv=ADC_ExternalTrigConv_None;
23   ADC_InitStruct.ADC_Mode=ADC_Mode_Independent; // 独立模式
24   ADC_InitStruct.ADC_NbrOfChannel=3;// 规则通道序列中的通道个数
25   ADC_InitStruct.ADC_ScanConvMode=ENABLE;       // 扫描模式
26   ADC_Init(ADC1, &ADC_InitStruct);
27   // 配置 ADC 时钟为 9MHz ADCCLK=1/9M=0.1111μs
28   RCC_ADCCLKConfig(RCC_PCLK2_Div8);
29   // 规则通道配置 采样时间要求 17.1μs, 采样周期 =17.1/0.111=153.9 个周期
30   ADC_RegularChannelConfig(ADC1, ADC_Channel_16, 1, ADC_SampleTime_
       239Cycles5);
31   ADC_RegularChannelConfig(ADC1, ADC_Channel_17, 2, ADC_SampleTime_
       239Cycles5);
32   ADC_RegularChannelConfig(ADC1, ADC_Channel_11, 3, ADC_SampleTime_
       239Cycles5);
33
34   ADC_Cmd(ADC1, ENABLE);   // 使能 ADC1
35
36   ADC_ResetCalibration(ADC1); // 复位 ADC1 校准寄存器
37   while(ADC_GetResetCalibrationStatus(ADC1));// 等待复位校准完成
38
39   ADC_StartCalibration(ADC1);   // 开始 ADC1 校准
40   while(ADC_GetCalibrationStatus(ADC1));       // 等待校准完成
41   ADC_DMACmd(ADC1,  ENABLE );     // 开启 ADC1 的 DMA 请求
42   ADC_SoftwareStartConvCmd(ADC1, ENABLE); // 软件启动 ADC 转换
43   ADC_TempSensorVrefintCmd(ENABLE); // 使能片上温度传感器和电压通道
44 }
```

代码第 14 ~ 44 行，定义了 ADC1_Mode_Init() 函数，配置 ADC1 的工作参数为独立连

续扫描模式、数据右对齐、采用软件触发方式、设置规则序列通道数为三个，并配置了规则序列中的三个通道的转换顺序和采样时间。其中，通道 16（连接片内温度传感器）第一个转换，通道 17（片内参考电压）第二个转换，通道 11（连接电位器）第三个转换。采样时间均为 239.5 个周期。

该函数与实践项目 7 中的定义基本一致，主要区别是在代码第 41 行调用标准库函数 ADC_DMACmd() 并启了 ADC1 的 DMA 请求，将 ADC1 与 DMA1 的通道 1 连接。

另外，由于要使用 ADC1 的两个内部通道测量温度和片内参考电压，所以代码第 43 行调用了标准外设库函数 ADC_TempSensorVrefintCmd() 唤醒了内部温度传感器，使能了内部设备通道。

下面重点分析 ADC1_DMA_Mode_Init() 函数，如代码清单 12-4 所示。

代码清单 12-4　实践项目 8 "adc.c" 中 ADC1_DMA_Mode_Init() 函数

```
45  //DMA 配置
46  void ADC1_DMA_Mode_Init(void)
47  {
48    DMA_InitTypeDef DMA_InitStruct;
49    // 开 DMA1 控制器的时钟
50    RCC_AHBPeriphClockCmd(RCC_AHBPeriph_DMA1, ENABLE );
51    // 传输的数据量
52    DMA_InitStruct.DMA_BufferSize=3;
53    // 传输方向：外设为源
54    DMA_InitStruct.DMA_DIR=DMA_DIR_PeripheralSRC;
55    DMA_InitStruct.DMA_M2M=DMA_M2M_Disable;// 禁用 M2M 模式
56    DMA_InitStruct.DMA_MemoryBaseAddr=(uint32_t)advalue;// 存储器基地址
57    // 存储器数据宽度为半字 16bit
58    DMA_InitStruct.DMA_MemoryDataSize=DMA_MemoryDataSize_HalfWord;
59    DMA_InitStruct.DMA_MemoryInc=DMA_MemoryInc_Enable;// 存储器地址自动加 1
60    DMA_InitStruct.DMA_Mode=DMA_Mode_Circular;// 循环转换模式
61    DMA_InitStruct.DMA_PeripheralBaseAddr=(uint32_t )&(ADC1->DR);// 外设地址
62    // 外设数据宽度为半字 16bit，与存储器数据宽度相同
63    DMA_InitStruct.DMA_PeripheralDataSize=DMA_PeripheralDataSize_HalfWord;
64    // 禁止外设地址自动加 1
65    DMA_InitStruct.DMA_PeripheralInc=DMA_PeripheralInc_Disable;
66    DMA_InitStruct.DMA_Priority=DMA_Priority_VeryHigh;// 通道优先级为最高
67    DMA_Init(DMA1_Channel1,&DMA_InitStruct);// 写对应通道寄存器，使配置生效
68    //  DMA_ITConfig(DMA1_Channel1,DMA_IT_TC,ENABLE);
69    DMA_Cmd(DMA1_Channel1,ENABLE );// 使能 DMA1 通道 1
70  }
```

代码第 48 行定义了 DMA_InitTypeDef 类型的结构体变量 DMA_InitStruct，用以初始化 DMA 的参数。此结构体的成员定义如表 12-4 所示。

代码第 50 行调用标准外设库函数 RCC_AHBPeriphClockCmd() 使能 DMA1 控制器的时钟。

代码第 52 ~ 66 行对结构体变量 DMA_InitStruct 的成员进行赋值。

代码第 52 行 DMA 的缓冲大小为 3，即完成一轮 DMA 数据传输需要传三个数据。

表 12-4　结构体 DMA_InitTypeDef 的成员及其作用与取值

| 结构体成员名称 | 作用 | 结构体成员的取值 | 描述 |
|---|---|---|---|
| DMA_BufferSize | DMA 缓存大小 | 最大 65535 | 传输数据量 |
| DMA_DIR | 数据传输的方向 | DMA_DIR_PeripheralDST | 外设为传输目的地 |
| | | DMA_DIR_PeripheralSRC | 外设为数据的来源 |
| DMA_M2M | 存储器到存储器模式 | DMA_M2M_Enable | 存储器间传输使能 |
| | | DMA_M2M_Disable | 非 M2M 模式 |
| DMA_MemoryBaseAddr | 存储器基地址 | 32 位地址 | 存储器地址 |
| DMA_MemoryDataSize | 存储器数据宽度 | DMA_MemoryDataSize_Byte | 数据宽度 8 位 |
| | | DMA_MemoryDataSize_HalfWord | 数据宽度 16 位 |
| | | DMA_MemoryDataSize_Word | 数据宽度 32 位 |
| DMA_MemoryInc | 存储器地址自增与否 | DMA_MemoryInc_Enable | 存储器地址自增 |
| | | DMA_MemoryInc_Disable | 存储器地址不变 |
| DMA_Mode | DMA 工作模式 | DMA_Mode_Circular | 循环传输 |
| | | DMA_Mode_Normal | 正常模式 |
| DMA_PeripheralBaseAddr | 外设基地址 | 32 位地址 | 外设寄存器地址 |
| DMA_PeripheralDataSize | 外设数据宽度 | DMA_PeripheralDataSize_Byte | 数据宽度 8 位 |
| | | DMA_PeripheralDataSize_HalfWord | 数据宽度 16 位 |
| | | DMA_PeripheralDataSize_Word | 数据宽度 32 位 |
| DMA_PeripheralInc | 外设地址自增与否 | DMA_PeripheralInc_Enable | 外设地址自增 |
| | | DMA_PeripheralInc_Disable | 外设地址不变 |
| DMA_Priority | 设定 DMA 通道的优先级 | DMA_Priority_VeryHigh | 通道优先级非常高 |
| | | DMA_Priority_High | 通道优先级高 |
| | | DMA_Priority_Medium | 通道优先级中 |
| | | DMA_Priority_Low | 通道优先级低 |

代码第 54 行设置 DMA 通道的数据传输方向为从外设到存储器。

代码第 55 行禁用了存储器到存储器的传输模式。

代码第 56 行设置存储器基地址为数组名 advalue。C 语言中，数组名就是存放该数组空间的首地址或数组指针。

代码第 58 行设定存储器数据宽度为 16 位。这个宽度要与外设的数据宽度保持一致。

因为数据传输的目的地是存储器中的数组，在传输一个数据后，存储器地址需要后移一个元素，所以代码第 59 行设定存储器地址自动加 1 功能。

代码第 60 行设定 DMA 的传输模式为循环模式，也就是一轮数据传输结束紧接着传输下一轮，这也是最常用的一种 DMA 传输模式。

代码第 61 行设置外设基地址为 ADC1 的规则通道转换结果数据寄存器。

由于 ADC 转换结果为 12 位，所以代码第 63 行设置外设数据宽度为 16 位。

代码第 65 行禁用外设地址递增功能，即保持外设地址不变。

代码第 66 行指定该通道的优先级为非常高，即软件优先级中最高的级别。

代码第 67 行调用标准库函数 DMA_Init() 将上述配置参数写入相关寄存器，初始化 DMA1 控制器的通道 1。

代码第 68 行调用标准库函数 DMA_ITConfig() 使能了 DMA1 通道 1 的转换完成中断。该函数有三个参数，第一个参数 DMAy_Channelx 用于指定 DMAy(y=1，2) 的通道 x，第二个参数 DMA_IT（可选 DMA_IT_TC 表示传输完成，DMA_IT_HT 表示传输一半，DMA_IT_TE 表示传输出错）用于指定中断源，第三个参数表示新设定的状态（ENABLE 或 DISABLE）。

函数的最后，代码第 69 行调用库函数 DMA_Cmd() 使能 DMA1 控制器的通道 1。

如果需要用 DMA 中断，就必须要配置其中断优先级，如代码清单 12-5 所示。在配置了 DMA1 通道 1（DMA1_Channel1）的中断优先级后，定义了函数 ADC1_Init()，在函数体内调用了与 ADC1 初始化有关的四个函数，实现 DMA 传输多路 ADC 数据采集数据的初始化。

代码清单 12-5　实践项目 8 "adc.c" 中 DMA1_NVIC_Init() 和 ADC1_Init() 函数

```
71  // 中断优先级配置
72  void DMA1_NVIC_Init(void)
73  {
74      NVIC_InitTypeDef NVIC_InitStruct;
75      NVIC_PriorityGroupConfig(NVIC_PriorityGroup_1);
76      NVIC_InitStruct.NVIC_IRQChannel=DMA1_Channel1_IRQn;// 中断通道
77      NVIC_InitStruct.NVIC_IRQChannelCmd=ENABLE ;
78      NVIC_InitStruct.NVIC_IRQChannelPreemptionPriority=0;
79      NVIC_InitStruct.NVIC_IRQChannelSubPriority=1;
80      NVIC_Init(&NVIC_InitStruct);
81  }
82
83  //ADC1 初始化
84  void ADC1_Init(void)
85  {
86      ADC1_CH11_GPIO_Init();
87      ADC1_Mode_Init();
88      ADC1_DMA_Mode_Init();
89      DMA1_NVIC_Init();
90  }
```

如代码清单 12-6 所示，在 DMA1 通道 1 的中断服务函数的入口处调用标准外设库函数 DMA_GetITStatus() 判断中断标志位是否为 DMA1 通道 1 的传输完成标志位，在结束时调用 DMA_ClearITPendingBit() 函数清除该标志。代码第 97 行调用数据处理及输出函数 ADC_Print()。

这里调用的函数与主函数 while(1) 中的功能是一样的，所以两个地方保留一个使用即可。更一般的情况是，把对数据的处理放在 DMA 中断中，而输出显示放在 while(1) 中进行处理。

代码清单 12-6　实践项目 8 "adc.c" 中 DMA1 通道 1 的中断服务函数

```
91   // 中断服务函数：ADC1 和 ADC2 共用
92   void DMA1_Channel1_IRQHandler(void)
93   {
94       // 判断是否为 ADC1 转换结束
95       if(DMA_GetITStatus(DMA1_IT_TC1)==SET)
96       {
97           ADC_Print();
98           // 清除转换结束标志位
99           DMA_ClearITPendingBit(DMA1_IT_TC1);
100      }
101  }
```

需要说明的是，项目中涉及的串口驱动和头文件部分，与第 11 章相同，直接移植即可。

最后，下载验证。用 USB 线连接开发板与计算机，在计算机端打开串口调试助手，把编译好的程序下载到开发板并运行。在串口调试助手可看到不断有数据从开发板传输过来，如图 12-5 所示。图中显示了三个不同通道的转换结果，并转换成对应的模拟量的值。例如，芯片温度为 29 ℃，内部参考电压为 1.20 V，电位器当前电压为 3.11 V。

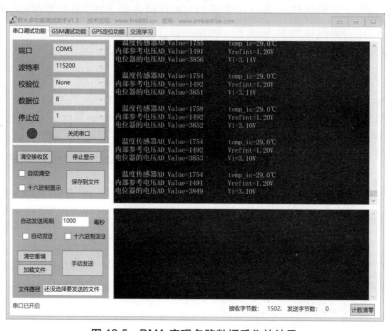

图 12-5　DMA 实现多路数据采集的结果

扫码看视频

**温馨提示**：关于本项目代码的编写调试，可以扫描二维码观看视频。

# **12.3** 拓展项目 9——M2M 数据传输

## 12.3.1 拓展项目 9 要求

要求在学习 DMA 控制的基础上，实现如下功能：

（1）定义一个静态的源数据，存放在内部 Flash 中。

（2）然后使用 DMA 传输把源数据复制到目标位置（内部 SRAM）。

（3）最后对比源数据和目标位置的数据，检查是否传输准确。

（4）用 RGB 三色灯指示程序的状态：DMA 传输前亮绿灯，传输正确完成亮蓝灯，传输错误亮红灯。

## 12.3.2 拓展项目 9 实施

本项目不需要额外的硬件电路。在串口、LED 程序的基础上，新建"m2m.c"和"m2m.h"两个文件，编写代码。主要代码见代码清单 12-7、代码清单 12-8 和代码清单 12-9。代码中已经做了详细的注释，读者可以自己分析。

代码清单 12-7 拓展项目 9 "main.c" 的代码

```
22 /* Includes --------------------------------------------*/
23 #include "stm32f10x.h"
24 #include "stm32f10x_conf.h"
25 #include "stateled.h"
26 #include "usart.h"
27 #include"m2m.h"
28 extern const uint32_t SRC_Buf[BUFFER_SIZE];
29 extern uint32_t DST_Buf[BUFFER_SIZE];
30 /**
31  * @brief  Main program.
32  * @param  None
33  * @retval None
34  */
35 int main(void)
36 {
37     uint32_t i;
38     uint8_t Status;// 存放比较结果状态
39     Led_GPIO_Init();
40     LED_GREEN;  // 三色灯为绿色
41     USART1_Init(); // 串口初始化
42     printf("\r\nDMA 的 M2M 传输项目 \r\n");
43     for(i=0;i<0xFFFFFF;i++); // 简单延时
44     DMA_Config();   //DMA 传输配置
45     // 等待 DMA 传输完成
46     while (DMA_GetFlagStatus(DMA_FLAG_TC)==RESET);
47     // 比较源数据和传输后数据
48     Status=Buffercmp(SRC_Buf, DST_Buf, BUFFER_SIZE);
49     // 如果传输正常，RGB 显示蓝灯，传输错误显示红灯
50     if (Status==0){LED_RED;}     else   {LED_BLUE;}
51     // 串口打印输出 SRAM 中接收的数据
52     for(i=0;i<BUFFER_SIZE;i++)
53     {
54         if(i%4==0) printf("\n");
55         printf("0x%x\t",DST_Buf[i]);
56     }
57   while (1);
58 }
```

代码清单 12-8 拓展项目 9 "m2m.h" 的代码

```
 1 #ifndef _M2M_H
 2 #define _M2M_H
 3 #include "stm32f10x.h"
 4 #include "stm32f10x_conf.h"
 5 // M2M 模式下，通道可以任意选择，没有硬性规定
 6 #define DMA_CHANNEL DMA1_Channel3
 7 #define DMA_CLOCK RCC_AHBPeriph_DMA1
 8 // 传输完成标志
 9 #define DMA_FLAG_TC DMA1_FLAG_TC3
10 // 传输数据的数据量
```

```
11 #define BUFFER_SIZE 32
12
13 void DMA_Config(void);
14 uint8_t Buffercmp(const uint32_t*,uint32_t*, uint16_t);
15 #endif
```

代码清单 12-9  拓展项目 9 "m2m.c" 的代码

```
 1 #include "m2m.h"
 2 /* 定义 SRC_Buf 数组作为 DMA 的数据源
 3  * const 将数组 SRC_Buf 定义为常量类型
 4  * 表示数据存储在内部的 Flash 中
 5  */
 6 const uint32_t SRC_Buf[BUFFER_SIZE]={
 7 0x01020304,0x05060708,0x090A0B0C,0x0D0E0F10,
 8 0x11121314,0x15161718,0x191A1B1C,0x1D1E1F20,
 9 0x21222324,0x25262728,0x292A2B2C,0x2D2E2F30,
10 0x31323334,0x35363738,0x393A3B3C,0x3D3E3F40,
11 0x41424344,0x45464748,0x494A4B4C,0x4D4E4F50,
12 0x51525354,0x55565758,0x595A5B5C,0x5D5E5F60,
13 0x61626364,0x65666768,0x696A6B6C,0x6D6E6F70,
14 0x71727374,0x75767778,0x797A7B7C,0x7D7E7F80
15 };
16 /* 定义 DST_Buf 数组作为 DMA 的目标位置
17  * 存储在内部的 SRAM 中
18  */
19 uint32_t DST_Buf[BUFFER_SIZE];
20 /*
21  *DMA 配置函数
22  */
23 void DMA_Config(void)
24 {
25     DMA_InitTypeDef DMA_InitStruct;
26     RCC_AHBPeriphClockCmd(RCC_AHBPeriph_DMA1, ENABLE );
27     //传输的数据量
28     DMA_InitStruct.DMA_BufferSize=BUFFER_SIZE;
29     //传输方向：外设为源
30     DMA_InitStruct.DMA_DIR=DMA_DIR_PeripheralSRC;
31     //启用 M2M 模式
32     DMA_InitStruct.DMA_M2M=DMA_M2M_Enable;
33     //存储器基地址：目标存储器地址
34     DMA_InitStruct.DMA_MemoryBaseAddr=(uint32_t)DST_Buf;
35     //存储器数据宽度为 32bit
36     DMA_InitStruct.DMA_MemoryDataSize=DMA_MemoryDataSize_Word;
37     //存储器地址自动加 1
38     DMA_InitStruct.DMA_MemoryInc=DMA_MemoryInc_Enable;
39     //普通转换模式
40     DMA_InitStruct.DMA_Mode=DMA_Mode_Normal;
41     //外设基地址：数据源的地址
42     DMA_InitStruct.DMA_PeripheralBaseAddr=(uint32_t)SRC_Buf;
43     //外设数据宽度 32bit
```

```
44        DMA_InitStruct.DMA_PeripheralDataSize=DMA_PeripheralDataSize_Word;
45        // 使能外设地址自动加 1
46        DMA_InitStruct.DMA_PeripheralInc=DMA_PeripheralInc_Enable;
47        // 通道优先级为非常高
48        DMA_InitStruct.DMA_Priority=DMA_Priority_VeryHigh;
49        // 写对应通道寄存器，使配置生效
50        DMA_Init(DMA1_Channel3, &DMA_InitStruct);
51        // 使能 DMA1 通道 3
52        DMA_Cmd(DMA1_Channel3, ENABLE );
53    }
54    /*
55     * 比较 Flash 中的数据与 SRAM 中的数据
56     */
57    uint8_t Buffercmp(const uint32_t* pSBuf, uint32_t* pDBuf1, uint16_t Length)
58
59    {
60        while (Length--)  // 数据长度递减
61        {
62            if (*pSBuf != *pDBuf1)// 判断两个数据源是否相等
63            {
64                return 0;// 对应的两个数据不等马上退出，返回 0
65            }
66            pSBuf++;   // 指针递增
67            pDBuf1++;
68        }
69        return 1;// 所有数据都相等，返回 1
70    }
```

扫码看视频

**温馨提示**：关于代码的详细内容，具体操作过程，请扫描二维码观看视频。

代码编写完成后，下载验证。用 USB 线连接开发板与计算机，在计算机端打开串口调试助手，把编译好的程序下载到开发板并运行。在串口调试助手可看到从开发板传输过来的 SRAM 中的数据，如图 12-6 所示。另外，RGB 三色灯先亮绿灯，再亮蓝灯，红灯只有在数据传输错时才点亮。

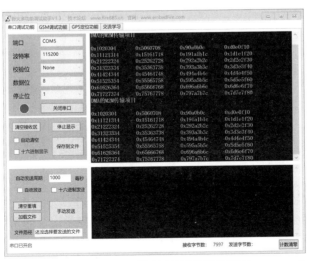

**图 12-6　DMA 控制 M2M 传输的现象**

# 第13章

# 实践项目 9——TIM 定时器的 PWM 控制 LED 亮度

本章介绍了 STM32F10x 微控制器的定时器资源，详细介绍了 STM32F10x 微控制器的基本定时器、通用定时器和高级定时器的时基功能，以及定时器的输入捕获和输出比较功能，并简要介绍了编程使用的标准库函数。通过控制 LED 的亮度，学习定时器的初始化、输出通道的初始化编程；通过呼吸灯的实验，学习定时器中断的编程方法。

## 学习目标

- 了解 STM32F10x 微控制器的定时器资源。
- 掌握定时器的时基模块的功能和工作原理，学会利用时基初始化结构体初始化定时器的时基模块。
- 掌握定时器的输入 / 输出复用 GPIO 引脚的连接关系，理解重映射的概念。
- 了解定时器的输入捕获功能，掌握比较输出功能，学会使用输出通道初始化结构体初始化输出通道的方法。
- 掌握定时器的时基初始化结构体，输出通道初始化结构体，会利用库函数对定时器进行编程。

## 任务描述

通过定时器的输出通道输出 PWM 信号控制 LED 的亮度，从而实现多个 LED 呈现呼吸流水灯效果。

## 13.1 相关知识

### 13.1.1 STM32F10x 微控制器的定时器资源

STM32F10x 微控制器的定时器资源非常丰富，除了已经学习过的系统定时器（SysTick），还有"看门狗"定时器（WatchDog）、基本定时器、通用定时器、高级定时器和实时时钟（RTC）等。

### 1．系统定时器（SysTick）

系统定时器集成在 Cortex-M3 内核中，相对于芯片厂商外设中的定时器，其结构简单，功能比较单一，主要是给实时操作系统（RTOS）提供时间基准（时间节拍），使得相同内核不同厂商的芯片间移植 RTOS 更加容易，而在基于 RTOS 的程序设计中，提供操作系统时钟节拍的 SysTick 是不允许被用户直接使用的。所以，不建议在日常编程中使用 SysTick，但如果是裸机程序，不移植操作系统的情况下，用 SysTick 产生时基或用来实现精确延时也是一种不错的选择。

### 2．"看门狗"定时器（WatchDog）

"看门狗"定时器连接到 STM32F103x 微控制器芯片的复位电路，在定时器溢出时会触发复位操作。

开启 WatchDog 后，应该在程序代码的关键位置对 WatchDog 进行写操作以防止其溢出。当 STM32F103x 微控制器由于某种原因受到干扰导致代码运行错误时，一旦对 WatchDog 的写操作不能执行，将导致定时器溢出并使 STM32F103x 微控制器复位。相对于程序失控，芯片复位无疑是一种确定的和可接受的状态。可以说，WatchDog 是保证 STM32F103x 微控制器稳定运行的最后一道防线，不过在研发阶段的程序设计中，一般不会开启"看门狗"定时器。

### 3．实时时钟（RTC）

RTC 是一个带独立电源供电引脚和独立时钟源的定时器，可以实现在芯片主电源断电情况下的连续供电，以确保 RTC 定时器计数的连续性。

### 4．基本定时器、通用定时器和高级定时器

STM32F10x 微控制器的基本定时器包括 TIM6 和 TIM7，只能进行简单的定时 / 计数功能。通用定时器包括 TIM2、TIM3、TIM4 和 TIM5，在基本定时器功能的基础上，可以实现输入捕获、输出比较和 PWM 等功能。高级定时器包括 TIM1 和 TIM8，在通用定时器功能的基础上，可以实现 PWM 输出的死区控制功能。这三类定时器的主要功能特性如表 13-1 所示。

下面就重点介绍一下 STM32F10x 微控制器的这三类定时器。

**表 13-1　定时器分类及主要功能特性**

| 定时器类型 | 定时器 | 不同功能特性 | | | 相同功能特性 |
|---|---|---|---|---|---|
| | | 互补输出 | 计数模式 | 捕获 / 比较通道 | |
| 高级定时器 | TIM1、TIM8 | 有 | 向上、向下、中央对齐 | 4 个 | 16 位的计数器；预分频系数相同：1~65 535；可以产生 DMA |
| 通用定时器 | TIM2、TIM3、TIM4 TIM5 | 没有 | | | |
| 基本定时器 | TIM6、TIM7 | 没有 | 向上 | 没有 | |

## 13.1.2　STM32F10x 微控制器的定时器

STM32F10x 微控制器系列中，除了互联型的产品，共有八个定时器，分为基本定时器、通用定时器和高级定时器。

### 1．基本定时器

基本定时器包括 TIM6 和 TIM7，是 16 位的只能向上计数的定时器，只能进行简单的定时 / 计数功能，没有外部 I/O。每个基本定时器的主要结构如图 13-1 所示，其核心是时基部分（预分频器、核心计时器、自动重装载寄存器），通用定时器和高级定时器也有类似结构的时基部分。

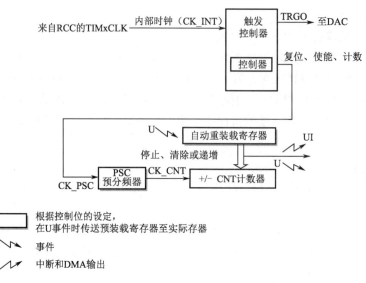

图 13-1　基本定时器的主要结构

1）时钟源（CK_INT）

定时器时钟 TIMxCLK，即内部时钟 CK_INT，经 APB1 预分频器后分频提供，如果 APB1 预分频系数等于 1，则频率不变，否则频率乘以 2，如果系统时钟设为 72 MHz，APB1 预分频的系数设置为 2，即 PCLK1=36 MHz，那么定时器时钟 TIMxCLK=36×2 MHz= 72 MHz。

2）计数器时钟（CK_CNT）

定时器时钟经过 PSC 预分频器后，产生计数器时钟 CK_CNT，用来驱动计数器计数。PSC 是一个 16 位的预分频器，可以对定时器时钟 TIMxCLK 进行 1~65 536 之间的任何一个数进行分频。计数时钟为 CK_CNT=TIMxCLK/(PSC+1)。

3）计数器（CNT）

计数器 CNT 是一个只能向上计数的 16 位计数器，最大计数值为 65 535。当计数达到自动重装载寄存器值的时候产生更新事件，并清零从零开始计数。

4）自动重装载寄存器（ARR）

自动重装载寄存器 ARR 是一个 16 位的寄存器，用来存储计数器计数的最大值。如果使能了中断，当计数到这个值时，定时器就产生溢出中断。

5）中断间隔时间的计算

计数器在 CK_CNT 的驱动下，每次的计数间隔（即计数周期）是 CK_CNT 的倒数，即 1/ [TIMxCLK/(PSC+1)]，产生一次中断需要计数 ARR+1 次，所以中断间隔时间等于：(ARR+1) / (CK_CNT)。

2．通用定时器

STM32F10x 微控制器的通用定时器包括 TIM2、TIM3、TIM4 和 TIM5，是 16 位的向上/向下计数的定时器，可以定时，可以输出比较，可以输入捕捉，每个定时器有四个外部 I/O。每个通用定时器功能框图如图 13-2 所示。

通用定时器的时基部分与基本定时器的类似，主要区别在于通用定时器有更丰富时钟源，以及更为灵活的计数器工作模式。

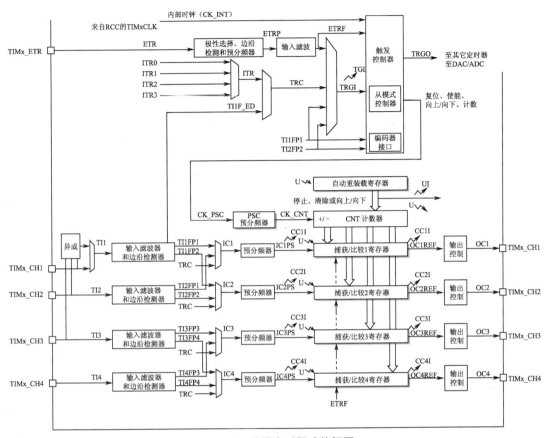

图 13-2　通用定时器功能框图

通用定时器的时钟源除了内部时钟（CK_INT）之外，还有外部触发源和其他外设的内部触发源。

通用定时器的计数模式有向上计数模式、向下计数模式和中央对齐模式等三种计数模式。

（1）向上计数模式：计数器从 0 开始加计数到自动重装载值，然后重新从 0 开始计数，并产生一个计数器上溢事件。

（2）向下计数模式：计数器从自动重装载值开始减计数到 0，然后重新从自动重装载值开始计数，并产生一个计数器下溢事件。

（3）中央对齐模式：计数器从 0 开始加计数到"自动重装载值 -1"，产生一个计数器上溢事件，然后从自动重装载值减计数到 1，并产生一个计数器下溢事件，随后再从 0 开始重新计数。

以上溢出事件可以选择触发其他外设产生特定动作或触发相应的定时器中断。

通用定时器还可以实现输入捕获、比较输出、PWM 输出、单脉冲模式输出等功能，并可以产生相应的中断。

### 3. 高级定时器

高级定时器包括 TIM1 和 TIM8，是 16 位的向上 / 向下计数的定时器，具有定时、输出比较、输入捕捉、带死区控制的 PWM 输出等功能，每个定时器有八个外部 I/O。每个高级定时器功能框图如图 13-3 所示。

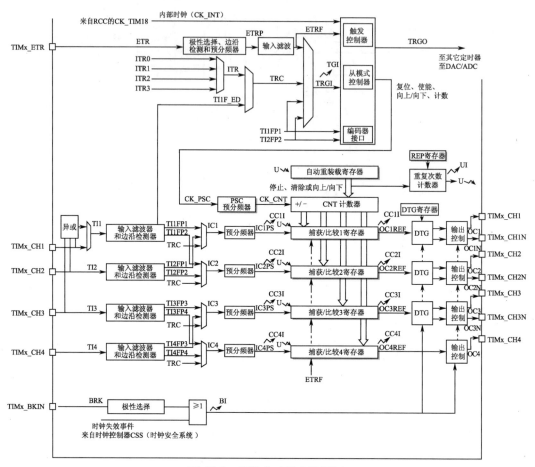

图 13-3　高级定时器功能框图

高级定时器的时基部分具有通用定时器的全部功能，还增加了一个 8 位的重复计数器（RCR）。如果禁用 RCR，此时，与通用定时器一样，在发生上、下溢事件时直接产生更新事件；如果启用了 RCR，在发生上、下溢事件时递减 RCR 的值，只有当重复计数器为 0 时才会产生更新事件。

高级定时器和通用定时器在基本定时器的基础上引入了外部引脚，可以实现输入捕获和输出比较功能。高级定时器比通用定时器增加了可编程死区互补输出、重复计数器、带制动（断路）功能，这些功能主要是针对工业电机控制方面的应用。这几个功能在本书不做详细介绍，接下来主要介绍常用的输入捕获和输出比较功能，先来学习定时器输入 / 输出通道的复用 GPIO 引脚的内容。

### 13.1.3　STM32F103ZE 定时器的输入 / 输出引脚

高级定时器和通用定时器在基本定时器的基础上引入了外部引脚，可以实现输入捕获和输出比较功能，高级定时器比通用定时器还增加了可编程死区互补输出、带制动（断路）功能。这些功能都需要复用 GPIO 与外部电路连接。

STM32F103ZE 定时器的 I/O 引脚分配如表 13-2 所示。为了使不同封装微处理器芯片的外设 I/O 功能数量达到最优，可以通过软件配置相应的寄存器把一些复用功能重新映射到其他一些引脚上（可调用标准库函数修改）。此时复用引脚就不会映射到默认引脚上。表 13-2 中，"没有重映射"一列列出了定时器默认的 I/O 引脚，不同的定时器可以根据需要进行部分引脚重映射或完全重映射。需要注意，有的封装是不支持重映射的，具体可以参考编程手册。

表 13-2 STM32F103ZE 定时器的 I/O 引脚分配

| 类型 | 定时器 | 复用功能 | 没有重映射 | 部分重映射 | | 完全重映射 |
|------|--------|----------|-----------|-----------|---|-----------|
| 高级控制定时器 | TIM1 | TIM1_ETR | PA12 | | | PE7 |
| | | TIM1_CH1 | PA8 | | | PE9 |
| | | TIM1_CH2 | PA9 | | | PE11 |
| | | TIM1_CH3 | PA10 | | | PE13 |
| | | TIM1_CH4 | PA11 | | | PE14 |
| | | TIM1_BKIN | PB12 | PA6 | | PE15 |
| | | TIM1_CH1N | PB13 | PA7 | | PE8 |
| | | TIM1_CH2N | PB14 | PA8 | | PE10 |
| | | TIM1_CH3N | PB15 | PA9 | | PE12 |
| | TIM8 | TIM8_ETR | PA0 | | | |
| | | TIM8_CH1 | PC6 | | | |
| | | TIM8_CH2 | PC7 | | | |
| | | TIM8_CH3 | PC8 | | | |
| | | TIM8_CH4 | PC9 | | | |
| | | TIM8_BKIN | PA6 | | | |
| | | TIM8_CH1N | PA7 | | | |
| | | TIM8_CH2N | PB0 | | | |
| | | TIM8_CH3N | PB1 | | | |
| 通用定时器 | TIM2 | TIM2_CH1_ETR | PA0 | PA15 | PA0 | PA15 |
| | | TIM2_CH2 | PA1 | PB3 | PA1 | PB3 |
| | | TIM2_CH3 | PA2 | | PB10 | |
| | | TIM2_CH4 | PA3 | | PB11 | |
| | TIM3 | TIM3_CH1 | PA6 | PB4 | | PC6 |
| | | TIM3_CH2 | PA7 | PB5 | | PC7 |
| | | TIM3_CH3 | PB0 | | | PC8 |
| | | TIM3_CH4 | PB1 | | | PC9 |
| | TIM4 | TIM4_CH1 | PB6 | — | | PD12 |
| | | TIM4_CH2 | PB7 | — | | PD13 |
| | | TIM4_CH3 | PB8 | — | | PD14 |
| | | TIM4_CH4 | PB9 | — | | PD15 |
| | TIM5 | TIM5_CH1 | PA0 | | | |
| | | TIM5_CH2 | PA1 | | | |
| | | TIM5_CH3 | PA2 | | | |
| | | TIM5_CH4 | PA3 | | | |

## 13.1.4　STM32F103 定时器的输入 / 输出通道

STM32F103 控制器的定时器中，只有高级定时器和通用定时器具有输入 / 输出通道，主要实现包括输入捕获、输出比较、断路功能及触发控制等功能。这里主要介绍输入捕获和输出比较功能。

### 1．输入捕获

输入捕获可以对输入信号的上升沿、下降沿或者双边沿进行捕获，常用来测量输入信号的脉宽、测量 PWM 输入信号的频率和占空比等。

输入捕获功能框图如图 13-4 所示。输入捕获的原理就是，在捕获到信号跳变沿的时候，把计数器（CNT）的当前值锁存到捕获寄存器（CCR）中，把前后两次捕获到的值相减，即可得到脉宽或者周期（频率）。如果捕获脉宽的时长超过捕获定时器的周期，就会发生溢出，这个需要做额外的处理。

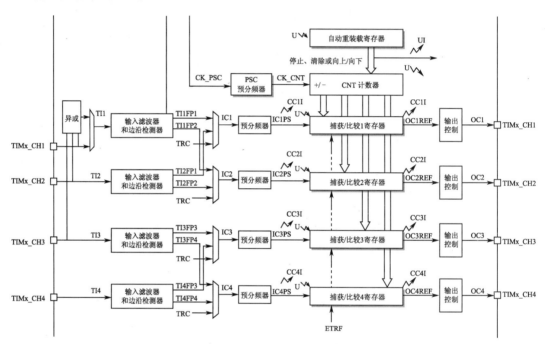

图 13-4　输入捕获功能框图

待测信号通过复用 GPIO 引脚连接到输入通道（TIx，x=1，2，3，4）。当输入的信号存在高频干扰的时候，就需要对输入信号进行滤波，即进行重新采样，根据采样定理的规定：采样的频率必须大于或等于两倍的输入信号频率。比如输入信号频率为 1 MHz，又存在高频的信号干扰，那么此时就很有必要进行滤波，可以设置采样频率为 2 MHz，这样可以保证在采样到有效信号的同时把高于 2 MHz 的高频干扰信号过滤掉。

边沿检测器用来设置捕获的有效边沿，可以是上升沿、下降沿，或者是双边沿。

每个捕获通道（ICx，x=1，2，3，4）有相对应的捕获寄存器（CCRx，x=1，2，3，4），用于锁存有效边沿到达时的计数器 CNT 的当前值。

**注意**：输入通道和捕获通道是有区别的。输入通道是用来输入信号的通道，捕获通道是用来捕获输入信号的通道。一个输入通道的信号可以同时输入给两个捕获通道。比如，输入通道 TI1 的信号经过滤波边沿检测器之后的 TI1FP1 和 TI1FP2 可以进入捕获通道 IC1 和 IC2。

如果输入的信号频率很高，可以通过预分频器对捕获通道（ICx）的输出信号进行预分频，从而决定经过几个有效边沿进行一次捕获。如果不分频，就会在信号的每一个有效边沿都进行捕获。

预分频器的输出信号（ICxPS，x=1，2，3，4）是最终被捕获的信号，当捕获信号的有效边沿到达，就会触发捕获，将计数器 CNT 的当前值锁存到捕获寄存器 CCRx 中，同时触发 CCxI 中断（相应的中断标志位 CCxIF 会被置位，通过软件或者读取 CCR 中的值可以将 CCxIF 清 0）。如果发生第二次捕获（即重复捕获，CCR 寄存器中已捕获到计数器值且 CCxIF 标志已置 1），则捕获溢出标志位 CCxOF 会被置位，CCxOF 只能通过软件清 0。

**2．输出比较**

输出比较功能框图如图 13-5 所示。

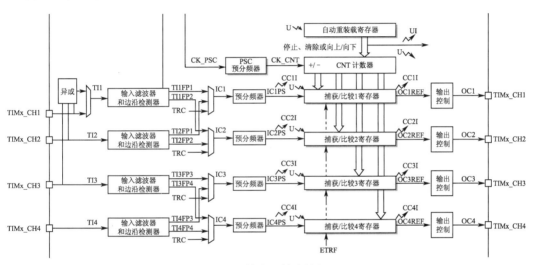

**图 13-5　输出比较功能框图**

输出比较就是通过定时器通道的复用 GPIO 引脚对外输出控制信号，有八种模式，包括冻结、将通道 x(x=1,2,3,4)设置为匹配时输出有效电平、将通道 x 设置为匹配时输出无效电平、翻转、强制变为无效电平、强制变为有效电平、PWM1 和 PWM2 等模式。其中，PWM 模式是输出比较中的特例，使用的也最多。

PWM 的基本原理是，当计数器 CNT 的值跟比较寄存器 CCR 的值相等时，输出参考信号（OCxREF）的信号极性就会改变，并且会产生比较中断 CCxI，相应的标志位 CCxIF 会置位；然后 OCxREF 再经过一系列的输出控制之后就成为真正的输出信号(OCx)。在高级定时器中，还有死区发生器和断路功能。其中，死区发生器在生成的参考波形 OCxREF 的基础上，可以插入死区时间，用于生成两路互补的输出信号 OCx 和 OCxN。断路功能就是电动机控制的制动功能。

下面讲解最常用的 PWM 模式。PWM 输出就是对外输出脉宽(即占空比)可调的方波信号，信号频率由自动重装寄存器 ARR 的值决定，占空比由比较寄存器 CCR 的值决定。PWM 模式分为 PWM1 和 PWM2 两种，主要区别如表 13-3 所示。

下面以 PWM1 模式来讲解，以计数器 CNT 计数的方向不同还分为边沿对齐模式和中心对齐模式。PWM 信号主要都是用来控制电动机，一般的电动机控制用的都是边沿对齐模式，FOC 电动机一般用中心对齐模式。这里只分析这两种模式在信号感官（即信号波形）上的区别，具体在电动机控制中的区别不做讨论。

表 13-3　PWM 模式比较

| 模式 | 计数器 CNT 的模式 | 输出状态说明 |
|---|---|---|
| PWM1 | 递增 | CNT<CCR，通道 CH 输出有效电平，否则为无效电平 |
| | 递减 | CNT>CCR，通道 CH 输出无效电平，否则为有效电平 |
| PWM2 | 递增 | CNT<CCR，通道 CH 输出无效电平，否则为有效电平 |
| | 递减 | CNT>CCR，通道 CH 输出有效电平，否则为无效电平 |

1）PWM 边沿对齐模式

在递增计数模式下，计数器从 0 计数到自动重载值（TIMx_ARR 寄存器的内容），然后重新从 0 开始计数并产生计数器上溢事件，如图 13-6 所示。

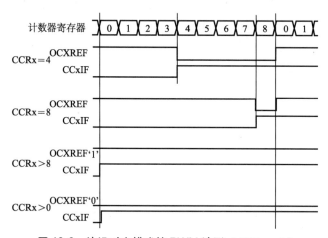

图 13-6　边沿对齐模式的 PWM 波形（ARR = 8）

在边沿对齐模式下，计数器 CNT 只工作在一种模式，递增或者递减模式。以 CNT 工作在递增模式为例，其中 ARR=8，CCR=4，CNT 从 0 开始计数，当 CNT<CCR 的值时，OCxREF 为有效的高电平，同时比较中断寄存器 CCxIF 置位；当 CCR ≤ CNT ≤ ARR 时，OCxREF 为无效的低电平。然后 CNT 又重新从 0 开始计数并生成计数器上溢事件，以此循环往复。

2）PWM 中心对齐模式

在中心对齐模式下，计数器 CNT 工作在递增/递减模式下。开始的时候，计数器 CNT 从 0 开始计数到自动重载值减 1(ARR-1)，生成计数器上溢事件；然后从自动重载值开始向下计数到 1 并生成计数器下溢事件；之后从 0 开始重新计数。

图 13-7 是中心对齐模式的 PWM 波形，图中 ARR=8，CCR=4。首先，计数器 CNT 工作在递增模式下，从 0 开始计数，当 CNT<CCR 的值时，OCxREF 为有效的高电平；当 CCR ≤ CNT ≤ ARR 时，OCxREF 为无效的低电平。然后，计数器 CNT 工作在递减模式，从 ARR 的值开始递减，当 CNT>CCR 时，OCxREF 为无效的低电平；当 CCR ≥ CNT ≥ 1 时，OCxREF 为有效的高电平。

中心对齐模式又分为三种，由控制寄存器（CR1 的 CMS[1:0] 位）配置。主要区别是输出比较中断的中断标志位（CCxIF）置 1 的时间不同。中心对齐模式 1，CCxIF 只在计数器

向下计数时被设置；中心对齐模式 2，CCxIF 只在计数器向上计数时被设置；中心对齐模式 3，
CCxIF 在计数器向上和向下计数时均被设置。

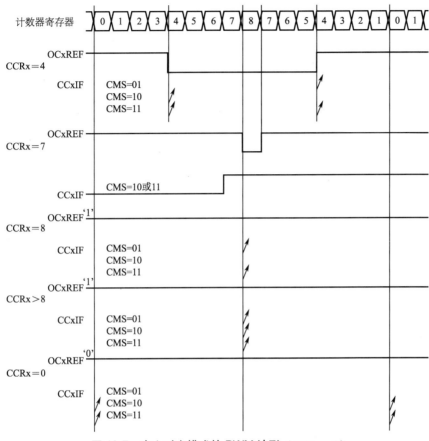

图 13-7　中心对齐模式的 PWM 波形（ARR = 8）

## 13.1.5　定时器编程涉及的标准外设库函数

定时器编程常用的标准外设库函数如表 13-4 所示，现在只需要了解函数的作用，在任务
代码分析时再做详细介绍。

表 13-4　定时器编程常用的标准外设库函数

| 函数名称 | 函数的作用 |
| --- | --- |
| TIM_DeInit() | 定时器默认初始化 |
| TIM_TimeBaseInit() | 定时器时基参数初始化 |
| TIM_Cmd() | 使能或禁用 TIMx 外设 |
| TIM_ITConfig() | 使能或禁用指定的 TIM 中断 |
| TIM_GetITStatus() | 获取 TIM 中断悬挂标志位 |
| TIM_ClearITPendingBit() | 清除 TIM 中断悬挂标志位 |
| TIM_GetFlagStatus() | 获取 TIM 事件标志位 |
| TIM_ClearFlag() | 清除 TIM 事件标志位 |
| TIM_CCxCmd() | 使能或禁止捕获比较通道 |

| 函数名称 | 函数的作用 |
|---|---|
| TIM_CCxNCmd() | 使能或禁止捕获比较互补通道 |
| TIM_OC1Init() | 初始化比较输出通道 1 的参数 |
| TIM_OC2Init() | 初始化比较输出通道 2 的参数 |
| TIM_OC3Init() | 初始化比较输出通道 3 的参数 |
| TIM_OC4Init() | 初始化比较输出通道 4 的参数 |
| TIM_OC1PreloadConfig() | 使能或禁用比较输出通道 1 的预装载功能 |
| TIM_OC2PreloadConfig() | 使能或禁用比较输出通道 2 的预装载功能 |
| TIM_OC3PreloadConfig() | 使能或禁用比较输出通道 3 的预装载功能 |
| TIM_OC4PreloadConfig() | 使能或禁用比较输出通道 4 的预装载功能 |
| TIM_SetCompare1() | 设置通道 1 的比较值 |
| TIM_SetCompare2() | 设置通道 2 的比较值 |
| TIM_SetCompare3() | 设置通道 3 的比较值 |
| TIM_SetCompare4() | 设置通道 4 的比较值 |
| TIM_ICInit() | 初始化 TIM 的输入通道参数 |
| TIM_SetIC1Prescaler() | 设置输入通道 1 预分频器的分频系数 |
| TIM_SetIC2Prescaler() | 设置输入通道 2 预分频器的分频系数 |
| TIM_SetIC3Prescaler() | 设置输入通道 3 预分频器的分频系数 |
| TIM_SetIC4Prescaler() | 设置输入通道 4 预分频器的分频系数 |

## 13.2 项目实施

### 13.2.1 硬件电路实现

在本项目中涉及的 LED 与 KEY 的连接与第 7 章中图 7-3 完全一致，这里不再重复介绍。

### 13.2.2 程序设计思路

这里只讲解核心部分的代码，有些变量的设置，头文件的包含等可能不会涉及，完整的代码请参考本章配套的工程。

在"工程模板"之上，移植"interruptkey.c"及"interruptkey.h"文件，新建"pwm.c"和"pwm.h"文件，编写 TIM 的相关函数。

#### 1．编程要点

（1）定时器时基初始化；

（2）初始化定时器输出通道的复用 GPIO 目标引脚为复用推挽输出模式；

（3）输出通道参数初始化；

（4）编写测试程序，在中断按键的中断服务函数中修改 PWM 占空比，改变 LED 的亮度。

#### 2．程序流程图

本项目的主要程序流程图如图 13-8 所示，首先对中断按键和定时器进行初始化。主函数的 while(1) 循环是空循环，按键修改 PWM 占空比的操作在中断服务函数中完成。

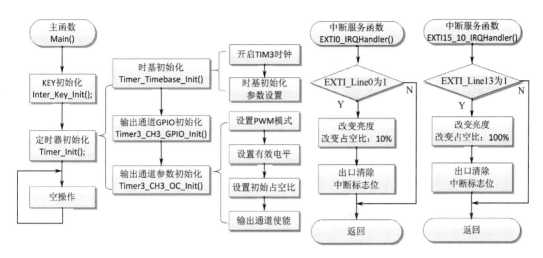

图 13-8 实践项目 9 的程序流程图

### 13.2.3 程序代码分析

首先分析本项目"main.c"文件的代码,如代码清单 13-1 所示。

代码清单 13-1 实践项目 9 "main.c"文件中的代码

```
22 /* Includes -------------------------------------------------*/
23 #include "stm32f10x.h"
24 #include "stm32f10x_conf.h"
25 #include "pwm.h"
26 #include "interruptkey.h"
27 /**
28  * @brief  Main program
29  * @param  None
30  * @retval None
31  */
32 int main(void)
33 {
34   Inter_Key_Init();
35   Timer_Init();
36   while (1)
37   {
38
39   }
40 }
```

main() 函数的内容非常简单,完成按键和定时器初始化后进入一个空的 while(1) 循环。这意味着在完成初始化后,其他的操作全部都在中断服务函数中完成。

代码清单 13-2 所示为"pwm.h"文件的代码,这个头文件也很简单,在包含了驱动文件需要的头文件后,只有一个初始化函数的声明。

代码清单 13-2 实践项目 9 "pwm.h"文件中的代码

```
1 #ifndef _PWM_H
2 #define _PWM_H
3 #include "stm32f10x.h"
```

```
4 #include "stm32f10x_conf.h"
5 void Timer_Init(void);
6
7 #endif
```

下面重点分析驱动文件"pwm.c"文件中的代码，如代码清单 13-3 所示。在代码中一共定义了 4 个函数，代码第 54 ~ 59 行，定义了 Timer_Init() 函数，函数体内调用了其他的 3 个函数，分别为初始定时器的时基、输出通道的 GPIO 端口以及输出通道工作参数的初始化。

代码清单 13-3　实践项目 9 "pwm.c" 文件中的代码

```
 1 #include "pwm.h"
 2 /* 定时器时基初始化
 3  * 设置 PWM 周期为　T=ARR/CK_CNT=1000/1MHz=1ms
 4  */
 5 void Timer_Timebase_Init(void)
 6 {
 7     // 定义时基初始化结构体变量
 8     TIM_TimeBaseInitTypeDef TIM_TimeBaseInitStruct;
 9     // 开 TIM3 时钟
10     RCC_APB1PeriphClockCmd(RCC_APB1Periph_TIM3, ENABLE);
11     // 设置系统时钟分频系数为不分频：CK_PSC=CK_INT=72MHz
12     TIM_TimeBaseInitStruct.TIM_ClockDivision=TIM_CKD_DIV1;
13     // 设置计数模式：向上计数模式
14     TIM_TimeBaseInitStruct.TIM_CounterMode=TIM_CounterMode_Up;
15     // 设置 ARR 的值：计数 1000 次
16     TIM_TimeBaseInitStruct.TIM_Period=999;
17     // 设置 PSC 分频器分频系数为 72，CK_CNT=CK_INT/72=1MHz
18     TIM_TimeBaseInitStruct.TIM_Prescaler=71;
19     // 写寄存器，使得参数设置生效
20     TIM_TimeBaseInit(TIM3,&TIM_TimeBaseInitStruct);
21     // 使能 TIM3
22     TIM_Cmd(TIM3, ENABLE);
23 }
24 /* 定时器输出通道 GPIO 初始化
25  *TIM3 通道 3 的复用 GPIO 端口为 PB0，初始化为复用推挽输出模式
26  */
27 void Timer3_CH3_GPIO_Init(void)
28 {
29     GPIO_InitTypeDef GPIO_InitStruct;
30     RCC_APB2PeriphClockCmd(RCC_APB2Periph_GPIOB, ENABLE);
31     RCC_APB2PeriphClockCmd(RCC_APB2Periph_AFIO, ENABLE);
32     GPIO_InitStruct.GPIO_Mode=GPIO_Mode_AF_PP;// 复用推挽输出
33     GPIO_InitStruct.GPIO_Pin=GPIO_Pin_0;
34     GPIO_InitStruct.GPIO_Speed=GPIO_Speed_50MHz;
35     GPIO_Init(GPIOB, &GPIO_InitStruct);
36 }
37 void Timer3_CH3_OC_Init(void)
38 {
39     // 定义输出通道初始化结构体变量
40     TIM_OCInitTypeDef TIM_OCInitStruct;
41     // 设置输出模式为 PWM1 模式
```

```
42    TIM_OCInitStruct.TIM_OCMode=TIM_OCMode_PWM1;
43    // 设置有效电平为低电平
44    TIM_OCInitStruct.TIM_OCPolarity=TIM_OCPolarity_Low;
45    // 使能通道输出功能
46    TIM_OCInitStruct.TIM_OutputState=TIM_OutputState_Enable;
47    // 设置比较寄存器 CCR 的值，占空比 =CCR/ARR=10/1000=1%
48    TIM_OCInitStruct.TIM_Pulse=10;
49    // 初始化通道 3
50    TIM_OC3Init(TIM3, &TIM_OCInitStruct);
51    // 通道输出使能
52    TIM_CCxCmd(TIM3, TIM_Channel_3, TIM_CCx_Enable);
53 }
54 void Timer_Init(void)
55 {
56    Timer_Timebase_Init();
57    Timer3_CH3_GPIO_Init();
58    Timer3_CH3_OC_Init();
59 }
```

代码第 5 ~ 23 行，定义了定时器时基初始化函数 Timer_Timebase_Init()，其中，代码第 8 行定义了 TIM_TimeBaseInitTypeDef 结构体类型的变量 TIM_TimeBaseInitStruct，用来初始化时基参数，该结构的成员及其作用与取值如表 13-5 所示。

表 13-5　结构体 TIM_TimeBaseInitTypeDef 的成员及其作用与取值

| 结构体成员名称 | 作用 | 结构体成员的取值 | 描述 |
|---|---|---|---|
| TIM_ClockDivision | 时钟分割 | TIM_CKD_DIV1 | 指定时钟分割系数 |
| | | TIM_CKD_DIV2 | |
| | | TIM_CKD_DIV4 | |
| TIM_CounterMode | 计数器模式 | TIM_CounterMode_Up | 向上计数模式 |
| | | TIM_CounterMode_Down | 向下计数模式 |
| | | TIM_CounterMode_CenterAligned1 | 中心对齐计数模式 1 |
| | | TIM_CounterMode_CenterAligned2 | 中心对齐计数模式 2 |
| | | TIM_CounterMode_CenterAligned3 | 中心对齐计数模式 3 |
| TIM_Period | 设置 ARR 的值 | 0x0000~0xFFFF | 主计数器的溢出值 |
| TIM_Prescaler | 预分频系数 | 0x0000~0xFFFF | PSC 分频系数 |
| TIM_RepetitionCounter | 重复计数次数 | 0x00~0xFF | RCR 寄存器的值 |

代码第 10 行，调用标准库函数 RCC_APB1PeriphClockCmd() 使能 TIM3 的时钟。

代码第 12 行，设置系统时钟不分频，即触发控制器的输出与输入的信号相同，也就是说 CK_PSC=CK_INT，当系统时钟使用默认的 72 MHz 时，预分频器的输入时钟 CK_PSC=72 MHz。

代码第 14 行，设置计数器计数模式为向上计数模式。

代码第 16 行，设置自动重装载寄存器的值为 999，由于主计数器是从 0 开始计数，所以定时的溢出周期为"设定值 +1"，也就是计数 1 000 次溢出。

代码第 18 行，设置 PSC 预分频器的分频系数，同样是从 0 开始，所以时基的分频系数为"设定值 +1"，本例为 72 分频，即 PSC 预分频器输出（也就是计时器的输入）时钟 CK_CNT=CK_PSC/72=1MHz。由此可以计算出溢出周期，也就是输出信号的周期 $T$=(ARR+1)/

CK_CNT=(999+1)/1MHz=1 ms。对应频率为 1 kHz，用这个频率的信号控制 LED，是不会感觉到 LED 闪烁的。

代码第 20 行，调用标准库函数 TIM_TimeBaseInit() 将上述的结构体成员值写入指定定时器的相关寄存器，使得配置生效。

代码第 22 行，调用标准外设库函数 TIM_Cmd()，使能 TIM3 定时器。

至此，初始化了定时器的时基为 1 ms 溢出一次，即 PWM 的周期为 1 ms。接下来还需要初始化输入通道的复用 GPIO 引脚。代码第 27 ~ 36 行定义的函数 Timer3_CH3_GPIO_Init()，将 PB0（TIM3 通道 3 的复用 GPIO 端口）初始化为复用推挽输出模式。

下面重点分析一下输出通道参数设置函数 Timer3_CH3_OC_Init() 的定义。

代码第 40 行，定义了 TIM_OCInitTypeDef 类型的结构体变量 TIM_OCInitStruct，用来初始化输出通道的工作参数，该初始化结构体的成员及其作用与取值如表 13-6 所示。

表 13-6　结构体 TIM_OCInitTypeDef 的成员及其作用与取值

| 结构体成员名称 | 作用 | 结构体成员的取值 | 描述 |
|---|---|---|---|
| TIM_OCMode | 选择比较输出模式 | TIM_OCMode_Timing | 比较时间模式 |
| | | TIM_OCMode_Active | 比较主动模式 |
| | | TIM_OCMode_Inactive | 比较非主动模式 |
| | | TIM_OCMode_Toggle | 比较触发模式 |
| | | TIM_OCMode_PWM1 | PWM1 模式 |
| | | TIM_OCMode_PWM2 | PWM2 模式 |
| TIM_OCPolarity | 输出极性 | TIM_OCPolarity_High | 输出极性高电平 |
| | | TIM_OCPolarity_Low | 输出极性低电平 |
| TIM_OutputState | 输出状态使能或禁用 | TIM_OutputState_Disable | 输出禁止 |
| | | TIM_OutputState_Enable | 输出使能 |
| TIM_Pulse | 设置比较值 | 0x0000~0xFFFF | 影响占空比 |
| TIM_OutputNState | 互补输出状态使能或禁用 | TIM_OutputNState_Disable | 禁止互补输出 |
| | | TIM_OutputNState_Enable | 使能互补输出 |
| TIM_OCNPolarity | 互补输出极性 | TIM_OCNPolarity_High | 互补输出极性高 |
| | | TIM_OCNPolarity_Low | 互补输出极性低 |
| TIM_OCIdleState | 指定空闲状态期间的 TIM 输出比较引脚状态 | TIM_OCIdleState_Set | 空闲置位 |
| | | TIM_OCIdleState_Reset | 空闲复位 |
| TIM_OCNIdleState | 指定空闲状态期间的 TIM 互补输出比较引脚状态 | TIM_OCNIdleState_Set | 互补输出空闲置位 |
| | | TIM_OCNIdleState_Reset | 互补输出空闲复位 |

根据表 13-6 的描述，代码第 42 ~ 50 行设置了输出通道工作参数为 PWM1 模式、输出极性为低电平（LED 低电平亮）、比较值 10（占空比为 1%）并使能输出状态。代码第 50 行，调用标准库函数 TIM_OC3Init() 初始化 TIM3 的输出通道 3。

最后，在如代码清单 13-4 所示的按键中断服务函数中，调用标准库函数 TIM_SetCompare3() 修改 CCR 的值，改变 PWM 的占空比，从而控制 LED 的亮度变化。

代码清单 13-4　实践项目 9 "interruptkey.c" 文件中的中断服务函数

```
51 // 线 0 中断的中断服务函数: KEY1
52 void EXTI0_IRQHandler(void)
53 {
54         if(EXTI_GetITStatus(EXTI_Line0)==SET)
```

```
55          {
56              // 设置 TIM3_CCR3=100, 占空比 =10%
57              TIM_SetCompare3(TIM3, 100);
58              EXTI_ClearITPendingBit(EXTI_Line0);
59          }
60  }
61  // 线 13 中断的中断服务函数：KEY2
62  void EXTI15_10_IRQHandler(void)
63  {
64      if(EXTI_GetITStatus(EXTI_Line13)==SET)
65      {
66          // 设置 TIM3_CCR3=999, 占空比 =100%
67          TIM_SetCompare3(TIM3, 999);
68          EXTI_ClearITPendingBit(EXTI_Line13);
69      }
70  }
```

编译下载验证，在 MDK 中将项目代码成功编译后，下载到开发板运行，可以看到开发板上 D3 点亮（亮度很低），按下 KEY1 键，亮度增加（中等亮度），按下 KEY2 键，D3 非常亮（亮度最高）。

温馨提示：关于本项目代码的编写调试过程，可以扫描二维码观看视频。

扫码看视频

## 13.3 拓展项目 10——PWM 实现呼吸灯

### 13.3.1 拓展项目 10 要求

在本章 PWM 控制 LED 亮度程序的基础上，实现如下功能：
（1）第一步实现 D3_B 呈现呼吸灯的状态；
（2）最终实现 RGB 三色灯呈现红、绿、蓝、黄四种颜色的流水呼吸灯。

### 13.3.2 拓展项目 10 实施

本项目不许要额外的硬件连接，只需要 LED 和 KEY 即可。这与 13.2 节完全一样。

呼吸灯是指灯光设备的亮度随着时间由暗到亮逐渐增强，再由亮到暗逐渐衰减，很有节奏感地一起一伏，就像是在呼吸一样。被广泛应用于手机、计算机等电子设备的指示灯中。呼吸的特性是一种类似图 13-9 中的指数曲线过程，吸气是指数曲线上升过程，呼气是指数曲线下降过程，成年人吸气呼气整个过程持续约 3 s。

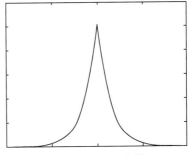

图 13-9　指数曲线

要控制 LED 达到呼吸灯的效果，实际上就是要控制 LED 的亮度拟合呼吸特性曲线。上一节中，我们通过控制脉冲的占空比可以调整 LED 的亮度。若控制脉冲的占空比在 3 s 的时间周期内按呼吸特性曲线变化，那么就可以实现呼吸灯的效果了。

这种使用脉冲占空比拟合不同波形的方式称为 PWM( 脉冲宽度调制 ) 控制技术，即通过对一系列脉冲的宽度进行调制，来等效地获得所需要波形（含形状和幅值）。PWM 控制的基本原理为：冲量相等而开头不同的窄脉冲加在具有惯性的环节上时，其效果基本相同。其中，冲量指窄脉冲的面积；效果相同指环节输出响应波形基本相同。可以使用等宽不等幅值或者等幅不等宽的脉冲来拟合。

例如：拟合正弦的正半波形，可以把正弦半波 $N$ 等分，可看成 $N$ 个彼此相连的脉冲序列，宽度相等，但幅值不等；也可以用矩形脉冲代替，各个矩形脉冲等幅，不等宽，中点重合，脉冲宽度按正弦规律变化，脉冲的总面积（冲量）与正弦半波相等。脉冲宽度按正弦规律变化而和正弦波等效的 PWM 波形，称为 SPWM 波形，是一种非常典型的 PWM 波形，它在数字电路控制中应用非常广泛，如果使用低通滤波器，可以由 SPWM 波得到其等效的连续正弦半波。要改变等效输出正弦波幅值，按同一比例改变各脉冲宽度即可。

本项目中，根据指数曲线，周期性地抽取样本值（用于改变 PWM 的占空比），并定义为 LED 亮度等级表（数组）。在代码中，定期改变 PWM 的占空比实现呼吸灯效果。

本拓展项目的主要代码见代码清单 13-5、代码清单 13-6 和代码清单 13-7。

代码清单 13-5　拓展项目 9 "main.c" 的代码

```
22 //* Includes -------------------------------------------------*/
23 #include "stm32f10x.h"
24 #include "stm32f10x_conf.h"
25 #include "pwm.h"
26 /**
27   * @brief  Main program
28   * @param  None
29   * @retval None
30   */
31 int main(void)
32 {
33   Timer_Init();      // 初始化定时器
34   while (1)
35   {
36     HXD();// 呼吸灯流水
37   }
38 }
```

代码清单 13-6　拓展项目 9 "pwm.h" 的代码

```
1 #ifndef_PWM_H
2 #define_PWM_H
3 #include "stm32f10x.h"
4 #include "stm32f10x_conf.h"
5 void Timer_Init(void);
6 void HXD(void);
7 #endif
```

代码清单 13-7　拓展项目 9 "pwm.c" 的代码

```
1 #include "pwm.h"
2 /*
3 *LED 亮度等级 PWM 表，指数曲线
4 */
5 uint16_t indexWave[110] = {
6 0, 1, 1, 1, 2, 2, 2, 2, 3, 3, 4, 4, 5, 5,
```

```
7   6, 7, 8, 9, 10, 11, 13, 15, 17, 19, 22,
8   25, 28, 32, 36, 41, 47, 53, 61, 69, 79,
9   89, 102, 116, 131, 149, 170, 193, 219,
10  250, 284, 323, 367, 417, 474, 539, 613,
11  697, 792, 901, 999, 999, 901, 792, 697,
12  613, 539, 474, 417, 367, 323, 284, 250,
13  219, 193, 170, 149, 131, 116, 102, 89,
14  79, 69, 61, 53, 47, 41, 36, 32, 28, 25,
15  22, 19, 17, 15, 13, 11, 10, 9, 8, 7, 6,
16  5, 5, 4, 4, 3, 3, 2, 2, 2, 2, 1, 1, 1, 0
17  };
18  // 定义时基变量
19  uint32_t  timebase=0;
20  /* 定时器时基初始化
21   * 设置 PWM 周期为  T=ARR/CK_CNT=1000/1MHz=1ms
22   */
23  void Timer_Timebase_Init(void)
24  {
25      // 定义时基初始化结构体变量
26      TIM_TimeBaseInitTypeDef TIM_TimeBaseInitStruct;
27      // 开 TIM3 时钟
28      RCC_APB1PeriphClockCmd(RCC_APB1Periph_TIM3, ENABLE);
29      // 设置系统时钟分频系数为不分频: CK_PSC=CK_INT=72MHz
30      TIM_TimeBaseInitStruct.TIM_ClockDivision=TIM_CKD_DIV1;
31      // 设置计数模式: 向上计数模式
32      TIM_TimeBaseInitStruct.TIM_CounterMode=TIM_CounterMode_Up;
33      // 设置 ARR 的值: 计数 1000 次
34      TIM_TimeBaseInitStruct.TIM_Period=999;
35      // 设置 PSC 分频器分频系数为 72, CK_CNT=CK_INT/72=1MHz
36      TIM_TimeBaseInitStruct.TIM_Prescaler=71;
37      // 写寄存器, 使得参数设置生效
38      TIM_TimeBaseInit(TIM3, &TIM_TimeBaseInitStruct);
39      // 使能 TIM3
40      TIM_Cmd(TIM3, ENABLE);
41      // 开启更新中断
42      TIM_ITConfig(TIM3, TIM_IT_Update, ENABLE);
43  }
44  /* 定时器输出通道 GPIO 初始化
45   *TIM3_CH2:PB5(部分重映射),TIM3_CH3:PB0,TIM3_CH4:PB1
46   * 初始化为复用推挽输出模式
47   */
48  void Timer3_GPIO_Init(void)
49  {
50      GPIO_InitTypeDef GPIO_InitStruct;
51      RCC_APB2PeriphClockCmd(RCC_APB2Periph_GPIOB, ENABLE);
52      RCC_APB2PeriphClockCmd(RCC_APB2Periph_AFIO, ENABLE);
53      GPIO_InitStruct.GPIO_Mode=GPIO_Mode_AF_PP;// 复用推挽输出
54      GPIO_InitStruct.GPIO_Pin=GPIO_Pin_0|GPIO_Pin_1|GPIO_Pin_5;
55      GPIO_InitStruct.GPIO_Speed=GPIO_Speed_50MHz;
56      GPIO_Init(GPIOB, &GPIO_InitStruct);
57      GPIO_PinRemapConfig(GPIO_PartialRemap_TIM3, ENABLE);
```

```
58 }
59 void Timer3_OC_Init(void)
60 {
61     // 定义输出通道初始化结构体变量
62     TIM_OCInitTypeDef TIM_OCInitStruct;
63     // 设置输出模式为 PWM1 模式
64     TIM_OCInitStruct.TIM_OCMode=TIM_OCMode_PWM1;
65     // 设置有效电平为低电平
66     TIM_OCInitStruct.TIM_OCPolarity=TIM_OCPolarity_Low;
67     // 使能通道输出功能
68     TIM_OCInitStruct.TIM_OutputState=TIM_OutputState_Enable;
69     // 设置比较寄存器 CCR 的值, 占空比 =CCR/ARR=10/1000=1%
70     TIM_OCInitStruct.TIM_Pulse=0;
71     // 初始化输出通道
72     TIM_OC2Init(TIM3, &TIM_OCInitStruct);      // 红色
73     TIM_OC3Init(TIM3, &TIM_OCInitStruct);      // 绿色
74     TIM_OC4Init(TIM3, &TIM_OCInitStruct);      // 蓝色
75 }
76 /*
77  * 配置定时器的中断优先级
78  */
79 void Timer_NVIC_Init(void)
80 {
81     NVIC_InitTypeDef NVIC_InitStruct;
82     NVIC_PriorityGroupConfig(NVIC_PriorityGroup_1);
83     NVIC_InitStruct.NVIC_IRQChannel=TIM3_IRQn;
84     NVIC_InitStruct.NVIC_IRQChannelCmd=ENABLE;
85     NVIC_InitStruct.NVIC_IRQChannelPreemptionPriority=0;
86     NVIC_InitStruct.NVIC_IRQChannelSubPriority=0;
87     NVIC_Init(&NVIC_InitStruct);
88 }
89 void Timer_Init(void)
90 {
91     Timer_Timebase_Init();
92     Timer3_GPIO_Init();
93     Timer3_OC_Init();
94     Timer_NVIC_Init();
95 }
96 void TIM3_IRQHandler(void)
97 {
98     if(TIM_GetITStatus(TIM3, TIM_IT_Update))
99     {
100         timebase++;//1ms 的时基
101         TIM_ClearITPendingBit(TIM3, TIM_IT_Update);
102     }
103 }
104 /* 四色呼吸灯流水
105  * 每隔 27ms 改变一次比较值, 即改变占空比。呼吸的周期 =27*110=2970ms
106  */
107 void HXD(void)
```

```
108 {
109     static uint16_t state,led=0;
110     static uint32_t gettime;
111     //27ms 延时
112     if(timebase -gettime <27)
113         return;
114     gettime =timebase ;
115     // 软件延时计数，每隔 2970ms 改变一个 LED
116     state++;
117     if(state==110)
118     {
119         led=(led+1)%4;
120         state=0;
121     }
122     // 根据 LED，改变对应通道的占空比
123 switch(led)
124     {
125         case 0:TIM_SetCompare2(TIM3, indexWave[state]);break;// 红色
126         case 1:TIM_SetCompare3(TIM3, indexWave[state]);break;// 绿色
127         case 2:TIM_SetCompare4(TIM3, indexWave[state]);break;// 蓝色
128         case 3:
129             TIM_SetCompare2(TIM3, indexWave[state]);
130             TIM_SetCompare3(TIM3, indexWave[state]);         // 黄色
131             break;
132     }
133 }
```

**温馨提示**：关于代码的具体分析和实验过程，请扫描二维码观看视频。

扫码看视频

# 第 ⑭ 章

# 实践项目10——LCD彩屏显示模拟时钟

本章首先介绍了彩色LCD显示与控制原理，以及彩色LCD显示图形、字符以及汉字的方法，然后介绍了FSMC模拟8080时序驱动彩色LCD的控制方法，最后介绍了电阻触摸屏的工作原理，并简要介绍了彩色LCD及触摸屏的驱动函数。通过LCD彩屏显示模拟时钟，以及触摸屏画板等项目的实施，讲解彩色LCD以及触摸屏的驱动移植方法，并通过具体项目进行彩色LCD及触摸屏的具体操作。

## 学习目标

- 了解彩色LCD显示及控制原理，掌握彩色LCD显示图形的方法。
- 了解字符及汉字编码的相关知识，理解字模控制显示字形的原理，学会取字模。
- 了解STM32片上FSMC的功能，学会利用FSMC模拟8080时序驱动彩色LCD显示屏。
- 了解电阻触摸屏的工作原理，学会驱动的移植，能看懂厂商提供的驱动代码。
- 掌握FSMC的初始化结构体及初始化方法。

## 任务描述

本项目通过驱动彩色LCD显示屏与电阻触摸屏，实现模拟时钟显示，主要学会图形、字符、汉字等信息的显示方法。通过拓展项目实现触摸屏画板，学会电阻触摸屏的控制原理。

## 14.1 相关知识

### 14.1.1 彩色LCD显示与控制的基本原理

相对于传统的单色液晶显示器，彩色液晶显示器（简称彩色LCD）由于其分辨率高、显示信息丰富、显示界面友好等特点得到了广泛应用，迅速成为嵌入式产品的主流显示器。

如图14-1所示，彩色LCD与单色液晶显示器不同，每个像素点由RGB（红色、绿色、蓝色）

三个基色像素点构成，通过控制三个基色像素点的明暗程度，可以达到显示彩色的目的。

### 1. 色彩控制

目前的彩色 LCD 都用一块专用的驱动器芯片来控制每一个像素的显示。驱动器对每个基色采用若干位来控制其明暗程度，如图 14-2 所示。根据控制位数多少可分为 16 位真彩色、24 位真彩色和 32 位真彩色。

#### 1) 16 位真彩色

对于大多数的 16 位或 32 位微控制器而言，提供与彩色 LCD 驱动器的接口往往是

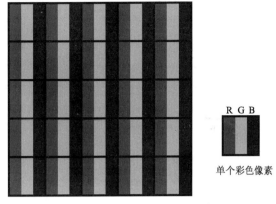

图 14-1 彩色 LCD 像素分布

16 位的。在这种情况下，24 位的彩色数据不能实现一次发送。为了提高信息存储和传输的效率，就产生了 16 位真彩色。

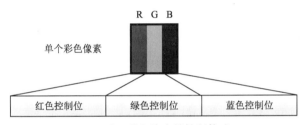

图 14-2 彩色像素的控制格式

科学研究表明，人眼虽然是一个很精密的器官，但是对颜色的分辨能力是相对有限的，采用 5 位控制每一个基色像素点的明暗变化时，最后三基色合成的彩色已经可以满足人眼对颜色分辨力的要求了。如图 14-3（a）所示，三基色一共用 15 位进行色彩控制的格式称为 16 位真彩色的 555 格式（即 RGB555 格式）。

很显然，对于 16 位整型数据长度和 16 位接口而言，RGB555 格式浪费了 1 位的控制能力。而人眼对三基色中绿色的变化是最敏感的，所以在 RGB555 格式的基础上，把绿色的控制位增加到 6 位，形成如图 14-3（b）所示的 16 位真彩色的 565 格式（即 RGB565 格式），这也是在微控制器的彩色 LCD 编程中使用最广泛的彩色控制格式。

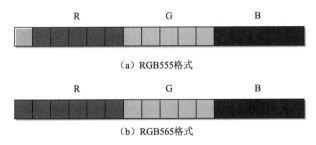

（a）RGB555格式

（b）RGB565格式

图 14-3 16 位真彩色的两种格式

#### 2) 24 位真彩色

如果每个像素的每个基色使用 1 字节（即 8 bit）来控制其明暗程度，那么三基色像素点

共需要 3 字节（即 24 bit）来进行色彩控制，这种使用 24 bit 进行色彩控制的彩色称为 24 位真彩色。

3）32 位真彩色

24 位的色彩控制在实际使用中存在一些尴尬。对于 C 语言编程来说，常用的数据类型是 16 位或 32 位，24 位的彩色在信息存储和信号处理时会带来效率上的损失。为此，在 24 位色彩的基础上再加 8 位的灰度控制，即形成所谓的 32 位真彩色，不过其本质上的彩色数量并没有发生变化。

**2．相关术语**

下面介绍几个与显示器有关的常用术语，常用于描述显示特性。

1）像素

像素是组成图像的最基本单元要素，显示器的像素指它成像最小的点，即一个显示单元。

2）分辨率

分辨率通常以"行像素值 × 列像素值"表示显示器的分辨率。如分辨率 800×480 表示该显示器的每一行有 800 个像素点，每一列有 480 个像素点，也可理解为整屏画面由 800 列、480 行组成。

3）点距

点距指两个相邻像素点中心之间的距离，它会影响画质的细腻度及观看距离。相同尺寸的屏幕，若分辨率越高，则点距越小，画质越细腻。如现在有些手机的屏幕分辨率比计算机显示器的还大，这是手机屏幕点距小的原因；LED 点阵显示屏的点距一般都比较大，所以适合远距离观看。

4）色彩深度

色彩深度指显示器的每个像素点能表示多少种颜色，一般用"位"（bit）来表示。如单色屏的每个像素点能表示亮或灭两种状态（即实际上能显示两种颜色），用 1 个数据位就可以表示像素点的所有状态，所以它的色彩深度为 1 bit，其他常见的显示屏色深为 16 bit、24 bit。

5）显示尺寸

显示尺寸常用屏幕对角线的长度来表示，单位为英寸（1 英寸 =2.54cm）。如 5 英寸，就是指屏幕对角线的长度为 5 英寸，通过显示器的对角线长度及长宽比可确定显示器的实际长宽尺寸。

## 14.1.2 彩色 LCD 显示器的图形显示方法

在了解了彩色 LCD 显示器的单个像素的显示控制原理后，在 LCD 上显示彩色图形就很容易理解了。如图 14-4 所示，在 LCD 某个限定的区域中逐个像素显示彩色，人眼将看到一幅彩色图像。

一个完整的显示屏由液晶显示面板、触摸面板以及 PCB 底板构成。触摸面板带有触摸控制芯片，该芯片处理触摸信号并通过引出的信号线与外部器件通信。触摸面板中间是透明的，它贴在液晶面板上面，一起构成屏幕的主体。触摸面板与液晶面板引出的排线连接到 PCB 底板上。

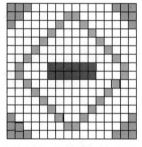

图 14-4 彩色图像的显示

如图 14-5 所示，根据实际需要，PCB 底板上可能会带有"液晶控制器芯片"。因为控制液晶面板需要比较多的资源，所以大部分低级微控制器都不能直接控制液晶面板，需要额外配套一个专用液晶控制器来处理显示过程，外部微控制器只要把它希望显示的数据直接交给液晶控制器即可。而不带液晶控制器的液晶显示器，液晶面板的信号由外部微控制器直接控制。STM32F429 系列的芯片不需要额外的液晶控制器，也就是说它把专用液晶控制器的功能集成到 STM32F429 芯片内部了，类似于集成显卡，它节约了额外的控制器成本。而 STM32F1x 系列的微控制器芯片由于片内没有集成液晶控制器，所以它只能驱动自带控制器的彩色 LCD，类似于外置显卡。

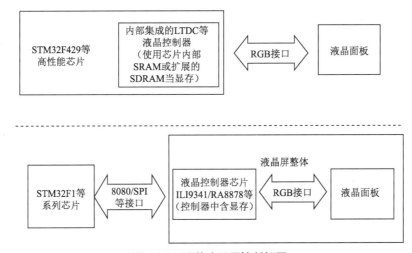

图 14-5　两种液晶屏控制框图

如图 14-5 所示，液晶面板通过 RGB 接口 (RGB Interface) 与液晶控制器相连。RGB 接口信号定义如表 14-1 所示。

表 14-1　RGB 接口信号定义

| 信号名称 | 说明 | 信号名称 | 说明 |
|---|---|---|---|
| R[7:0] | 红色数据 | HSYNC | 水平同步信号 |
| G[7:0] | 绿色数据 | VSYNC | 垂直同步信号 |
| B[7:0] | 蓝色数据 | DE | 数据使能信号 |
| CLK | 像素同步时钟信号 | | |

结合图 14-6 来理解液晶屏图像显示的过程。图像可看作一个矩形，液晶屏有一个显示指针，它指向将要显示的像素。假设显示指针的扫描方向从左到右、从上到下，逐个像素地描绘图形。这些像素点的数据通过 RGB 数据线传输，在同步时钟 CLK 的驱动下逐个传输到液晶屏中，交给显示指针控制对应像素显示。传输完成一行时，水平同步信号 HSYNC 电平跳变一次；而传输完一帧（整个显示画面）时，垂直同步信号 VSYNC 电平跳变一次。

在实际应用中，需要把每个像素点的数据缓存起来，再传输给液晶屏，这些专门用于存储显示数据的存储器（SRAM 或 SDRAM），称为显存。显存一般至少要能存储液晶屏的一帧显示数据，如分辨率为 800×480 的液晶屏，使用 24 位真彩色（RGB888 格式）显示，它的一帧显示数据大小为 3×800×480=1 152 000 字节；若使用 RGB565 格式显示，一帧显示

数据大小为 $2 \times 800 \times 480 = 768\ 000$ 字节。

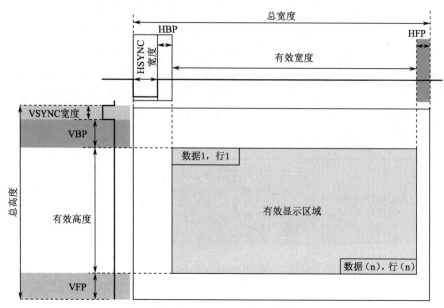

图 14-6    液晶显示数据图解

一般来说，外置的液晶控制器会自带显存，而像 STM32F429 等集成液晶控制器的芯片可使用内部 SRAM 或外扩 SDRAM 用于显存空间。

为了控制方便，目前主流的彩色 LCD 驱动芯片都支持在 LCD 屏幕某个指定宽度与高度的矩形区域内进行填色操作。而且根据控制器和驱动程序具体编程方法的不同，还分为由左至右从上到下的逐列扫描方式、从左到右由下而上的逐列扫描方式、从上到下由左到右的逐行扫描方式、从上到下由右到左的逐行扫描方式等。

### 14.1.3    字符汉字的编码与字模

前面介绍了彩色 LCD 显示图形的基本原理，下面介绍如何利用彩色 LCD 显示文字。使用彩色 LCD 显示文字时，涉及字符编码与字模的知识。

#### 1. 字符及汉字的编码

由于电子计算机中所有的符号都是以二进制的形式进行存储和传输，所以需要对文字进行编码才能让计算机处理。编码的过程就是规定特定的 01 数字串来表示特定的文字。

1）ASCII 编码

美国标准信息交换码（American Standard Code for Information Interchange，ASCII）就是一套基于拉丁字母的计算机编码系统，主要用于显示英语和其他西欧语言，也是现今最通用的单字节编码系统，并等同于国际标准 ISO/IEC 646。

作为美国制定的字符编码标准，早期的 ASCII 码称为标准 ASCII 码或基础 ASCII 码，它使用 7 位二进制数的组合来表示 128 个字符，包括所有的大小写英文字母、数字字符 0~9、标点符号以及在英语中使用的特殊控制字符，具体见附录 A 标准 ASCII 码对照表。

基础 ASCII 码表中码值为（以十进制数表示）0~31 及 127 共 33 个字符，是控制字符或通信专用字符，其余为可显示字符。ASCII 码表中码值为 8、9、10、13 共四个控制字符，分别转换为退格、制表、换行和回车字符。它们没有特定的显示图形，但会对文本显示产生不同的影响。码值 32~126 是 95 个可显示字符（32 代表空格），其中，48~57 为十个阿拉伯字符 0~9，65~90 为 26 个大写字母，97~122 为 26 个小写字母，其余为标点符号、运算符号等。

7 位的基础 ASCII 码只适用于英文字符。随着应用范围的扩大，对其他字符的支持需求越来越强烈，为此使用 1 个完整字节的 8 位扩展 ASCII 码应运而生。扩展 ASCII 码允许将每个字符的第 8 位用于附加的 128 个特殊符号、外来语字母和图形符号。

2）汉字编码

与用 ASCII 码就能表达整个英文相比，源于象形文字的汉字数量庞大，结构复杂，要实现计算机存储和传输要困难得多。

常用的汉字字符集有 GB 2312、GBK、Big5、Unicode 等，由于计算能力和存储空间有限，在嵌入式设备中目前最常用的是 GB 2312 字符集。

GB 2312 字符集共收录汉字 6 763 个，汉字符号 682 个。它把 ASCII 码表 127 号之后的扩展字符集直接取消掉，并规定小于 127 的编码按原来 ASCII 标准解释字符。当两个大于 127 的字符连在一起时，就表示 1 个汉字，第一字节使用（0xA1 ～ 0xFE）编码，第二字节使用（0xA1 ～ 0xFE）编码，这样的编码组合起来可以表示 7 000 多个符号。在这些编码里，还把数学符号、罗马字母、日文假名等都编进表中，就连原来在 ASCII 里原本就有的数字、标点以及字母也重新编了 2 字节长的编码，这就是平时在输入法里可切换的"全角"字符，而标准的 ASCII 码表中，127 号以下的就被称为"半角"字符。

在 GB 2312 中，字符集分成 94 个区，每个区含有 94 位，共 8 836 个区位。每个区位对应一个字符，因此可用字符所在的区和位来对汉字进行编码，故又称区位码。它规定每个字符采用 2 字节表示，第一字节为"高字节"，对应 94 个区；第二字节为"低字节"，对应 94 个位。其中，01~09 区为特殊符号；16~55 区为一级汉字，按拼音排序；56~87 区为二级汉字，按部首/笔画排序；10~15 区及 88~94 区未使用。

为兼容 ASCII 码，区号和位号分别加上 0xA0 偏移就得到 GB2312 编码。在区位码上加上 0xA0 偏移，可求得 GB 2312 编码范围：0xA1A1~0xFEFE，其中汉字的编码范围为 0xB0A1~0xF7FE，第一字节为 0xB0~0xF7（对应区号：16~87），第二字节为 0xA1-0xFE（对应位号：01~94）。

例如，"啊"字是 GB 2312 编码中的第一个汉字，它位于 16 区的 01 位，所以它的区位码就是 1601，加上 0xA0 偏移，其 GB 2312 编码为 0xB0A1。

2. 字符及汉字的字模

有了编码，字符就能在计算机中处理、存储，但是直接输出编码，用户将难以识别。因此字符输出时，需要转换成人们习惯的表现形式。

字符实际上是一个独特的图形，计算机把字符编码转换成对应的字符图形用户就能正常识别，因此要给计算机提供字符的图形数据，这些数据就是字模，字模的集合称为字库。计算机显示字符时，根据字符编码与字模数据的映射关系找到它相应的字模数据，液晶屏根据字模数据显示该字符。

下面以图 14-7 所示的英文和阿拉伯数字字符常用的 8×16 点阵为例介绍字模。每个字符点阵，每行的分辨率为 8 位，正好对应 1 字节，共 16 行对应 16 字节。点阵中的每个像素可以用一个位（bit）来存储，该位为 1 代表显示字形，该位为 0 代表不显示。这样，一个 8×16 点阵的字模就可以用 16 字节的信息表示。在 C 语言编程中，字模通常以数组的形式出现。

如果按照从上到下，从左到右的方式从低位到高位取模，可以得到图 14-7 所示字符的字模表，对应的 C 语言数组形式可表示为：

```
 uint8_t const ascii_lib[][16]={
{0x00,0x00,0x00,0x7E,0x02,0x02,0x02,0x1E,0x22,0x40,0x40,0x42,0x22,0x1C,
0x00,0x00},/*"5",0*/
{0x00,0x00,0x00,0x3C,0x22,0x22,0x01,0x01,0x01,0x71,0x21,0x22,0x22,0x1C,
0x00,0x00},/*"G",1*/
};
```

对于汉字字符，通常使用 16×16 点阵字模来表示，如图 14-8 所示。将字模的每行分解为左右各对应 1 字节，也按从上到下，从左到右的方式从低位到高位取模，得到汉字"疫"的字模表，对应的 C 语言数组形式可表示为：

```
uint8_t const ascii_lib[][32]={
{0x00,0x01,0x00,0x02,0xF8,0x7F,0x08,0x00,0xC9,0x0F,0x4A,0x08,0x4A,0x08,0
x28,0x70,0x1C,0x00,0xEA,0x1F,0x49,0x10,0x88,0x08,0x04,0x05,0x04,0x02,0x8
2,0x0D,0x71,0x70},};
```

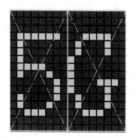
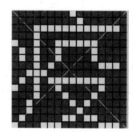

图 14-7　8×16 点阵的字模　　图 14-8　16×16 点阵汉字"疫"的字模

从取字模过程中可以看到，字模数组中的数据的每一位都直接对应单色 LCD 屏幕上的每一个像素点的亮灭。在彩色 LCD 屏幕上，一个像素点的颜色用 16 位数据表示，显示字符时，就需要将字模数组中的每一位转换为显示字符的字体颜色或背景色。

### 3．字符编码与字库的关系

字符编码解决了英文及汉字的存储和传输问题，而字库解决了字符字形显示的问题。显然，在实际使用过程中，要解决字符编码与显示字库中的字模之间的对应关系问题。

在嵌入式系统中，ASCII 码表中的英文和阿拉伯数字符号等字符通常使用 8×16 点阵显示的字库，而汉字通用用 16×16 点阵显示的字库。对于更高分辨率和更大的字体，使用方法也完全一样。

首先，看看 ASCII 码字符如何与 8×16 点阵字库对应。如前所述，ASCII 码表中 32~126 这 95 个字符是有对应图形符号的，而且这 95 个字符是按照顺序连续排列的，所以可以把相应的显示字库编制成一个二维数组，二维数组的第二维固定为 16（每个字模 16 字节），第一维则是 ASCII 码对应的数字减去 32。例如，大写字母 A 的 ASCII 码为 65（0x41），其对应的显示字库中二维数组第一维的序号为 65-32=33。

对于 GB 2312 区位码来说，其对应的 16×16 点阵显示字库同样也定义为二维数组，其第二维定义为固定 32（每个字模 32 字节），第一维的对应关系稍微复杂一些。

对应区位码来说，汉字字符分布在 94 个区的 94 个位上，分别由第一字节（区字节）和第二字节（位字节）来表示，在处理对应关系时，首先要将"区字节"和"位字节"分别减去 0xA0 后得到区码和位码，然后可以导出在字库中的对应序号。即字库二维数组第一维的下标 =（区码 -16）×94+（位码 -1）。

例如，字库中的第一个汉字"啊"，其第一字节为 0xB0，第二字节为 0xA1，分别减去 0xA0 后得到区码为 0x10（0xB0-0xA0），位码为 0x01（0xA1-0xA0），则在汉字字库中的位置为（0x10-16）×94+（0x01-1）=0。

无论是 ASCII 码字库还是汉字区位码字库，其内部字模的排列都是与编码的顺序一致。按照上述的对应关系，在实际应用时非常方便。

## 14.1.4 STM32F103 微控制器的 FSMC

可变静态存储控制器（flexible static memory controller，FSMC）是增强型 STM32F103 微控制器芯片中的外设之一，主要用于外部存储器设备的接口。对于资深的嵌入式与单片机工程师来说，FSMC 实际上有几分复古的味道，弄清楚静态存储器控制器这种外设的发展历程，有助于理解它的重要作用。

早期的微控制器虽然片内集成了运算内核和定时器、USART、I/O 端口等外设，但是由于芯片生产工艺和成本的限制，用于程序存储的 ROM 往往使用外置芯片，扩展数据存储器 RAM 也会使用外置芯片。这些芯片与微处理器之间除了地址总线和数据总线需要接口外，还有几个具备严格时序要求的读/写控制信号（如 RD、WR、RW 等）以及片选（CS）信号需要连接。

这些接口控制信号按照数量和时序的不同，主要分为 8080 接口和 6800 接口。

8080 接口因为最初用于 Intel 公司的 8080 微处理器而得名，除了地址/数据总线外，还包括片选信号（CS）、写控制信号（WR）、读控制信号（RD）等（均低电平有效），其信号时序图如图 14-9 所示，虚线代表读/写操作的时间点。

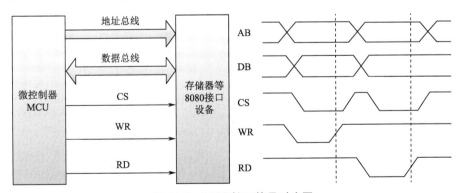

**图 14-9 8080 接口信号时序图**

6800 接口源于摩托罗拉公司的 6800 微处理器，除了地址 / 数据总线之外，还包括使能信号（E）、读写控制信号（W/R）（低电平写、高电平读）等，其信号时序图如图 14-10 所示，虚线代表读/写操作的时间点。

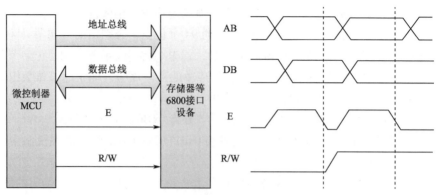

图 14-10　6800 接口信号时序图

早期的单片机芯片由于需要连接外部 ROM 和 RAM 芯片，是具备这些信号线的，随着半导体芯片生产工艺水平的提高和成本的降低，特别是闪存的广泛应用，单片机逐渐将 ROM 集成到芯片内部，内部 RAM 的容量也得到了很大的提升，于是很多单片机取消了与这些外置存储器芯片的接口控制总线。

随着 ARM 内核微控制器的出现，微控制器的运算能力大大增强，控制对象日益广泛，需要与之接口的外部器件也逐渐增多，包括 SRAM、ROM、Flash 和 LCD 模块等。

FSMC 正是一种兼容 8080 接口和 6800 接口控制逻辑，并且性能得到增强的外部接口控制器。在 STM32F103 系列微控制器中，FSMC 只存在于 100 引脚或 144 引脚的高密度和超高密度芯片中。当 STM32 微控制器没有使用 FSMC 与外部存储器或 LCD 模块通信时，需要使用 GPIO 端口模拟 8080 或 6800 接口时序，这样就会增加编程负担并降低数据处理效率。当 STM32 使用内部的 FSMC 与外部器件连接通信时，接口控制线可以按照预先的配置对器件进行读/写操作，自动产生 8080 或 6800 接口控制时序，将降低编程负担并提高数据处理效率。所以，FSMC 本质上是接口逻辑控制信号在高性能控制器芯片中的回归。

在 STM32F103 微控制器中，FSMC 模块的地址空间分布与接口控制信号如图 14-11 所示。

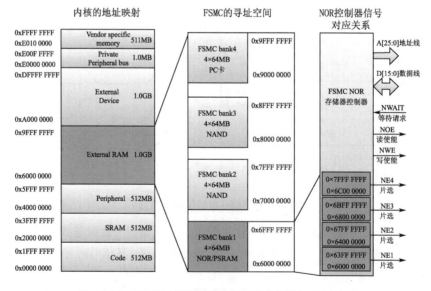

图 14-11　FSMC 模块的地址空间分布与接口控制信号

如图 14-11 所示，在 Cortex-M3 内核的 32 位寻址空间中，地址为 0x60000000~0x9FFFFFFF 的 1 GB 空间为外部存储设备的寻址空间。在 FSMC 中，这段空间被分成四个256 MB 的空间，分配给不同类型的外部存储设备，包括 NOR/PSRAM、NAND、PC 卡等。

根据彩色 LCD 驱动控制器的接口特征，选用 NOR/PSRAM 的地址空间（0x60000000~0x6FFFFFFF）。这段空间又被分为四个 64 MB 的空间，每个 64 MB 空间对应一个 FSMC_NE[4:1] 中的一个信号，用于控制外接存储器的片选信号。

在外部存储器与 STM32F103ZE 微控制器相连时，需要根据外部存储器的接口特征来配置 FSMC 接口时序，如果外部存储器芯片的接口速率较低，还需要插入适当的等待周期。

### 14.1.5 电阻触摸屏的工作原理

触摸屏又称触控面板，它是一种把触摸位置转换成坐标数据的输入设备，根据触摸屏的检测原理，主要分为电阻式触摸屏和电容式触摸屏。相对来说，电阻式触摸屏造价便宜，能适应较恶劣的环境，但它只支持单点触控（一次只能检测面板上的一个触摸位置），触摸时需要一定的压力，使用久了容易造成表面磨损，影响寿命；而电容式触摸屏具有支持多点触控、检测精度高的特点，电容式触摸屏通过与导电物体产生的电容效应来检测触摸动作，只能感应导电物体的触摸，湿度较大或屏幕表面有水珠时会影响电容式触摸屏的检测效果。

目前电容式触摸屏广泛应用在智能手机、平板电脑等电子设备中，而在汽车导航、工控机等设备中电阻式触摸屏仍占主流。

电阻式触摸屏检测原理：电阻式触摸屏主要由表面硬涂层、两个 ITO 层、间隔点以及玻璃底层构成，这些结构层都是透明的，整个触摸屏覆盖在液晶面板上，透过触摸屏可看到液晶面板。表面涂层起到保护作用，玻璃底层起承载的作用，而两个 ITO 层是触摸屏的关键结构，它们是涂有铟锡金属氧化物的导电层。两个 ITO 层之间使用间隔点使两层分开，当触摸屏表面受到压力时，表面弯曲使得上层 ITO 与下层 ITO 接触，在触点处连通电路。

如图 14-12 所示，电阻式触摸屏四线结构中，两个 ITO 层的两端分别引出 X-、X+、Y-、Y+ 四个电极，通过这些电极，外部电路向这两个 ITO 层可以施加匀强电场或检测电压。当触摸屏被按下时，两个 ITO 层相互接触，从触点处把 ITO 层分为两个电阻，且由于 ITO 层均匀导电，两个电阻的大小与触点离两电极的距离成比例关系，利用这个特性可以检测坐标，这也正是电阻式触摸屏名称的由来。

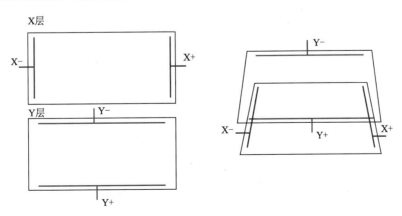

**图 14-12　电阻式触摸屏 ITO 层电极**

如图 14-13 所示，计算 $X$ 坐标时，在 X+ 电极施加驱动电压 $V_{ref}$，X- 极接地，所以 X+ 与 X-处形成了匀强电场，而触点处的电压通过 Y+ 电极采集得到，由于 ITO 层均匀导电，触点电压与 $V_{ref}$ 之比等于触点 $X$ 坐标与屏宽度（$W$）之比，得到 $X=W\times V_{y+}/V_{ref}$。计算 $Y$ 坐标时，在 Y+ 电极施加驱动电压 $V_{ref}$，Y- 极接地，所以 Y+ 与 Y- 处形成了匀强电场，而触点处的电压通过 X+ 电极采集得到，由于 ITO 层均匀导电，触点电压与 $V_{ref}$ 之比等于触点 $Y$ 坐标与屏高度（$H$）之比，从而 $Y=H\times V_{x+}/V_{ref}$。

为了方便检测触摸的坐标，一些芯片厂商制作了电阻式触摸屏专用的控制芯片，控制上述采集过程、采集电压，外部微控制器直接从触摸控制芯片获得触点的电压或坐标。

XPT2046 是专用在四线电阻式触摸屏的触摸屏控制器，STM32 可通过 SPI 接口与 XPT2046 通信，读取采集电压，然后转换成坐标。

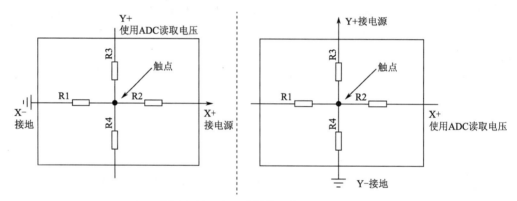

图 14-13　电阻式触摸屏检测等效电路

### 14.1.6　彩色 LCD 及触摸屏的驱动函数

在彩色 LCD 上显示图像，实质上就是对 LCD 驱动芯片中的控制寄存器进行配置并将图像的颜色数据写入每个像素对应的显存中。

相对于单色的 LCD12864 点阵屏，彩色 LCD 的控制要复杂得多。特别是市场上 LCD 驱动芯片的厂商和型号众多，竞争也很激烈，所以要求每位工程师都对照驱动芯片资料编写驱动程序是一件十分费时费力的工作，也不利于产品推广。因此，厂商在推出一款新的 LCD 控制芯片时，往往会组织自己的工程师编写该型号芯片的驱动代码。在 C 语言环境下，工程师会将驱动代码封装成函数提供给应用方。

对于应用方而言，一般不必关心芯片驱动的细节，只需要直接使用这些封装后的函数，并将底层的接口函数简单移植到自己使用的微控制器上即可，这无疑将大大提高应用工程师的工作效率和研发进度。

触摸屏和 LCD 屏一般都是一体的，所以提供 LCD 驱动的同时，也会提供触摸屏的驱动。本项目中，将直接使用 LCD 厂商提供的驱动函数，如表 14-2 所示。这里先了解函数的功能，具体用法在代码中再详细讲解。

表 14-2 彩色 LCD 及电阻式触摸屏的驱动函数

| 模块 | 函数名称 | 函数功能 |
|---|---|---|
| 彩色 LCD | ILI9341_Init() | LCD 液晶屏初始化 |
| | ILI9341_Clear() | 清屏 |
| | LCD_SetBackColor() | 设置背景色 |
| | LCD_SetTextColor() | 设置前景色 |
| | ILI9341_SetPointPixcl() | 在指定位置画点函数 |
| | ILI9341_DrawLine() | 指定两点画直线 |
| | ILI9341_DrawCircle() | 指定圆心半径画圆 |
| | ILI9341_DispString_EN() | 在指定位置显示 ASCII 字符串 |
| | ILI9341_DispChar_CH() | 在指定位置显示中文字符 |
| | ILI9341_BackLed_Control() | 打开或关闭 LCD 背光灯 |
| | ILI9341_GramScan() | 改变 LCD 扫描方向 |
| | ILI9341_OpenWindow() | 在指定位置开窗 |
| | ILI9341_Rst() | 液晶屏复位 |
| | ILI9341_SetCursor() | 设置坐标 |
| 电阻式触摸屏 | XPT2046_Init() | 触摸屏初始化 |
| | XPT2046_Touch_Calibrate() | 触摸屏参数校准函数 |
| | XPT2046_TouchEvenHandler() | 触摸屏功能处理函数 |
| | XPT2046_TouchDetect() | 触摸屏检测状态机函数 |
| | XPT2046_Get_TouchedPoint() | 获取触摸屏的触摸点坐标 |

# 14.2 项目实施

## 14.2.1 硬件电路实现

在本项目中，彩色 LCD 模块使用的是 ILI9341 驱动芯片。除了数据线之外，信号线主要有五根，包括片选信号 CS、命令或数据选择 RS、写使能 WR、读使能 RD，以及复位信号 RESET。与 SRM32F103ZE 的连接原理图如图 14-14 所示。

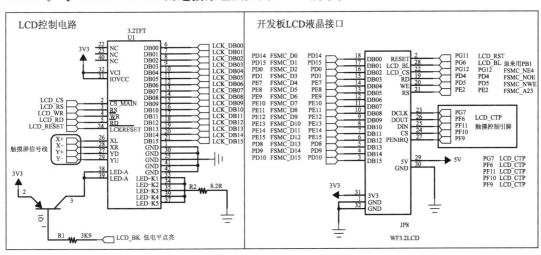

图 14-14 液晶连接原理图

LCD 接口使用的是 8080 时序，STM32 与 LCD 的硬件连接的控制信号基本上都有明确的对应关系，这里选择 FSMC_NE4 对应 LCD 的片选 CS，选择 FSMC_A23 对应命令/数据选择信号 RS，当 RS 为高电平时代表传输的是数据；当 RS 为低电平时代表传输的是命令，即向 LCD 写数据时，要求 FSMC_A23 输出 1；向 LCD 写命令时，要求 FSMC_A23 输出 0。

### 14.2.2 程序设计思路

这里只讲解核心部分的代码，有些变量的设置，头文件的包含等可能不会涉及，完整的代码请参考本章配套的工程。

在"工程模板"中移植厂家的 LCD 驱动文件（"bsp_ili9341_lcd.c"及"bsp_ili9341_lcd.h"），新建"timer.c"及"timer.h"文件以及"ascii.h"三个文件，用于编写代码或保存字模数据。

#### 1．编程要点

（1）移植 LCD 驱动代码；

（2）定时器初始化，10 ms 的中断模式；

（3）模拟时钟初始化，包括显示表盘、刻度，显示数字时钟值、英文字符串和汉字；

（4）在定时器中断中，产生时分秒，并刷新时针、分针和秒针。

#### 2．程序流程图

本项目的主要程序流程如图 14-15 所示。

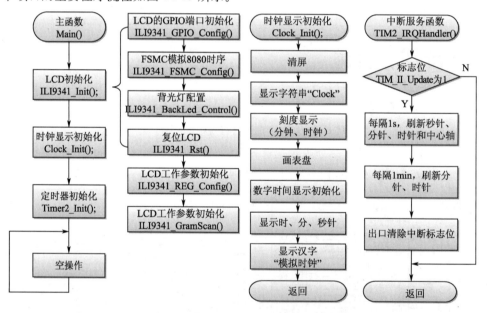

图 14-15 LCD 显示模拟时钟主要程序流程图

### 14.2.3 程序代码分析

首先来看一下项目中"main.c"文件的代码，如代码清单 14-1 所示。主函数中初始化 LCD 和 TIM2，并初始化模拟时钟的初始状态。

代码清单 14-1　实践项目 10 "main.c"文件中的代码

```
22 /* Includes -----------------------------------------*/
23 #include "stm32f10x.h"
```

```
24 #include "stm32f10x_conf.h"
25 #include "timer.h"
26 #include "bsp_ili9341_lcd.h"
27
28 /**
29  * @brief  Main program.
30  * @param  None
31  * @retval None
32  */
33 int main(void)
34 {
35   ILI9341_Init ();//LCD初始化
36   Clock_Init(); // 模拟时钟的初始状态
37   Timer2_Init();// 实现时钟功能
38   while(1);
39 }
```

其中第 35 行调用的 LCD 初始化函数的定义如代码清单 14-2 所示。代码中首先调用了
LCD 连接端口的初始化函数 ILI9341_GPIO_Config ()，如代码清单 14-3 所示。然后调用了
FSMC 参数配置函数 ILI9341_FSMC_Config()，如代码清单 14-4 所示。随后调用 ILI9341_
Rst() 函数复位 LCD 控制器、ILI9341_REG_Config() 函数配置 LCD 控制器的寄存器参数。
最后调用 ILI9341_GramScan() 函数改变液晶屏的扫描方向。最后的这两个函数和 LCD 控制
器的型号有关，命令配置比较复杂，厂家已经提供，而且与代码移植没有直接关系，所以在
此不做分析。

代码清单 14-2　实践项目 10 ILI9341_Init() 函数的代码

```
331 /**
332  * @brief  ILI9341初始化函数，如果要用到lcd，一定要调用这个函数
333  * @param 无
334  * @retval 无
335  */
336 void ILI9341_Init (void)
337 {
338     ILI9341_GPIO_Config();
339     ILI9341_FSMC_Config();
340     ILI9341_BackLed_Control(ENABLE);          // 点亮 LCD 背光灯
341     ILI9341_Rst();
342     ILI9341_REG_Config();
343     // 设置默认扫描方向，其中 6 模式为大部分液晶例程的默认显示方向
344     ILI9341_GramScan(LCD_SCAN_MODE);
345 }
```

下面分析一下和 LCD 驱动移植有关系的 GPIO 端口的初始化函数。在 LCD 和 MCU 连
接的接口中，LCD_RST 信号和 LCD_BL（背光）控制信号，不是 FSMC 的功能引脚，所
以要初始化为推挽输出模式。其他与 FSMC 外设有关的复用 GPIO（包括 FSMC_D[15:0]、
FSMC_NE4、FSMC_A23、FSMC_NOE、FSMC_NWE）都初始化为复用推挽输出模式，在
随后的 FSMC 配置完成后，这些 GPIO 端口将完全由 FSMC 来控制，FSMC 会根据接口信号
要求自动配置为输出或输入。

代码清单 14-3　实践项目 10 ILI9341_GPIO_Config() 函数的代码

```
 99 static void ILI9341_GPIO_Config (void)
100 {
101     GPIO_InitTypeDef GPIO_InitStructure;
102     /* 使能 FSMC 时钟 */
103     RCC_AHBPeriphClockCmd(RCC_AHBPeriph_FSMC, ENABLE);
104     /* 使能 FSMC 对应相应引脚时钟 */
105     RCC_APB2PeriphClockCmd(RCC_APB2Periph_GPIOD|RCC_APB2Periph_GPIOE
106                         |RCC_APB2Periph_GPIOB|RCC_APB2Periph_GPIOG
107                         |RCC_APB2Periph_GPIOF , ENABLE);
108
109     GPIO_InitStructure.GPIO_Mode=GPIO_Mode_Out_PP;
110     GPIO_InitStructure.GPIO_Speed=GPIO_Speed_50MHz;
111     /* 配置 LCD 背光控制引脚 */
112     GPIO_InitStructure.GPIO_Pin = GPIO_Pin_6;
113     GPIO_Init(GPIOG, &GPIO_InitStructure);
114     /* 配置 LCD 复位控制引脚 */
115     GPIO_InitStructure.GPIO_Pin=GPIO_Pin_11 ;
116     GPIO_Init(GPIOG, &GPIO_InitStructure);
117 /* 配置 FSMC 的数据线,FSMC-D0~D15: PD14 15 0 1,PE7 8 9 10 11 12 13 14 15,PD8 9 10*/
118     GPIO_InitStructure.GPIO_Speed=GPIO_Speed_50MHz;
119     GPIO_InitStructure.GPIO_Mode=GPIO_Mode_AF_PP;
120     GPIO_InitStructure.GPIO_Pin=GPIO_Pin_0|GPIO_Pin_1|GPIO_Pin_8|GPIO_Pin_9
121                         |GPIO_Pin_10 | GPIO_Pin_14 | GPIO_Pin_15;
122     GPIO_Init(GPIOD, &GPIO_InitStructure);
123     GPIO_InitStructure.GPIO_Pin=GPIO_Pin_7|GPIO_Pin_8|GPIO_Pin_9 | GPIO_Pin_10
124         |GPIO_Pin_11 | GPIO_Pin_12 | GPIO_Pin_13 | GPIO_Pin_14 | GPIO_Pin_15;
125
126     GPIO_Init(GPIOE, &GPIO_InitStructure);
127                         /* 配置 FSMC 相对应的控制线
128                          * PD4-FSMC_NOE:LCD-RD
129                          * PD5-FSMC_NWE:LCD-WR
130                          * PG12-FSMC_NE4:LCD-CS
131                          * PE2-FSMC_A23:LCD-DC
132                          */
133     GPIO_InitStructure.GPIO_Pin=GPIO_Pin_4;
134     GPIO_Init(GPIOD, &GPIO_InitStructure);
135     GPIO_InitStructure.GPIO_Pin=GPIO_Pin_5;
136     GPIO_Init(GPIOD, &GPIO_InitStructure);
137     GPIO_InitStructure.GPIO_Pin=GPIO_Pin_12;
138     GPIO_Init(GPIOG, &GPIO_InitStructure);
139     GPIO_InitStructure.GPIO_Pin=GPIO_Pin_2;
140     GPIO_Init(GPIOE, &GPIO_InitStructure);
141     /* 开背光 */
142     GPIO_ResetBits(GPIOG, GPIO_Pin_6);
143 }
```

代码清单 14-4　实践项目 10 ILI9341_FSMC_Config() 函数的代码

```
151 static void ILI9341_FSMC_Config(void)
152 {
```

```
153    FSMC_NORSRAMInitTypeDef  FSMC_NORSRAMInitStructure;
154    FSMC_NORSRAMTimingInitTypeDef  readWriteTiming;
155    /* 使能 FSMC 时钟 */
156    RCC_AHBPeriphClockCmd (RCC_AHBPeriph_FSMC, ENABLE);
157    // 地址建立时间（ADDSET）为 1 个 HCLK·2/72M=28ns
158    readWriteTiming.FSMC_AddressSetupTime=0x01;        // 地址建立时间
159    // 数据保持时间（DATAST）+ 1 个 HCLK=5/72M=70ns
160    readWriteTiming.FSMC_DataSetupTime=0x04;           // 数据建立时间
161    // 选择控制的模式
162    // 模式 B, 异步 NOR Flash 模式, 与 ILI9341 的 8080 时序匹配
163    readWriteTiming.FSMC_AccessMode=FSMC_AccessMode_B;
164    /* 以下配置与模式 B 无关 */
165    // 地址保持时间（ADDHLD）模式 A 未用到
166    readWriteTiming.FSMC_AddressHoldTime=0x00;         // 地址保持时间
167    // 设置总线转换周期, 仅用于复用模式的 NOR 操作
168    readWriteTiming.FSMC_BusTurnAroundDuration=0x00;
169    // 设置时钟分频, 仅用于同步类型的存储器
170    readWriteTiming.FSMC_CLKDivision=0x00;
171    // 数据保持时间, 仅用于同步类型的 NOR
172    readWriteTiming.FSMC_DataLatency=0x00;
173    FSMC_NORSRAMInitStructure.FSMC_Bank=FSMC_Bank1_NORSRAMx;
174    FSMC_NORSRAMInitStructure.FSMC_DataAddressMux=FSMC_DataAddressMux_
       Disable;
175    FSMC_NORSRAMInitStructure.FSMC_MemoryType=FSMC_MemoryType_NOR;
176    FSMC_NORSRAMInitStructure.FSMC_MemoryDataWidth=FSMC_MemoryDataWidth_
       16b;
177    FSMC_NORSRAMInitStructure.FSMC_BurstAccessMode=FSMC_BurstAccessMode_
       Disable;
178    FSMC_NORSRAMInitStructure.FSMC_WaitSignalPolarity=FSMC_WaitSignal
       Polarity_Low;
179    FSMC_NORSRAMInitStructure.FSMC_WrapMode=FSMC_WrapMode_Disable;
180    FSMC_NORSRAMInitStructure.FSMC_WaitSignalActive=FSMC_WaitSignal
       Active_BeforeWaitState;
181    FSMC_NORSRAMInitStructure.FSMC_WriteOperation=FSMC_WriteOperation_
       Enable;
182    FSMC_NORSRAMInitStructure.FSMC_WaitSignal=FSMC_WaitSignal_Disable;
183    FSMC_NORSRAMInitStructure.FSMC_ExtendedMode=FSMC_ExtendedMode_Disable;
184    FSMC_NORSRAMInitStructure.FSMC_WriteBurst=FSMC_WriteBurst_Disable;
185    FSMC_NORSRAMInitStructure.FSMC_ReadWriteTimingStruct=&readWrite
       Timing;
186    FSMC_NORSRAMInitStructure.FSMC_WriteTimingStruct = &readWriteTiming;
187    FSMC_NORSRAMInit (& FSMC_NORSRAMInitStructure);
188    /* 使能 FSMC_Bank1_NORSRAM4 */
189    FSMC_NORSRAMCmd (FSMC_Bank1_NORSRAMx, ENABLE);
190 }
```

代码第 153、154 行定义了两个用于 FSMC 配置的结构体变量，而且第二个结构体 FSMC_NORSRAMTimingInitTypeDef 又是第一个结构体 FSMC_NORSRAMInitTypeDef 的成员。第一个结构体 FSMC_NORSRAMInitTypeDef 的成员及其作用与取值如表 14-3 所示。

表 14-3　结构体 FSMC_NORSRAMInitTypeDef 的成员及其作用与取值

| 结构体成员名称 | 作用 | 结构体成员的取值 | 描述 |
|---|---|---|---|
| FSMC_Bank | 选择要使用的 bank | FSMC_Bank1_NORSRAM1 | 选取对应的映射空间 |
| | | FSMC_Bank1_NORSRAM2 | |
| | | FSMC_Bank1_NORSRAM3 | |
| | | FSMC_Bank1_NORSRAM4 | |
| FSMC_DataAddressMux | 复用地址/数据线 | FSMC_DataAddressMux_Disable | 禁用 |
| | | FSMC_DataAddressMux_Enable | 使能 |
| FSMC_MemoryType | 内存类型 | FSMC_MemoryType_SRAM | 选择 SRAM |
| | | FSMC_MemoryType_PSRAM | 选择 PSRAM |
| | | FSMC_MemoryType_NOR | 选择 NOR Flash |
| FSMC_MemoryDataWidth | 选择内存数据宽度 | FSMC_MemoryDataWidth_8b | 选择 8 位 |
| | | FSMC_MemoryDataWidth_16b | 选择 16 位 |
| FSMC_BurstAccessMode | 突发模式 | FSMC_BurstAccessMode_Disable | 禁用 |
| | | FSMC_BurstAccessMode_Enable | 使能 |
| FSMC_WaitSignalPolarity | 等待信号极性 | FSMC_WaitSignalPolarity_Low | 低电平 |
| | | FSMC_WaitSignalPolarity_High | 高电平 |
| FSMC_WrapMode | 循环模式 | FSMC_WrapMode_Disable | 禁用 |
| | | FSMC_WrapMode_Enable | 使能 |
| FSMC_WaitSignalActive | 设置 WAIT 信号有效时机 | FSMC_WaitSignalActive_DuringWaitState | 等待状态中 |
| | | FSMC_WaitSignalActive_BeforeWaitState | 等待状态前 |
| FSMC_WriteOperation | 是否打开写使能 | FSMC_WriteOperation_Disable | 禁用 |
| | | FSMC_WriteOperation_Enable | 使能 |
| FSMC_WaitSignal | WAIT 信号 | FSMC_WaitSignal_Disable | 禁用 |
| | | FSMC_WaitSignal_Enable | 使能 |
| FSMC_ExtendedMode | 扩展模式 | FSMC_ExtendedMode_Disable | 禁用 |
| | | FSMC_ExtendedMode_Enable | 使能 |
| FSMC_WriteBurst | 突发写 | FSMC_WriteBurst_Enable | 禁用 |
| | | FSMC_WriteBurst_Disable | 使能 |
| FSMC_ReadWriteTimingStruct | 读时序 | | |
| FSMC_WriteTimingStruct | 写时序 | | |

以上结构体的最后两个成员也是一个结构体类型 FSMC_NORSRAMTimingInitTypeDef，其成员及其作用与取值如表 14-4 所示。

表 14-4　结构体 FSMC_NORSRAMTimingInitTypeDef 的成员及其作用与取值

| 结构体成员名称 | 作用 | 取值 | 描述 |
|---|---|---|---|
| FSMC_AddressSetupTime | 设置地址建立时间 | 0x0~0xF | 时序相关的周期数 |
| FSMC_AddressHoldTime | 地址保持时间 | 0x0~0xF | 时序相关的周期数 |
| FSMC_DataSetupTime | 数据建立时间 | 0x0~0xFF | 时序相关的周期数 |
| FSMC_BusTurnAroundDuration | 总线恢复时间 | 0x0~0xF | 时序相关的周期数 |
| FSMC_CLKDivision | 设置 FSMC 的时钟分频 | 1~0xF | 时序相关的分频数 |
| FSMC_DataLatency | 数据保持时间 | 0x0~0xF | 与存储器类型相关 |
| FSMC_AccessMode | 设置读写时序的模式 | ABCD 四种模式 | |

结合表 14-3 和表 14-4，代码中结构体的成员取值含义已经很明了，在此不再说明了。

如前所述，本项目的 LCD 的片选信号使用 FSMC_NE4，也就意味着寻址范围为 0x6C000000~0x6FFFFFFF，而且我们使用 FSMC_A23 作为 LCD 的命令/数据选择信号 RS，高电平为数据，低电平为命令。由于 FSMC 使用 16 位接口，第四段的地址范围减少为 32 MB，最后一根地址线 A0 失去寻址意义，A1 变成了最低位，相当于实际地址线全部右移一位，对应到程序中，相当于地址左移一位，也就是程序中控制地址 A24 实际控制 A23。由此可以定义对 LCD 发送数据和命令的地址如代码清单 14-5 第 23、25 行所示。

代码清单 14-5 实践项目 10 "bsp_ili9341_lcd.h" 文件中的代码

```
 1 #ifndef __BSP_ILI9341_LCD_H
 2 #define __BSP_ILI9341_LCD_H
 3
 4 #include "stm32f10x.h"
 5 #include "fonts.h"
 6
 7 /**********************************************************
 8 2^26 =0X0400 0000=64MB, 每个 BANK 有 4*64MB=256MB
 9 64MB:FSMC_Bank1_NORSRAM1:0X6000 0000~0X63FF FFFF
10 64MB:FSMC_Bank1_NORSRAM2:0X6400 0000~0X67FF FFFF
11 64MB:FSMC_Bank1_NORSRAM3:0X6800 0000~0X6BFF FFFF
12 64MB:FSMC_Bank1_NORSRAM4:0X6C00 0000~0X6FFF FFFF
13
14 选择 BANK1-BORSRAM4 连接 TFT, 地址范围为 0X6C00 0000~0X6FFF FFFF
15 FSMC_A23 接 LCD 的 DC (寄存器/数据选择)脚
16 寄存器基地址 =0X6C00 0000
17 RAM 基地址 =0X6D00 0000=0X6C00 0000+2^23*2 = 0X6C00 0000 + 0X100 0000=0X6D00 0000
18 当选择不同的地址线时，地址要重新计算
19 **********************************************************/
20
21 /*************** ILI9341 显示屏的 FSMC 参数定义 ********************/
22 //FSMC_Bank1_NORSRAM 用于 LCD 命令操作的地址
23 #define  FSMC_Addr_ILI9341_CMD   ( (uint32_t) 0x6C000000 )
24 //FSMC_Bank1_NORSRAM 用于 LCD 数据操作的地址
25 #define  FSMC_Addr_ILI9341_DATA  ( (uint32_t) 0x6D000000 )
26 // 由片选引脚决定的 NOR/SRAM 块
27 #define  FSMC_Bank1_NORSRAMx  FSMC_Bank1_NORSRAM4
28 /******************* 调试预用 ********************/
29 #define  DEBUG_DELAY()
30 /*********** ILI934 显示区域的起始坐标和总行列数 ***************/
31 #define  ILI9341_DispWindow_X_Star   0        // 起始点的 X 坐标
32 #define  ILI9341_DispWindow_Y_Star   0        // 起始点的 Y 坐标
33
34 #define  ILI9341_LESS_PIXEL   240             // 液晶屏较短方向的像素宽度
35 #define  ILI9341_MORE_PIXEL   320             // 液晶屏较长方向的像素宽度
36
37 // 根据液晶扫描方向而变化的 XY 像素宽度
38 // 调用 ILI9341_GramScan 函数设置方向时会自动更改
39 extern uint16_t LCD_X_LENGTH,LCD_Y_LENGTH;
40
```

```
41 // 液晶屏扫描模式    // 参数可选值为 0~7
42 extern uint8_t LCD_SCAN_MODE;
43
44 /************** 定义 ILI934 显示屏常用颜色 *************************/
45 #define  BACKGROUND  BLACK              // 默认背景颜色
46
47 #define  WHITE        0xFFFF            // 白色
48 #define  BLACK        0x0000            // 黑色
49 #define  GREY         0xF7DE            // 灰色
50 #define  BLUE         0x001F            // 蓝色
51 #define  BLUE2        0x051F            // 浅蓝色
52 #define  RED          0xF800            // 红色
53 #define  MAGENTA      0xF81F            // 红紫色，洋红色
54 #define  GREEN        0x07E0            // 绿色
55 #define  CYAN         0x7FFF            // 蓝绿色，青色
56 #define  YELLOW       0xFFE0            // 黄色
57 #define  BRED         0xF81F
58 #define  GRED         0xFFE0
59 #define  GBLUE        0x07FF
60
61 /************** 定义 ILI934 常用命令 *************************/
62 #define  CMD_SetCoordinateX    0x2A        // 设置 X 坐标
63 #define  CMD_SetCoordinateY    0x2B        // 设置 Y 坐标
64 #define  CMD_SetPixel          0x2C        // 填充像素
65
66 /************** 声明 ILI934 函数 *************************/
67 void  ILI9341_Init(void);
68 void  ILI9341_Rst(void);
69 void  ILI9341_BackLed_Control(FunctionalState enumState);
70 void  ILI9341_GramScan(uint8_t ucOtion);
...... 函数声明部分省略
111 #endif/ /* __BSP_ILI9341_ILI9341_H */
```

在代码清单 14-5 中，第 44 ~ 60 行定义宏，用 RGB565 的格式表示颜色，其他的代码都有详细的注释，不再赘述。

在本项目中，还要实现模拟电子时钟功能，所以需要用定时器产生一个时基。这里采用 TIM2 产生 10 ms 的中断，初始化部分可以参考呼吸灯工程的代码，在此不再列出。这里给出在中断服务函数中实现时分秒以及相应指针的刷新操作的代码，以及时钟表盘初始化的函数的代码，如代码清单 14-6 所示。

代码清单 14-6  实践项目 10 TIM2_IRQHandler() 中断服务函数的代码

```
35 void TIM2_IRQHandler(void)   //10ms
36 {
37     u8 i,j;
38     if(TIM_GetITStatus(TIM2, TIM_IT_Update)==SET)
39     {
40         t++;
41         if(t>=100)
42         {
```

```
43          t=0;
44          LCD_SetTextColor(BACKGROUND);
45          ILI9341_DrawLine(120+10*cos(sth+PI),150+10*sin(sth+PI),
                            120+Sr*cos(sth),150+Sr*sin(sth));  // 秒针
46          s++;
47          sth=s*PI/30-PI/2;
48          LCD_SetTextColor(YELLOW);
49          ILI9341_DrawLine(120+10*cos(sth+PI),150+10*sin(sth+PI),
                            120+Sr*cos(sth),150+Sr*sin(sth));  // 秒针
50          LCD_SetTextColor(BLUE);
51          ILI9341_DrawLine(120+10*cos(mth+PI),150+10*sin(mth+PI),
                            120+Mr*cos(mth),150+Mr*sin(mth));  // 分针
52          LCD_SetTextColor(RED);
53          ILI9341_DrawLine(120+10*cos(hth+PI),150+10*sin(hth+PI),
                            120+Hr*cos(hth),150+Hr*sin(hth));  // 时针
54          for(i=119;i<=121;i++)  // 中心轴
55              for(j=149;j<=151;j++)
56                  ILI9341_SetPointPixel(i,j);
57          if(s/10!=6)
58              time[6]=s/10+'0';
59          else
60              time[6]='0';
61          time[7]=s%10+'0';
62          ILI9341_DispString_EN(100,270,(char *)time);
63          if(s>=60)
64          {
65              s=0;
66              LCD_SetTextColor(BACKGROUND);
67              ILI9341_DrawLine(120+10*cos(mth+PI),150+10*sin(mth+PI),
                  120+Mr*cos(mth),150+Mr*sin(mth));   // 分针
68              m++;
69              mth=m*PI/30-PI/2;
70              LCD_SetTextColor(BLUE);
71              ILI9341_DrawLine(120+10*cos(mth+PI),150+10*sin(mth+PI),
                  120+Mr*cos(mth),150+Mr*sin(mth));   // 分针
72              LCD_SetTextColor(BACKGROUND);
73              ILI9341_DrawLine(120+10*cos(hth+PI),150+10*sin(hth+PI),
                  120+Hr*cos(hth),150+Hr*sin(hth));   // 时针
74              hth=h*PI/6+m*PI/360-PI/2;
75              LCD_SetTextColor(RED);
76              ILI9341_DrawLine(120+10*cos(hth+PI),150+10*sin(hth+PI),
                  120+Hr*cos(hth),150+Hr*sin(hth));   // 时针
77              if(m/10!=6)
78                      time[3]=m/10+'0';
79              else
80                      time[3]='0';
81              time[4]=m%10+'0';
82              if(m>=60)
83                  {
84                      m=0;
```

```
 85                           h++;
 86                           time[0]=h/10+'0';
 87                           time[1]=h%10+'0';
 88                           if(h>=12)
 89                           h=0;
 90                       }
 91                   }
 92               }
 93           TIM_ClearITPendingBit(TIM2, TIM_IT_Update);
 94       }
 95   }
 96   void Clock_Init(void)
 97   {
 98       u32 r=60;
 99       double th,th1;
100       LCD_SetBackColor(BLACK);
101       LCD_SetTextColor(RED);
102       ILI9341_Clear(0,0,240,320);
103       ILI9341_DispString_EN(105,15,(char *)"Clock");
104
105       LCD_SetTextColor(GREEN);
106       for(th=0;th<=2*PI;th+=PI/30)            //分钟刻度
107       {
108           for(th1=th-0.002;th1<=th+0.002;th1+=0.001)
109             ILI9341_DrawLine(120+91*cos(th1),150+91*sin(th1),
                  120+97*cos(th1),150+97*sin(th1));
110       }
111       LCD_SetTextColor(YELLOW);
112       for(th=0;th<=2*PI;th+=PI/6)             //时钟刻度
113       {
114           for(th1=th-PI/180;th1<=th+PI/180;th1+=0.005)
115             ILI9341_DrawLine(120+85*cos(th1),150+85*sin(th1),
                  120+97*cos(th1),150+97*sin(th1));
116       }
117       LCD_SetTextColor(BLUE2);
118       for(r=96;r<=100;r++)                    //外围表盘
119           ILI9341_DrawCircle(120,150,r,0);//BLUE2
120
121       time[6]=s/10+'0';
122       time[7]=s%10+'0';
123       time[3]=m/10+'0';
124       time[4]=m%10+'0';
125       if(h>12)h=h%12;
126       time[0]=h/10+'0';
127       time[1]=h%10+'0';
128
129       sth=s*PI/30-PI/2;
130       mth=m*PI/30-PI/2;
131       hth=h*PI/6+m*PI/360-PI/2;
132
133       ILI9341_DrawLine(120+10*cos(sth+PI),150+10*sin(sth+PI),
                  120+Sr*cos(sth),150+Sr*sin(sth));   //秒针
```

```
134     ILI9341_DrawLine(120+10*cos(mth+PI),150+10*sin(mth+PI),
        120+Mr*cos(mth),150+Mr*sin(mth));    // 分针
135     ILI9341_DrawLine(120+10*cos(hth+PI),150+10*sin(hth+PI),
        120+Hr*cos(hth),150+Hr*sin(hth));    // 时针
136     ILI9341_DispChar_CH (90, 290, chinese_1616[4]);
137     ILI9341_DispChar_CH (106, 290, chinese_1616[5]);
138     ILI9341_DispChar_CH (122, 290, chinese_1616[6]);
139     ILI9341_DispChar_CH (138, 290, chinese_1616[7]);
140 }
```

扫码看视频

清单中调用 LCD 的相关函数实现画圆、画直线、显示字符串、显示汉字等功能。

**温馨提示**：具体用法，由于篇幅所限，关于本项目代码的详细讲解，可以扫描二维码观看视频。

在 MDK 中将项目代码成功编译后，下载到开发板运行，可以看到开发板上呈现模拟时钟画面。

# 14.3 拓展项目 11——触摸屏画板

### 14.3.1 拓展项目 11 要求

在本章 LCD 驱动的基础上，移植电阻触摸屏的驱动，实现如下功能：

（1）利用 LCD 显示画板，触摸可改变画笔颜色；

（2）在画板区域进行图画，可现实对应的笔迹。

### 14.3.2 拓展项目 11 实施

本项目需要用到 LCD 液晶屏和触摸屏，LCD 液晶屏的驱动同实践项目 10，触摸屏原理图如图 14-16 所示。

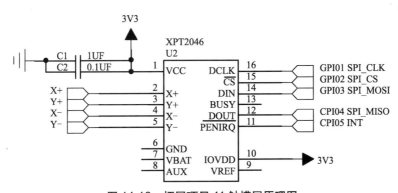

图 14-16 拓展项目 11 触摸屏原理图

在实践项目 10 代码的基础上，移植厂家提供的触摸屏驱动程序，复制"bsp_xpt2046_lcd.c"和"bsp_xpt2046_lcd.h"文件到工程中，在新建画板驱动文件"palette.c"和"palette.h"，用于存放触摸画板的代码。

**温馨提示**：本项目的主要代码以及具体的编写过程，请扫描二维码观看视频。

扫码看视频

# 第15章

# 实践项目11——μC/OS-III 操作系统

本章首先讲述嵌入式操作系统的概念以及 μC/OS-III 操作系统的特点，然后讲述操作系统文件系统结构和任务状态之间的切换，最后介绍在 STM32F103 平台上移植 μC/OS-III 操作系统的方法和项目实例。

## 学习目标

- 了解嵌入式操作系统的概念，主流嵌入式操作系统名称。
- 了解 μC/OS-III 操作系统特点，了解 μC/OS-III 操作系统体系结构。
- 掌握 μC/OS-III 操作系统中五种状态之间的转换机制。
- 掌握 μC/OS-III 操作系统在 STM32F103 芯片上的移植方法。
- 掌握移植了 μC/OS-III 操作系统的 STM32F103 芯片的应用实例。

## 任务描述

创建四个应用任务，分别为 LED1 任务、LED2 任务、LED3 任务、按键 KEY1 任务。LED1 任务调用 OSTimeDly() 函数相对性延时 1 s 切换一次 LED1 的亮灭状态，LED2 任务调用 OSTimeDly() 函数周期性延时 5 s 切换一次 LED2 的亮灭状态，LED3 任务调用 OSTimeDlyHMSM() 函数相对性延时 10 s 切换一次 LED3 的亮灭状态，按键 KEY1 任务是按下一次按键 LED4 亮一下，松手 LED4 会熄灭。

## 15.1　相关知识

操作系统是我们在计算机上接触到的一类系统软件，具有调度任务，协调设备，便捷存储的功能，而对于嵌入式产品来说，拥有一套操作系统无疑会带来更大的性能提升。嵌入式操作系统区别于通用的计算机系统，人们把嵌入到对象体系中，实现对象体系智能化控制的计算机系统，称为嵌入式计算机系统，简称嵌入式系统。

## 15.1.1 嵌入式操作系统简介

嵌入式操作系统（embedded operating system，EOS）是指用于嵌入式系统的操作系统。嵌入式操作系统是一种用途广泛的系统软件，通常包括与硬件相关的底层驱动软件、系统内核、设备驱动接口、通信协议、图形界面、标准化浏览器等。

目前常见的嵌入式操作系统有以下几种。

### 1．VxWorks

美国 Wind River System 公司于 1983 年设计开发的高性能、可扩展的实时操作系统 VxWorks，具有嵌入实时应用中最新一代的开发和执行环境，支持市场上几乎所有的处理器，以其良好的可靠性和卓越的实时性被广泛地应用在通信、军事、航空、航天等高精尖技术及实时性要求极高的领域中，如卫星通信、军事演习、弹道制导、飞机导航等。

### 2．Windows CE

美国 Microsoft 公司推出的嵌入式操作系统 Windows CE，支持众多的硬件平台，其最主要的特点是拥有与桌上型 Windows 家族一致的程序开发界面，因此，桌面操作系统 Windows 家族开发的程序可以直接在 Windows CE 上运行，主要应用于 PDA（个人数字助理）、平板电脑、智能手机等消费类电子产品。但嵌入式操作系统追求高效、节省，Windows CE 在这方面是笨拙的，它占用内存过大，应用程序庞大。

### 3．Free RTOS

Free RTOS 是一个使用迷你内核的小型嵌入式实时操作系统。由于嵌入式实时操作系统需占用一定的系统资源（尤其是 RAM 资源），只有 QNX、μC/OS-II、Free RTOS 等少数实时操作系统能在小 RAM 单片机上运行。相对 QNX、μC/OS-II 等商业操作系统，Free RTOS 操作系统是完全开源的操作系统，具有代码公开、可移植、可裁剪、调度策略灵活的特点，可以方便地移植到各种单片机上运行。

### 4．RT-Thread

我国在对嵌入式实时操作系统的研发中也取得了一定的成果。由中国开源社区主导开发的 RT-Thread，不仅包含一个实时操作系统内核，更有完整的应用生态体系，包含了与嵌入式实时操作系统相关的各个组件：TCP/IP 协议栈、文件系统、Libc 接口、图形用户界面等，具有相当大的发展潜力。

### 5．μC/OS

μC/OS 目前有两个版本：μC/OS-II 和 μC/OS-III。

μC/OS-II 最早于 1992 年由美国嵌入式系统专家设计开发，目前 μC/OS-III 也已面世。μC/OS-II 具有执行效率高、占用空间小、实时性能优良和可扩展性强等特点，最小内核可以编译至 2 KB。μC/OS-II 已经移植到了几乎所有知名的 CPU 上，μC/OS-II 也是在国内研究最为广泛的嵌入式实时操作系统之一。

μC/OS-III 就是一款优秀的嵌入式操作系统。μC/OS-III 是一个可裁剪、可固化、可剥夺的多任务系统，没有任务数目的限制，是 μC/OS 的第三代内核，提供了实时操作系统所需的所有功能，包括资源管理、同步、任务通信等。

μC/OS-III 有以下几个重要的特性：

(1) 可剥夺多任务管理：μC/OS-III 和 μC/OS-II 一样都属于可剥夺的多任务内核，总是执行当前就绪的最高优先级任务。

(2) 同优先级任务的时间片轮转调度：这个是 μC/OS-III 和 μC/OS-II 一个比较大的区别，μC/OS-III 允许一个任务优先级被多个任务使用，当这个优先级处于最高就绪态的时候，μC/OS-III 就会轮流调度处于这个优先级的所有任务，让每个任务运行一段由用户指定的时间长度，称为时间片。

(3) 极短的关中断时间：μC/OS-III 可以采用锁定内核调度的方式而不是关中断的方式来保护临界段代码，这样就可以将关中断的时间降到最低，使得 μC/OS-III 能够非常快速地响应中断请求。

(4) 任务数目不受限制：μC/OS-III 本身是没有任务数目限制的，但是从实际应用角度考虑，任务数目会受到 CPU 所使用的存储空间的限制，包括代码空间和数据空间。

(5) 优先级数量不受限制：μC/OS-III 支持无限多的任务优先级。

(6) 内核对象数目不受限制：μC/OS-III 允许定义任意数目的内核对象，内核对象指任务、信号量、互斥信号量、事件标志组、消息队列、定时器和存储块等。

(7) 软件定时器：用户可以任意定义"单次"和"周期"型定时器，定时器是一个递减计数器，递减到零就会执行预先定义好的操作。每个定时器都可以指定所需操作，周期型定时器在递减到零时会执行指定操作，并自动重置计数器值。

(8) 同时等待多个内核对象：μC/OS-III 允许一个任务同时等待多个事件，也就是说，一个任务能够挂起在多个信号量或消息队列上，当其中任何一个等待的事件发生时，等待任务就会被唤醒。

(9) 直接向任务发送信号：μC/OS-III 允许中断或任务直接给另一个任务发送信号，避免创建和使用诸如信号量或事件标志等内核对象作为向其他任务发送信号的中介，该特性有效地提高了系统性能。

(10) 直接向任务发送消息：μC/OS-III 允许中断或任务直接给另一个任务发送消息，避免创建和使用消息队列作为中介。

(11) 任务寄存器：每个任务都可以设定若干个"任务寄存器"，任务寄存器和 CPU 硬件寄存器是不同的，主要用来保存各个任务的错误信息、ID 识别信息、中断关闭时间的测量结果等。

(12) 任务级时钟节拍处理：μC/OS-III 的时钟节拍是通过一个专门任务完成的，定时中断仅触发该任务。将延迟处理和超时判断放在任务级代码完成，能极大地减少中断延迟时间。

(13) 防止死锁：所有 μC/OS-III 的"等待"功能都提供了超时检测机制，有效地避免了死锁。

(14) 时间戳：μC/OS-III 需要一个 16 位或 32 位的自由运行计数器（时基计数器）来实现时间测量，在系统运行时，可以通过读取该计数器来测量某一个事件的时间信息。例如，当 ISR 给任务发送消息时，会自动读取该计数器的数值并将其附加在消息中。当任务读取消息时，可得到该消息携带的时标，这样，再通过读取当前的时标，并计算两个时标的差值，就可以确定传递这条消息所花费的确切时间。

μC/OS-III 操作系统相比较前代的 μC/OS-II 操作系统有支持时间片轮转功能，能够允许定义相同优先级的任务，任务的数量不再受限制等优势，更重要的是开源性，必将在未来获得较大的发展空间。

## 15.1.2 μC/OS-III 的体系结构

如图 15-1 所示，μC/OS-III 的体系结构包括以下八个部分：

（1）用户应用程序文件，不一定要用 app.h 和 app.c 表示，程序的 main() 函数往往位于这部分代码里。

（2）半导体芯片厂商提供的用于访问外设的库函数。

（3）板级支持包，将硬件产品各种外设的操作封装成函数提供给软件开发者。

（4）与处理器无关的 μC/OS-III 源代码，源代码由 ANSI C 语言写成。

（5）与移植相关的文件，又称操作系统和 CPU 的移植接口。这部分代码内容必须得修改，使其与具体 CPU 架构相符合。

（6）Micrium 公司提供的对 CPU 功能的封装代码，里面定义了中断使能/除能函数、独立于 CPU 和编译器的数据类型以及其他一些函数。

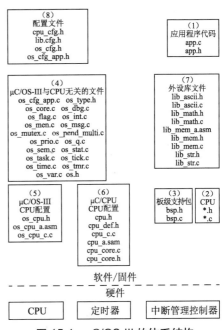

图 15-1　μC/OS-III 的体系结构

（7）μC/LIB 中提供的一系列诸如内存复制、字符串处理以及与 ASCII 标准相关的一些函数。Micrium 之所以提供这些函数是为了代替编译器提供的 stdlib，这样应用程序就能够在不同的编译器上完全兼容（考虑到不同的编译器对于 stdlib 的实现会有不同）。

（8）μC/OS-III 的功能配置函数。移植过程中，要针对 μC/OS-III 的具体功能需求，对这些配置文件做相应的修改。

## 15.1.3 μC/OS-III 的任务管理

μC/OS-III 是一个支持多任务的操作系统。在 μC/OS 中，任务可以使用或等待 CPU、使用内存空间等系统资源，并独立于其他任务运行。任何数量的任务都可以共享同一个优先级，处于就绪态的多个相同优先级的任务将会以时间片切换的方式共享处理器。总之，μC/OS 的任务可以看作一系列独立任务的集合。在任何时刻只有一个任务可以运行，而 μC/OS 调度器决定运行哪个任务。μC/OS 中的任务采用抢占式调度机制，高优先级的任务可以打断低优先级任务，低优先级任务必须在高优先级任务阻塞或结束后才能得到调度。

从用户角度看，任务的状态共有五种：休眠态、就绪态、运行态、等待态、中断服务态，如表 15-1 所示。

表 15-1　μC/OS-III 的任务状态表

| 任务状态 | 描述 |
| --- | --- |
| 休眠态 | 声明了任务，但任务尚未被 OSTaskCreate() 函数正式创建，该任务不受 μC/OS 系统管理 |
| 就绪态 | 任务已被正式创建，而且已插入就绪列表，一旦获得 CPU 使用权，就可以运行 |
| 运行态 | 任务正占有 CPU，正在运行 |
| 等待态 | 任务被延时执行，需要等待某个事件（内核对象），或者被强制挂起时，就会进入等待态 |
| 中断服务态 | 正在运行的任务突然被中断打断，CPU 被中断服务程序占有，该任务就进入了中断服务态 |

任务状态之间的具体切换情况如图 15-2 所示。

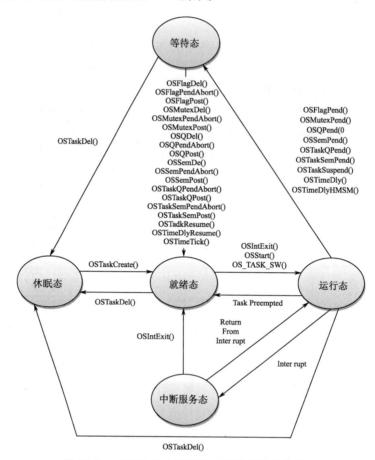

图 15-2 μC/OS-III 任务状态之间的具体切换情况

μC/OS-III 的任务状态函数如表 15-2 所示。

表 15-2 μC/OS-III 的任务状态函数

| 任务状态函数 | 描述 |
|---|---|
| OS_TASK_STATE_RDY | 就绪状态。处于该状态的任务按照优先级高低先后占有 CPU 运行 |
| OS_TASK_STATE_DLY | 延时状态。任务调用 μC/OS 的延时函数 OSTimeDly() 或 OSTimeDlyHMSM() 后，就停止运行，进入延时状态 |
| OS_TASK_STATE_PEND | 无期限等待状态。任务需要停止运行，等待某个事件（内核对象），直到等到才继续运行 |
| OS_TASK_STATE_PEND_TIMEOUT | 有期限等待状态。任务需要停止运行，在一定时间内等待某个事件（内核对象），如果超时或事件发生了，就继续运行 |
| OS_TASK_STATE_SUSPENDED | 挂起状态。任务被强制暂停运行，直到被恢复才可继续运行 |
| OS_TASK_STATE_DLY_SUSPENDED | 延时中被挂起状态。任务在延时状态时，又被其他任务挂起 |
| OS_TASK_STATE_PEND_SUSPENDED | 无期限等待中被挂起状态。任务在无期限等待某个事件（内核对象）时，又被其他任务挂起 |
| OS_TASK_STATE_PEND_TIMEOUT_SUSPENDED | 有期限等待中被挂起状态。任务在有期限等待某个事件（内核对象）时，又被其他任务挂起 |
| OS_TASK_STATE_DEL | 删除状态。任务被删除，不再参与任务管理，重新创建后才受 μC/OS 管理 |

下面就来说明一下在 μC/OS-III 中创建任务的步骤。

### 1. 定义任务栈

栈是单片机 RAM 中一段连续的内存空间，其大小由启动文件中的代码配置。每个任务只能使用自己的栈空间，如代码清单 15-1 所示。

代码清单 15-1　定义任务栈

```
1 #define  TASK1_STK_SIZE  512
2 #define  TASK2_STK_SIZE  512
3 #define  TASK3_STK_SIZE  512
4
5 static  CPU_STK  Task1Stk[TASK1_STK_SIZE]
6 static  CPU_STK  Task2Stk[TASK2_STK_SIZE]
7 static  CPU_STK  Task3Stk[TASK3_STK_SIZE]
```

代码清单 15-1 第 1 ~ 3 行，由宏定义控制任务栈的大小，在 μC/OS-III 中，空闲任务的栈配置为 512。

代码清单 15-1 第 5 ~ 7 行，任务栈就是一个预先定义好的全局数组，此处数据类型为 CPU_STK。

### 2. 定义任务函数

任务是一个独立的函数，函数主体无限循环且不能返回。如代码清单 15-2 所示，创建了 AppTaskLed1 和 AppTaskLed2 两个任务函数。

代码清单 15-2　创建任务函数

```
 1 static void AppTaskLed1 (void * p_arg)
 2 {
 3   OS_ERR  err;
 4   (void)p_arg;
 5   while (DEF_TRUE) {        // 任务体, 通常写成一个死循环
 6     macLED1_TOGGLE ();      // 切换 LED1 的亮灭状态
 7     OSTimeDly(1000,OS_OPT_TIME_DLY, & err); // 相对性延时 1000 个时钟节拍(1s)
 8   }
 9 }
10 static void AppTaskLed2 (void * p_arg)
11 {
12   OS_ERR err;
13   (void)p_arg;
14   while (DEF_TRUE) { // 任务体, 通常写成一个死循环
15     macLED2_TOGGLE ();                        // 切换 LED2 的亮灭状态
16     OSTimeDly(5000,OS_OPT_TIME_PERIODIC, & err); // 周期性延时 5000 个时钟节拍(5s)
17   }
18 }
```

### 3. 定义任务控制块

任务的执行是由系统调度的，系统为了顺利地调度任务，为每个任务都额外定义了一个任务控制块（task control block，TCB），这个任务控制块相当于任务的身份证，里面存有任务的所有信息，比如任务栈、任务名称、任务形参等。任务控制块的声明如代码清单 15-3 所示。

代码清单 15-3　任务控制块类型声明

```
1   /* 任务控制块重定义 */
2   typedef  struct  os_tcb    OS_TCB
3
4   /* 任务控制块数据类型声明 */
5   struct  os_tcb {
6     CPU_STK          *StkPtr;
7     CPU_STK_SIZE      StkSize;
8   }
```

#### 4. 实现任务创建函数

任务栈、任务的函数实体、任务的 TCB 最终需要联系起来才能由系统进行统一调度，这个联系的工作由任务创建函数 OSTaskCreate() 实现，如代码清单 15-4 所示。该函数在 os_task.c 中定义，所有与任务相关的函数都在这个文件中定义。

代码清单 15-4　OSTaskCreate() 函数

```
1   void  OSTaskCreate ( OS_TCB          *p_tcb,
2                        CPU_CHAR        *p_name,
3                        OS_TASK_PTR     p_task,
4                        void            *p_arg,
5                        OS_PRIO         prio,
6                        CPU_STK         *p_stk_base,
7                        CPU_STK_SIZE    stk_limit,
8                        CPU_STK_SIZE    stk_size,
9                        OS_MSG_QTY      q_size,
10                       OS_TICK         time_quanta,
11                       void            *p_ext,
12                       OS_OPT          opt,
13                       OS_ERR          *p_err)
14  {
15      CPU_STK  *p_sp;
16      p_sp = OSTaskStkInit ( p_task,
17                             p_arg,
18                             p_stk_base,
19                             stk_size);
20      p_tcb->StkPtr=p_sp;
21      p_tcb->StkSize=stk_size;
22      *p_err=OS_ERR_NONE;
23  }
```

代码第 1 行中 p_tcb 是任务控制块指针；代码第 3 行中 p_task 是任务名；代码第 4 行中 p_arg 是任务形参，用于传递任务参数；代码第 6 行中 p_stk_base 用于指向任务栈的起始地址；代码第 8 行中 stk_size 表示任务栈的大小；代码第 13 行中 p_err 用于存储错误代码。

### 15.1.4　移植 μC/OS-III 到 STM32F103

#### 1. μC/OS-III 源码文件介绍

从 μC/OS-III 源码下面的文件夹中可以看到有四个文件夹，分别是 EvalBoards、μC-CPU、μC-LIB、μC/OS-III。

1) EvalBoards 文件夹

该文件夹包含与评估相关的文件，在移植时只需部分文件，其他文件可以保留，主要是 EvalBoards\Micrium\Uc-Eval-STM32F107\BSP 路径下的 "bsp.c" 和 "bsp.h" 文件。

2) μC-CPU 文件夹

μC-CPU 文件夹下是和 CPU 紧密相关的文件，所有文件在移植时都要保留，如 "cpu_corc.c"、"cpu_core.h" 和 "cpu_def.h" 文件。在其中 ARM-Cortex-M3 文件夹下，有个基于 Keil-ARM 的平台文件 RealView，里面有 "cpu_c.c"、"cpu.h" 和 "cpu_a.asm" 文件。"cpu.h" 文件中包含了一些数据类型的定义，让 μC/OS-III 与 CPU 的架构和编译器的字宽无关，同时还指定了 CPU 使用的是大端模式还是小端模式，还包括一些与 CPU 架构相关的申明，如表 15-3 所示。

表 15-3 μC-CPU 文件夹中文件及作用

| 文件名称 | 作用 |
|---|---|
| cpu_c.c | 存放的是 C 函数，包含了一些与 CPU 架构相关的代码 |
| cpu_a.asm | 存放的是汇编代码，有一些系统底层的代码只能用汇编语言写，包括一些用来开关中断的指令、前导零指令等 |
| cpu_core.c | 包含了适用于存有 CPU 架构的 C 代码，主要包含的函数是 CPU 名字的命名、时间戳的计算等，与 CPU 底层的移植关系不大，主要保留的是 CPU 前导零的 C 语言计算函数以及一些其他的函数 |
| cpu_core.h | 对 cpu_core.c 文件中一些函数的说明，以及一些与时间戳相关的定义 |
| cpu_def.h | 包含 CPU 相关的一些宏定义、常量以及利用 #define 进行定义的相关信息 |

3) μC-LIB 文件夹

该文件夹存放的是 Micrium 公司提供的官方库，如字符串操作、内存操作等接口。

4) μC/OS-III 文件夹

该文件夹是移植 μC/OS-III 最重要的文件夹。主要是 μC/OS-III\Ports\ARM-Cortex-M3\Generic\RealView 目录下的 "os_cpu.h"、"os_cpu_a.asm" 和 "os_cpu_c.c" 文件，还有 Source 文件夹下的 μC/OS-III 源码文件，如表 15-4 所示。

表 15-4 μC/OS-III 文件夹中文件及作用

| 文件名称 | 作用 |
|---|---|
| os_cpu.h | 用于定义数据类型、处理器相关代码、声明函数原型 |
| os_cpu_a.asm | 存储了与处理器相关的汇编代码，主要与任务切换相关 |
| os_cpu_c.c | 定义用户钩子函数，提供扩充软件功能的接口 |

Source 文件夹下文件很多，移植时都需要保留，其目录下文件及功能如表 15-5 所示。

表 15-5 Source 文件夹中文件及作用

| 文件名称 | 作用 |
|---|---|
| os.h | 包含 μC/OS-III 的主要头文件，定义了一些与系统相关的宏定义、常量，声明了一些全局变量、函数原型等 |
| os_cfg_app.c | 根据 os_cfg_app.h 中的配置来定义变量和数组 |
| os_core.c | 包括内核数据结构管理、μC/OS-III 的核心、任务切换等 |
| os_dbg.c | 与 μC/OS-III 内核调试相关的代码 |
| os_flag.c | 包括与事件块管理、事件标志组管理等功能相关代码 |

| 文件名称 | 作　用 |
|---|---|
| os_int.c | 涵盖内核的初始化相关代码 |
| os_mem.c | 系统内存管理相关代码 |
| os_msg.c | 消息处理相关代码 |
| os_mutex.c | 互斥量相关代码 |
| os_prio.c | 这是一个内部调用的文件，存储与任务就绪相关代码 |
| os_q.c | 消息队列相关代码 |
| os_sem.c | 信号量相关代码 |
| os_stat.c | 任务状态统计相关代码 |
| os_task.c | 任务管理相关代码 |
| os_tick.c | 处理处于演示、阻塞状态任务的相关代码 |
| os_time.c | 时间管理相关代码，阻塞延时等 |
| os_tmr.c | 软件定时器相关代码 |
| os_var.c | μC/OS-III 定义的全局变量 |
| os_type.h | μC/OS-III 数据类型声明相关代码 |
| os_pend_multi.c | 多个消息队列、信号量等待的相关代码 |

**2．μC/OS-III 移植的步骤**

如图 15-3 所示，描述了 μC/OS-III 移植的步骤。

扫码看视频

扫码看视频

扫码看视频

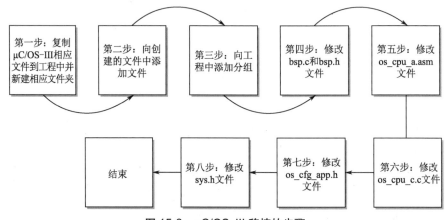

图 15-3　μC/OS-III 移植的步骤

μC/OS-III 移植过程应注意的事项：

（1）一定要将宏 SYSTEM_SUPPORT_UCOS 设置为 1。

（2）修改文件"os_cpu_c.c"文件中的函数 OSTaskStkInit()。

（3）在 stm32f10x_it.c 文件中屏蔽掉 PendSV_Handler() 和 SysTick_Handler() 这两个函数。

**温馨提示**：移植过程的具体操作方法，请扫描二维码观看视频。

**15.1.5　μC/OS-III 编程与裸机编程的区别**

裸机系统通常分成轮询系统和前后台系统，如图 15-4 所示。

轮询系统即在裸机编程的时候，先初始化好相关的硬件，然后让主程序在一个死循环里面不断循环，顺序地做各种事情。轮询系统是一种非常简单的软件结构，通常只适用于那些只需要顺序执行代码且不需要外部事件来驱动就能完成的事情。一般的单片机系统的编程就属于这一类。缺点是当有外部事件驱动时，实时性会降低。

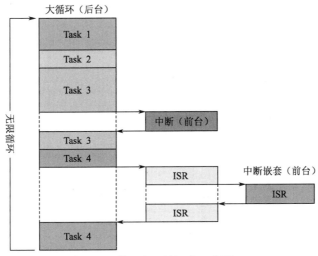

图 15-4　前后台系统调度示意图

前后台系统是在轮询系统的基础上加入了中断。外部事件的响应在中断里面完成，事件的处理还是回到轮询系统中完成，中断在这里称为前台，main() 函数里面的无限循环称为后台。带中断的单片机系统编程就属于这一类。

相比较轮询系统，前后台系统确保了事件不会丢失，再加上中断具有可嵌套的功能，这可以大大提高程序的实时响应能力。两者的比较如表 15-6 所示。

表 15-6　轮询系统、前后台系统比较

| 模　型 | 事件响应 | 事件处理 | 特　点 |
|---|---|---|---|
| 轮询系统 | 主程序 | 主程序 | 轮询响应事件，轮询处理事件 |
| 前后台系统 | 中断 | 主程序 | 实时响应事件，轮询处理事件 |

μC/OS-III 操作系统中，可以把要实现的功能划分为多个任务，每个任务负责实现其中的一部分，每个任务都是一个死循环，用于完成一个具体的功能，如图 15-5 所示。

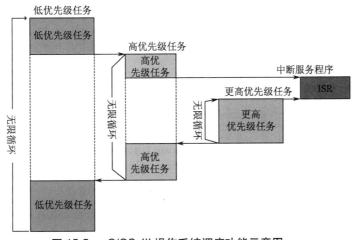

图 15-5　μC/OS-III 操作系统调度功能示意图

# 15.2 项目实施

## 15.2.1 硬件电路实现

本任务选配独立按键与流水灯模块，如图 15-6 所示，其原理图如图 15-7 所示。本任务
开发板连接外设引脚配置如表 15-7 所示。

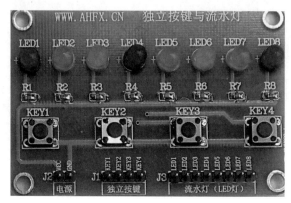

图 15-6　独立按键与流水灯模块

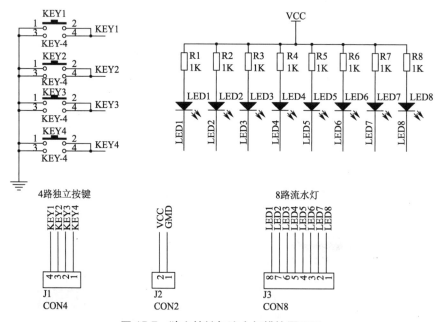

图 15-7　独立按键与流水灯模块原理图

表 15-7　外设引脚配置

| 连接对象 | 对应 GPIO 引脚 | 连接对象 | 对应 GPIO 引脚 |
|---|---|---|---|
| LED1 | PB6 | LED4 | PB9 |
| LED2 | PB7 | KEY2（开发板自带） | PC13 |
| LED3 | PB8 |  |  |

## 15.2.2　程序设计思路

这里只讲解核心部分的代码，有些变量的设置，头文件的包含等可能不会涉及，完整的代码请参考本章配套的工程。

由于 C 语言的可移植性，在之前创建的"bsp_led.c"及"bsp_led.h"文件上进行修改加工，修改部分包括四个 LED 的端口初始化和一个按键 KEY2 的端口初始化。

### 1. 编程要点

（1）先写好裸机的程序，包括 LED 和按键的引脚初始化及相关的控制代码；

（2）µC/OS-III 操作系统事先移植好；

（3）规划任务和优先级，交由 µC/OS-III 操作系统调度。

### 2. 程序执行过程描述

本项目的主要流程如下：首先要初始化连接 LED 的 GPIO 端口 PB6、PB7、PB8、PB9，然后初始化按键 KEY2 的 GPIO 端口 PC13，然后建立四个任务。任务一：LED1 每隔 1 s 切换一次亮灭状态。任务二：LED2 每隔 5 s 切换一次亮灭状态。任务三：LED3 每隔 10 s 切换一次亮灭状态。任务四：按键 KEY2 按下，LED4 切换一次亮灭状态。任务四的优先级高于任务一、任务二、任务三的。

## 15.2.3　程序代码分析

首先来看一下项目中"app.c"文件的代码，如代码清单 15-5 所示，在 main() 函数中，初始化 µC/OS-III 后，由任务创建函数 OSTaskCreate() 创建 AppTaskStart 任务，并启动多任务管理。

代码清单 15-5　实践项目 11 main() 函数

```
 1 int  main (void)
 2 {
 3    OS_ERR  err;                                // 操作系统函数调用后返回执行状态
 4    OSInit(&err);                               // 初始化 µC/OS-III
 5    /* 创建起始任务 */
 6     OSTaskCreate((OS_TCB*)&AppTaskStartTCB,
 7                 (CPU_CHAR*)"App Task Start",         // 任务名称
 8                 (OS_TASK_PTR) AppTaskStart,
 9                 (void*) 0,
10                 (OS_PRIO) APP_TASK_START_PRIO,
11                 (CPU_STK*)&AppTaskStartStk[0],
12                 (CPU_STK_SIZE) APP_TASK_START_STK_SIZE/10,
13                 (CPU_STK_SIZE) APP_TASK_START_STK_SIZE,
14                 (OS_MSG_QTY) 5u,
15                 (OS_TICK) 0u,
16                 (void*) 0,
17                 (OS_OPT)(OS_OPT_TASK_STK_CHK|OS_OPT_TASK_STK_CLR),
18                 (OS_ERR*)&err;
19
20     OSStart(&err);              // 启动多任务管理（交由 µC/OS-III 控制）
21 }
```

OSTaskCreate() 是 µC/OS-III 中建立任务的函数，代码第 6 行是任务控制块，由用户自己定义。代码第 7 行"App Task Start"指创建任务的名称为字符串形式，最好要与任务函

数入口名称一致，方便调试。代码第 8 行是任务入口函数名称，需要用户自己定义并且实现。代码第 9 行是任务入口函数形参，不用时配置为 0 或者 NULL。代码第 10 行 APP_TASK_START_PRIO 指任务优先级，由用户自己定义。代码第 11 行是指向栈基址的指针。代码第 12 行是栈深度的限制位置，当栈中已用容量达到 90% 就表示任务栈已满。代码第 13 行是任务栈空间的大小，在 STM32 中一个字等于四字节，任务大小为 APP_TASK_START_STK_SIZE*4。代码第 14 行是设置可以发送到任务的最大消息数。代码第 15 行是在任务之间循环时的时间片的时间量，默认为 0。代码第 16 行是指向用户提供的内存位置的指针，用作 TCB 扩展。代码第 17 行是用户可选的任务特定选项，本次选择是启动任务栈检查和任务创建时清除栈。

系统的初始化在"bsp.c"文件里完成，如代码清单 15-6 所示。

代码清单 15-6　实践项目 11 "bsp.c"文件中的板级初始化函数

```
1   void  BSP_Init (void)
2   {
3       LED_Init();      // 初始化 LED
4       Key_Init();
5   }
```

任务的创建和任务的具体执行都在 app.c 文件里完成，如代码清单 15-7 所示。

代码清单 15-7　实践项目 11 创建任务

```
1  static  void  AppTaskStart (void *p_arg)
2  {
3      CPU_INT32U  cpu_clk_freq;
4      CPU_INT32U  cnts;
5      OS_ERR      err;
6      (void)p_arg;
7      BSP_Init();  // 板级初始化
8      CPU_Init();  // 初始化 CPU 组件（时间戳、关中断时间测量和主机名）
9      cpu_clk_freq=BSP_CPU_ClkFreq(); // 获取 CPU 内核时钟频率（SysTick 工作时钟）
                   // 根据用户设定的时钟节拍频率计算 SysTick 定时器的计数值
10     cnts=cpu_clk_freq / (CPU_INT32U)OSCfg_TickRate_Hz;
11     OS_CPU_SysTickInit(cnts);// 调用 SysTick 初始化函数，设置定时器计数值和启动定时器
12     Mem_Init();      // 初始化内存管理组件（堆内存池和内存池表）
13     #if OS_CFG_STAT_TASK_EN > 0u         // 如果使能（默认使能）了统计任务
   // 计算没有应用任务（只有空闲任务）运行时 CPU 的最大容量
   //（决定 OS_Stat_IdleCtrMax 的值，为后面计算 CPU 使用率使用）
14     OSStatTaskCPUUsageInit(&err);
15     #endif
16     CPU_IntDisMeasMaxCurReset();      // 复位（清零）当前最大关中断时间
17
18 /* 创建 LED1 任务 */
19     OSTaskCreate((OS_TCB*)&AppTaskLed1TCB,
20              (CPU_CHAR*)"App Task Led1",
21              (OS_TASK_PTR) AppTaskLed1,
22              (void*) 0,
23              (OS_PRIO) APP_TASK_LED1_PRIO,
24              (CPU_STK*)&AppTaskLed1Stk[0],
25              (CPU_STK_SIZE) APP_TASK_LED1_STK_SIZE/10,
26              (CPU_STK_SIZE) APP_TASK_LED1_STK_SIZE,
```

```
27                  (OS_MSG_QTY) 5u,
28                  (OS_TICK) 0u,
29                  (void*) 0,
30                  (OS_OPT)(OS_OPT_TASK_STK_CHK | OS_OPT_TASK_STK_CLR),
31                  (OS_ERR*)&err);
32
33 /* 创建 LED2 任务 */
34     OSTaskCreate((OS_TCB*)&AppTaskLed2TCB,
35                  (CPU_CHAR*)"App Task Led2",
36                  (OS_TASK_PTR) AppTaskLed2,
37                  (void*) 0,
38                  (OS_PRIO) APP_TASK_LED2_PRIO,
39                  (CPU_STK*)&AppTaskLed2Stk[0],
40                  (CPU_STK_SIZE) APP_TASK_LED2_STK_SIZE/10,
41                  (CPU_STK_SIZE) APP_TASK_LED2_STK_SIZE,
42                  (OS_MSG_QTY) 5u,
43                  (OS_TICK) 0u,
44                  (void        *) 0,
45                  (OS_OPT    )(OS_OPT_TASK_STK_CHK | OS_OPT_TASK_STK_CLR),
46                  (OS_ERR*)&err);
47
48 /* 创建 LED3 任务 */
49     OSTaskCreate((OS_TCB*)&AppTaskLed3TCB,
50                  (CPU_CHAR*)"App Task Led3",
51                  (OS_TASK_PTR) AppTaskLed3,
52                  (void*) 0,
53                  (OS_PRIO) APP_TASK_LED3_PRIO,
54                  (CPU_STK*)&AppTaskLed3Stk[0],
55                  (CPU_STK_SIZE) APP_TASK_LED3_STK_SIZE/10,
56                  (CPU_STK_SIZE) APP_TASK_LED3_STK_SIZE,
57                  (OS_MSG_QTY) 5u,
58                  (OS_TICK) 0u,
59                  (void*) 0,
60                  (OS_OPT)(OS_OPT_TASK_STK_CHK | OS_OPT_TASK_STK_CLR),
61                  (OS_ERR*)&err);
62
63 /* 创建 KEY2 任务 */
64     OSTaskCreate((OS_TCB*)&AppTaskKey2TCB,
65                  (CPU_CHAR*)"App Task Key2",
66                  (OS_TASK_PTR) AppTaskKey2,
67                  (void*) 0,
68                  (OS_PRIO) APP_TASK_KEY2_PRIO,
69                  (CPU_STK*)&AppTaskKey2Stk[0],
70                  (CPU_STK_SIZE) APP_TASK_KEY2_STK_SIZE/10,
71                  (CPU_STK_SIZE) APP_TASK_KEY2_STK_SIZE,
72                  (OS_MSG_QTY) 5u,
73                  (OS_TICK) 0u,
74                  (void*) 0,
75                  (OS_OPT)(OS_OPT_TASK_STK_CHK|OS_OPT_TASK_STK_CLR),
76                  (OS_ERR*)&err);
77
```

```
78        OSTaskDel ( & AppTaskStartTCB, & err ); // 删除起始任务本身，该任务不再运行
79  }
```

在 AppTaskStart 里总共创建了四个任务，LED1、LED2、LED3 和 KEY2，分别对这些任务的块地址、任务名称、任务函数、任务的优先级、任务堆栈的基地址、任务的堆栈空间、任务可接收的最大消息数、任务的时间片节拍数、任务扩展、任务返回错误类型进行了说明。

每个任务都是一个死循环，代码清单 15-8 定义了每个任务的具体实现过程，按照本章任务的要求进行设置。

代码清单 15-8　实践项目 11 "app.c" 文件中的四个任务原型

```
 1 static  void  AppTaskLed1 (void * p_arg)
 2 {
 3    OS_ERR  err;
 4    (void)p_arg;
 5    while (DEF_TRUE) {                        // 死循环
 6    macLED1_TOGGLE ();                        // 切换 LED1 的亮灭状态
 7    OSTimeDly ( 1000, OS_OPT_TIME_DLY, & err );  // 延时 1s
 8    }
 9 }
10 static  void  AppTaskLed2 ( void * p_arg )
11 {
12    OS_ERR  err;
13    (void)p_arg;
14    while (DEF_TRUE) {        // 死循环
15    macLED2_TOGGLE ();        // 切换 LED2 的亮灭状态
16    OSTimeDly ( 5000, OS_OPT_TIME_PERIODIC, & err ); // 延时 5s
17    }
18 }
19 static  void  AppTaskLed3 ( void * p_arg )
20 {
21     OS_ERR  err;
22     (void)p_arg;
23     while (DEF_TRUE) {        // 死循环
24     macLED3_TOGGLE ();        // 切换 LED3 的亮灭状态
25     OSTimeDlyHMSM (0,0,10,0,OS_OPT_TIME_DLY,& err );// 相对性延时 10s
26    }
28 static  void  AppTaskKey2 ( void * p_arg )
29 {
30    OS_ERR  err;
31    (void)p_arg;
32    while (DEF_TRUE) {        // 死循环
33    if( Key_Scan(KEY2_GPIO_PORT,KEY2_GPIO_PIN) == KEY_ON  )
34    {
35      LED4_TOGGLE;            // 切换 LED4 的亮灭状态
36    }
37    OSTimeDly ( 200, OS_OPT_TIME_DLY, & err );
38    }
39 }
```

OSTimeDly() 和 OSTimeDlyHMSM() 函数是 μC/OS-III 中提供的阻塞延时函数，μC/OS-III 要求必须要有阻塞延时，否则任务（如果优先权恰好是最高）会一直在 while 循环中执行，导致其他任务没有执行的机会。

**温馨提示**：实验主要代码编写，请扫描二维码观看视频。

扫码看视频

## 15.3 拓展项目 12——多传感器参数检测系统

### 15.3.1 拓展项目 12 要求

设计并制作多传感器参数检测系统，要求移植 µC/OS-Ⅲ 操作系统实现，基本要求如下：

#### 1. 基本任务

灯 LED0 延时 100 ms 闪烁一次，灯 LED1 延时 500 ms 闪烁一次。

#### 2. 传感器检测任务

(1) 使用人体红外检测传感器检测附近是否有人，并串口打印，"1"表示有人，"0"表示无人。

(2) 使用 MQ3 酒精浓度传感器模块，检测周边空气中酒精浓度，并串口打印数值。

(3) 使用 SHT30 温湿度传感器模块，检测温湿度数据，并串口打印数值。

(4) 使用 BH1750FVI 光照强度传感器模块，检测周围光照强度，并串口打印数值。

(5) 使用 GP2Y1014AU 粉尘传感器模块，可以检测环境中 PM2.5 颗粒、香烟烟雾，并串口打印数值。

系统引脚分配如表 15-8 所示，系统框图如图 15-8 所示。

表 15-8 多传感器引脚分配

| 连接对象 | GPIO 引脚分配 | 连接对象 | GPIO 引脚分配 |
| --- | --- | --- | --- |
| LED0、LED1 | PB12、PB13 | BH1750FVI 光照强度传感器 | SCL:PB6，SDL:PB5 |
| 人体红外传感器 | PB1 | GP2Y1014AU 粉尘传感器 | 模拟输入 PC0，数字输出 PB2 |
| MQ3 酒精浓度传感器 | PC1 | | |
| SHT30 温湿度传感器 | SCL:PB10　SDL:PB11 | | |

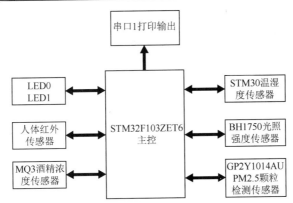

图 15-8 多传感器检测系统框图

### 15.3.2 拓展项目 12 实施

(1) 相关传感器的使用可参考本书第 16 章的内容。

(2) 人体红外传感器检测的开关量信息，有人输出"1"，无人输出"0"。

(3) MQ3 酒精浓度传感器模块与 GP2Y1014AU 粉尘传感器模块都是模拟量检测，需要使用 STM32 的 ADC 采集功能，对 ADC 进行配置。

（4）SHT30温湿度传感器和BH1750FVI光照强度传感器带有I2C接口，需要满足I2C通信时序才能进行数据的读取。

（5）模块驱动可在裸机下调好，运行成功后，再移植 µC/OS-III 操作系统。

（6）在"bsp.c"文件里有个板级初始化函数 BSP_Init()，在这里不仅存放硬件初始化的信息，还可以用来测试硬件是否正常工作，只需加一个"while(1);"的死循环语句就可以进行测试，目的是让程序停在这里，不再继续往下执行，当测试完毕后，"while(1);"语句必须删除。

多传感器检测的任务函数如代码清单15-9所示。

代码清单15-9　拓展项目12多传感器检测的任务函数

```
1    //led0、led1 任务函数
2  void led0_task(void *p_arg)
3  {
4       OS_ERR err;
5       p_arg=p_arg;
6       while(1)
7       {
8           LED0=0;
9           LED1=1;
10          OSTimeDlyHMSM(0,0,0,100,OS_OPT_TIME_HMSM_STRICT,&err); // 延时 100ms
11          LED0=1;
12          LED1=0;
13          OSTimeDlyHMSM(0,0,0,500,OS_OPT_TIME_HMSM_STRICT,&err); // 延时 500ms
14      }
15 }
16   // 烟雾、人体检测、PM2.5 传感器任务函数
17 void led1_task(void *p_arg)
18 {
19      OS_ERR err;
20      p_arg=p_arg;
21      while(1)
22      {
23       printf("Smoke Value: %d\r\n", Smoke_Get_Val());
24       printf("Human test: %ld\r\n", ReadHumanBodyInfrareValue);
25       printf("PM2.5: %d\r\n", Get_GP2Y1014AU_Value());
26       OSTimeDlyHMSM(0,0,0,200,OS_OPT_TIME_HMSM_STRICT,&err); // 延时 200ms
27      }
28 }
29   //SHT30、光照传感器任务函数
30 void float_task(void *p_arg)
31 {
32      CPU_SR_ALLOC();
33      while(1)
34      {
35       OS_CRITICAL_ENTER();        // 进入临界区
36       SHT_GetValue();
37       printf("Light Value: %0.2f\r\n", (float)(BH1750_Read_Data()/1.2));
38       printf("Temp: %.2f\r\n", Tem_Value);
39       printf("Humi: %.2f\r\n", RH_Value);
40       OS_CRITICAL_EXIT();// 退出临界区
41       delay_ms(500); // 延时 500ms
42      }
43 }
```

温馨提示：关于本项目的内容，可扫描二维码观看视频。

扫码看视频

# 综合项目——温湿度测量仪设计

本章主要讲述嵌入式系统的概念以及嵌入式产品设计的一般方法。

### 学习目标

- 了解嵌入式电子产品设计的一般方法。
- 了解原子云平台的使用方法，能够实现对简单开关量的远程控制。
- 掌握 DHT22、SHT30、ESP8266 模块，BH1750FVI 光照传感器，L298N 电动机驱动模块的使用。
- 掌握芯片内部 RTC 的使用。
- 掌握各模块之间的互相控制方法。

### 任务描述

设计一款温湿度测量仪，可以测量当前环境的温度和湿度，温度和湿度能够显示在液晶屏上。

## 16.1 相关知识

嵌入式系统（embedded system）是一类嵌入对象体系中的专用计算机应用系统，其应用非常广泛，如电信系统、电子类产品、医疗设备、智能家居等领域，常见的有手机、MP3、智能电饭煲等。其具有良好的嵌入性，可以满足个性化或多样化的需求，可以定制，具有智能化的信息处理能力。有的甚至具有配备嵌入式操作系统来实现任务调度和信息收发。

### 16.1.1 嵌入式电子产品设计的一般步骤

嵌入式电子产品设计一般经过需求分析、体系结构设计、硬件/软件设计以及系统集成和系统测试等步骤。在设计过程中，各个步骤之间往往要求不断地反复和修改，直至完成最终设计目标。

### 1．需求分析

需求分析是嵌入式电子产品设计的重要步骤，对于产品设计具有重要影响，甚至决定了产品设计的成败。该阶段主要内容包括：（1）分析用户的需求；（2）确定硬件 / 软件；（3）检查需求分析的结果；（4）确定项目的约束条件；（5）产品的概要设计。

通过需求分析，厘清需要解决的问题包括但不限于以下问题，即系统用于什么任务、处理什么样的输入/输出信号、质量和体积如何、需要连接何种外设、是否需要运行某些现存的软件、处理哪种类型的数据、是否要与其他系统通信、是单机系统还是网络系统、响应时间是多少、需要什么安全措施、在什么样的环境下运行、外部存储媒介和内存需要多大、如何给系统供电、如何向用户通报故障等。厘清这些需求，是进行后续设计的基础。

### 2．体系结构设计

在厘清了用户需求后，就需要进行结构设计，主要是根据用户需求描述系统的功能如何实现。

体系结构设计的主要决定因素包括：

（1）系统是硬实时系统还是软实时系统；

（2）操作系统是否需要嵌入；

（3）物理系统的成本、尺寸和耗电量是否是产品成功的关键因素；

（4）选择处理器和相关硬件；

（5）其他特定需求。

### 3．硬件/软件设计

在结构设计的基础上，进一步进行硬件和软件的设计。

1）设计目的

通过硬件/软件联合设计，确定哪些用硬件实现，哪些用软件实现。例如：浮点运算；网络通信控制器实现的功能；软调制解调器/硬调制解调器；软件压缩解压/硬件压缩解压图像。

2）硬件设计

硬件设计的任务主要是设计硬件子系统，通常使用从上而下（top-down 方法）的设计方法，分成模块、设计框图。例如：CPU 子系统、存储器子系统等。

在硬件设计过程中，需要进行硬件接口定义，保证子系统兼容。主要包括 I/O 端口定义、硬件寄存器、共享内存、硬件中断、存储器空间分配、处理器的运行速度等。

3）软件设计

软件设计主要是设计软件子系统和定义软件接口。这里，软件子系统设计包括软件总体设计和模块设计，软件接口主要包括模块接口和函数接口。

4）检查设计

对于硬件/软件设计的结果，需要进行检查，对于小项目可以自己审查设计文档，中等项目可以拿给同事帮助检查设计，而对于大型项目，通常召开审查会（成员包括用户、工程师等）进行审查。

### 4．系统集成和系统测试

系统集成的任务是把系统的软件、硬件和执行装置集成在一起，进行调试，发现并改进设计过程中的错误。

系统测试主要针对设计完成的系统进行测试，检验其是否达到设计要求。

### 16.1.2 温湿度传感器及其驱动

#### 1. DHT22 传感器模块

图 16-1 DHT22 传感器模块实物图

DHT22 湿敏电容数字温湿度模块（又称 AM2302）是一款含有已校准数字信号输出的温湿度复合传感器。它采用数字模块采集技术和温湿度传感技术，具有极高的可靠性与稳定性。传感器包括一个电容式感湿元件、一个高精度 NTC 测温元件，并内置一个高性能 8 位单片机。具有响应快、抗干扰能力强、测量精度高、体积小、低功耗、信号传输距离远（可达 20 m 以上）等特点。采用单总线接口，分为 3 引线和 4 引线，连线简单便于系统集成。DHT22 传感器模块实物图如图 16-1 所示，各引脚定义如表 16-1 所示。

表 16-1 DHT22 传感器模块引脚定义

| 引脚号 | 引脚名称 | 描述 |
|---|---|---|
| 1 | VCC | 电源（3.3 ~ 5.5V） |
| 2 | DATA | 串行数据，双向口 |
| 3 | NC | 空脚 |
| 4 | GND | 地 |

1）DHT22 传感器模块的技术参数

DHT22 传感器模块的主要技术参数如表 16-2 所示。

表 16-2 DHT22 传感器模块的主要技术参数

| 参数 | 说明 | 参数 | 说明 |
|---|---|---|---|
| 供电电压 | 3.3 ~ 6V | 分辨率 | 温度 0.1℃，湿度 0.1%RH |
| 温度 | −40 ~ +80℃电阻式传感器 | 精度（25℃环境下） | 温度 0.5，℃湿度 2%RH |
| 湿度 | 0 ~ 99.9%RH 电容式传感器 | | |

2）DHT22 传感器模块的典型应用电路

DHT22 传感器模块的典型应用电路如图 16-2 所示，采用单总线通信。

需要说明的是：

（1）典型应用电路中建议连接线长度短于 30 m 时，使用 5.1 kΩ 上拉电阻；大于 30 m 时，根据实际情况降低上拉电阻的阻值。

（2）读取传感器最小间隔时间为 2 s，读取间隔时间小于 2 s，可能导致温湿度不准或通信不成功等情况。

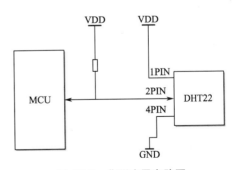

图 16-2 典型应用电路图

（3）每次读出的温湿度数据是上一次测量的结果，如果要获取实时数据，需连续读取两次，建议连续多次读取传感器，且每次读取传感器间隔大于 2 s 即可获得准确的数据。

3）DHT22 传感器模块的数据传输格式

DHT22 传感器模块的数据传输格式如表 16-3 所示。

表 16-3　DHT22 传感器模块的数据传输格式

| 名　称 | 单总线格式定义 |
|---|---|
| 起始信号 | 微处理器把数据总线（SDA）拉低一段时间（至少 800 μs），通知传感器准备数据 |
| 响应信号 | 传感器把数据总线（SDA）拉低 80 μs，再接高 80 μs 以响应主机的起始信号 |
| 数据格式 | 8 bit 湿度整数数据 +8 bit 湿度小数数据 +8 bit 温度整数数据 +8 bit 温度小数数据 +8 bit 校验和。<br>收到主机起始信号后，传感器一次性从数据总线（SDA）传出 40 位数据，高位先出 |
| 湿度 | 湿度分辨率是 16 bit，高位在前，传感器传出的湿度值是实际湿度值的 10 倍 |
| 温度 | 温度分辨率是 16 bit，高位在前，传感器传出的温度值是实际温度的 10 倍。<br>温度最高位（bit15）等于 1 表示负温度；温度最高位（bit15）等于 0 表示正温度。<br>温度除了最高位（bit14～bit0）表示温度值 |
| 校验位 | 校验位 =（8 bit 湿度整数数据 +8 bit 湿度小数数据 +8 bit 温度整数数据 +8 bit 温度小数数据）所得结果的末 8 位 |

　　用户 MCU 发送一次开始信号后，DHT22 从低功耗模式转换到高速模式，等待主机开始信号结束后，DHT22 发送响应信号，送出 40 bit 的数据，并触发一次信号采集，用户可选择读取部分数据。从模式下，DHT22 接收到开始信号触发一次温湿度采集，如果没有接收到主机发送开始信号，DHT22 不会主动进行温湿度采集，采集数据后转换到低速模式。

　　4）DHT22（AM2302）模块软件操作

　　DHT22（AM2302）模块的主要软件驱动如代码清单 16-1、代码清单 16-2、代码清单 16-3 所示。代码中已经加了详细的注释，不再赘述。

　　代码清单 16-1　温湿度传感器中数据类型的定义

```
  8 /********* DHT22 数据类型定义 ********************/
  9 typedef struct
 10 {
 11        uint8_t    humi_high8bit;        // 原始数据：湿度高8位
 12        uint8_t    humi_low8bit;         // 原始数据：湿度低8位
 13        uint8_t    temp_high8bit;        // 原始数据：温度高8位
 14        uint8_t    temp_low8bit;         // 原始数据：温度低8位
 15        uint8_t    check_sum;            // 校验和
 16        float      humidity;            // 实际湿度
 17        float      temperature;         // 实际温度
 18 } AM2302_Data_TypeDef;
```

　　代码清单 16-2　从 DHT22 读取 1 字节，MSB 先行

```
106 static uint8_t AM2302_ReadByte(void)
107 {
108        uint8_t i, temp=0;
109
110
111        for(i=0;i<8;i++)
112        {
113          /* 每位以 50μs 低电平标志开始，轮询直到从机发出 50μs 低电平结束 */
114          while(AM2302_Dout_IN()==Bit_RESET);
115
116          /*AM2302 以 26~28 μs 的高电平表示"0"，以 70μs 的高电平表示"1"，
117           * 通过检测 x μs 后的电平即可区别这两个状态，x 即下面的延时
118           */
119          Delay_us(40); // 延时 x μs，这个延时需要大于数据 0 持续的时间即可
```

```
120
121             if(AM2302_Dout_IN()==Bit_SET)/* x μs 后仍为高电平表示数据 "1" */
122             {
123                  /* 等待数据 1 的高电平结束 */
124                  while(AM2302_Dout_IN()==Bit_SET);
125
126                  temp|=(uint8_t)(0x01<<(7-i));  // 把第 7-i 位置 1, MSB 先行
127             }
128             else   // x μs 后为低电平表示数据 "0"
129             {
130                  temp&=(uint8_t)~(0x01<<(7-i)); // 把第 7-i 位置 0, MSB 先行
131             }
132         }
133      return temp;
134 }
```

代码清单 16-3　一次完整的数据传输为 40 bit，高位先出

```
148  uint8_t AM2302_Read_TempAndHumidity(AM2302_Data_TypeDef*AM2302_Data)
149  {
150   uint8_t temp;
151   uint16_t humi_temp;
152
153      /* 输出模式 */
154      AM2302_Mode_Out_PP();
155      /* 主机拉低 */
156      AM2302_Dout_0;
157      /* 延时 18ms*/
158      Delay_ms(18);
159
160      /* 总线拉高，主机延时 30μs*/
161      AM2302_Dout_1;
162
163      Delay_us(30);     // 延时 30μs
164
165      /* 主机设为输入，判断从机响应信号 */
166      AM2302_Mode_IPU();
167
168       /* 判断从机是否有低电平响应信号，如不响应则跳出，响应则向下运行 */
169       if(AM2302_Dout_IN()==Bit_RESET)
170       {
171      /* 轮询直到从机发出的 80μs 低电平响应信号结束 */
172      while(AM2302_Dout_IN()==Bit_RESET);
173
174      /* 轮询直到从机发出的 80μs 高电平标志信号结束 */
175      while(AM2302_Dout_IN()==Bit_SET);
176
177      /* 开始接收数据 */
178      AM2302_Data->humi_high8bit=AM2302_ReadByte();
179      AM2302_Data->humi_low8bit=AM2302_ReadByte();
180      AM2302_Data->temp_high8bit=AM2302_ReadByte();
```

```
181    AM2302_Data->temp_low8bit=AM2302_ReadByte();
182    AM2302_Data->check_sum=AM2302_ReadByte();
183
184    /* 读取结束，引脚改为输出模式 */
185    AM2302_Mode_Out_PP();
186    /* 主机拉高 */
187    AM2302_Dout_1;
188
189    /* 对数据进行处理 */
190    humi_temp=AM2302_Data->humi_high8bit*256+AM2302_Data->humi_low8bit;
191    AM2302_Data->humidity=(float)humi_temp/10;
192    humi_temp=AM2302_Data->temp_high8bit*256+AM2302_Data->temp_low8bit;
193    AM2302_Data->temperature=(float)humi_temp/10;
194
195    /* 检查读取的数据是否正确 */
196    temp=AM2302_Data->humi_high8bit+AM2302_Data->humi_low8bit+
197          AM2302_Data->temp_high8bit+ AM2302_Data->temp_low8bit;
198    if(AM2302_Data->check_sum==temp)
199    {
200      return SUCCESS;        // 读取成功
201    }
202    else
203      return ERROR;          // 读取失败
204      }
205      else
206      return ERROR;
207 }
```

### 2. SHT30 传感器模块

SHT30 是盛世瑞（Sensirion）出品的温湿度传感器（见图 16-3），利用 I2C 进行数据传输，具有两个可选地址，宽电源电压从 2.4 V 到 5.5 V。I2C 总线的速度达到 1 MHz，温度精确度为 ±0.3 ℃，湿度的精确度为 ±2%RH。湿度测量范围是 0 ~ 100%RH，温度测量范围为 –40 ~ 125℃

该模块内置了湿度和温度传感器元件、模拟数字转换器、信号处理、校准数据和 I2C 主机接口。使用低介电常数聚合物电介质进行湿度传感的技术创造出低功率、单片 CMOS 传感器模块，具有低偏离和滞后性以及长期稳定性。适合测量湿度、露点和温度，模块体积小。拥有毫秒级测量转换时间，启动测量到读取数据无须等待。其符合 I2C 通信协议，四根引线分别是 VCC、GND、SCL（时钟线）、SDA（数据线），与 MCU 连接按照 I2C 通信时序即可通信。

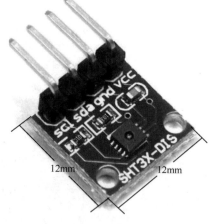

图 16-3　SHT30 温湿度传感器

SHT30 传感器模块的主要软件驱动如代码清单 16-4、代码清单 16-5、代码清单 16-6、代码清单 16-7 所示。代码中已经加了详细的注释，不再赘述。

代码清单 16-4　SHT30 写命令函数的代码

```
17 void SHT3X_WriteCMD(u16 cmd)
18 {
19      SHT30_IIC_Start();
20      SHT30_IIC_Send_Byte(i2cAddWrite_8bit);
21      SHT30_IIC_Wait_Ack();
22      SHT30_IIC_Send_Byte(cmd>>8);
23      SHT30_IIC_Wait_Ack();
24      SHT30_IIC_Send_Byte(cmd);
25      SHT30_IIC_Wait_Ack();
26      SHT30_IIC_Stop();
27      delay_ms(10);
28 }
```

代码清单 16-5　SHT30 读状态

```
36 void SHT3X_ReadState(u8 *temp)
37 {
38      SHT30_IIC_Start();
39      SHT30_IIC_Send_Byte(i2cAddWrite_8bit);
40      SHT30_IIC_Wait_Ack();
41      SHT30_IIC_Send_Byte(0xf3);
42      SHT30_IIC_Wait_Ack();
43      SHT30_IIC_Send_Byte(0X2d);
44      SHT30_IIC_Wait_Ack();
45      SHT30_IIC_Stop();
46      delay_ms(100);
47      SHT30_IIC_Start();
48      SHT30_IIC_Send_Byte(i2cAddRead_8bit);
49      SHT30_IIC_Wait_Ack();
50
51      temp[0]=SHT30_IIC_Read_Byte(0);
52      SHT30_IIC_Ack();
53      temp[1]=SHT30_IIC_Read_Byte(0);
54      SHT30_IIC_Ack();
55      temp[2]=SHT30_IIC_Read_Byte(0);
56      SHT30_IIC_NAck();
57      SHT30_IIC_Stop();
58 }
```

代码清单 16-6　SHT30 读转化结果

```
60 void SHX3X_ReadResults(u16 cmd, u8 *p)
61 {
62      SHT30_IIC_Start();
63      SHT30_IIC_Send_Byte(0x88);
64      SHT30_IIC_Wait_Ack();
65      SHT30_IIC_Send_Byte(cmd>>8);
66      SHT30_IIC_Wait_Ack();
67      SHT30_IIC_Send_Byte(cmd);
68      SHT30_IIC_Wait_Ack();
69      SHT30_IIC_Stop();
```

```
70
71        delay_ms(100);
72        SHT30_IIC_Start();
73        SHT30_IIC_Send_Byte(0x89);
74        SHT30_IIC_Wait_Ack();
75
76        p[0]=SHT30_IIC_Read_Byte(0);
77        SHT30_IIC_Ack();
78        p[1]=SHT30_IIC_Read_Byte(0);
79        SHT30_IIC_Ack();
80        p[2]=SHT30_IIC_Read_Byte(0);
81        SHT30_IIC_Ack();
82        p[3]=SHT30_IIC_Read_Byte(0);
83        SHT30_IIC_Ack();
84        p[4]=SHT30_IIC_Read_Byte(0);
85        SHT30_IIC_Ack();
86        p[5]=SHT30_IIC_Read_Byte(0);
87        SHT30_IIC_NAck();
88        SHT30_IIC_Stop();
89        delay_ms(100);
90    }
```

代码清单 16-7　温湿度值的获取

```
196 void SHT_GetValue(void)
197 {
198 //    u8 temp=0;
199 //     float dat;
200      float p[6];
201      float cTemp,fTemp,humidity;
202
203 //    SHX3X_ReadResults(CMD_FETCH_DATA, buffer);
204         onetest(buffer);
205      /* check tem */
206      p[0]=buffer[0];
207      p[1]=buffer[1];
208      p[2]=buffer[2];
209      p[3]=buffer[3];
210      p[4]=buffer[4];
211      p[5]=buffer[5];
212      cTemp=((((p[0] * 256.0) + p[1]) * 175)/65535.0) - 45;
213      fTemp=(cTemp * 1.8) + 32;
214      humidity=((((p[3] * 256.0) + p[4]) * 100)/65535.0);
215      Tem_Value=cTemp;
216      RH_Value=humidity;
217 }
```

### 16.1.3　RTC 实时时钟

实时时钟（RTC）是一个独立的 BCD 定时器 / 计数器，其结构如图 16-4 所示。RTC 提供一个日历时钟和两个可编程闹钟中断，以及一个具有中断功能的周期性可编程唤醒标志。RTC 还包含用于管理低功耗模式的自动唤醒单元。

两个 32 位寄存器包含二进制码十进制位格式（BCD）的秒、分、时（12h 或 24h 制）、星期、日期、月份和年份。此外，还可以提供二进制格式的亚秒值。系统可以自动将月份的天数补偿为 28、29（闰年）、30 和 31 天，并且还可以进行夏令时的补偿。

其他 32 位寄存器还包括可编程的闹钟亚秒、秒、分、时、星期和日期。此外，还可以使用数字校准功能对晶振精度的偏差进行补偿。

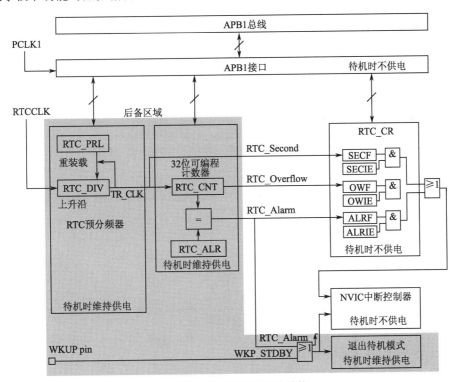

图 16-4　RTC 实时时钟结构

正常工作的一般配置步骤如下：

（1）使能电源时钟和备份区域时钟（代码清单 16-8 第 4 行）。

（2）取消备份区写保护（代码清单 16-8 第 6 行）。

（3）复位备份区域并开启外部低速振荡器（代码清单 16-8 第 8 行和第 14 行）。

（4）选择 RTC 时钟并使能：代码清单 16-8 第 19 行和第 21 行使能 LSE 时钟；代码清单 16-8 第 42 行和第 44 行使能 LSI 时钟。

（5）设置 RTC 的分频并配置 RTC 时钟：代码清单 16-8 第 27 行和第 32 行在 LSE 时钟下配置；代码清单 16-8 第 50 行和第 55 行在 LSI 时钟下配置。

（6）更新配置，设置 RTC 中断分组。

（7）编写中断服务函数。

RTC_Configuration() 函数完成对 RTC 进行初始化，如代码清单 16-8 所示。

代码清单 16-8　RTC_Configuration() 函数

```
1  void RTC_Configuration(void)
2  {
3      /* 使能 PWR 和 Backup 时钟 */
```

```
4      RCC_APB1PeriphClockCmd(RCC_APB1Periph_PWR | RCC_APB1Periph_BKP, ENABLE);
5      /* 允许访问 Backup 区域 */
6      PWR_BackupAccessCmd(ENABLE);
7      /* 复位 Backup 区域 */
8      BKP_DeInit();
9    // 使用外部时钟还是内部时钟（在 bsp_rtc.h 文件定义）
10   // 使用外部时钟时，在有些情况下晶振不起振
11   // 批量产品的时候，很容易出现外部晶振不起振的情况，不太可靠
12     #ifdef  RTC_CLOCK_SOURCE_LSE
13     /* 使能 LSE */
14     RCC_LSEConfig(RCC_LSE_ON);
15     /* 等待 LSE 准备好 */
16     while (RCC_GetFlagStatus(RCC_FLAG_LSERDY)==RESET){
17     }
18      /* 选择 LSE 作为 RTC 时钟源 */
19      RCC_RTCCLKConfig(RCC_RTCCLKSource_LSE);
20      /* 使能 RTC 时钟 */
21      RCC_RTCCLKCmd(ENABLE);
22      /* 等待 RTC 寄存器同步，因为 RTC 时钟是低速的，内环时钟是高速的，所以要同步 */
23      RTC_WaitForSynchro();
24      /* 确保上一次 RTC 的操作完成 */
25      RTC_WaitForLastTask();
26      /* 使能 RTC 秒中断 */
27      RTC_ITConfig(RTC_IT_SEC, ENABLE);
28      /* 确保上一次 RTC 的操作完成 */
29      RTC_WaitForLastTask();
30      /* 设置 RTC 分频：使 RTC 周期为 1 s*/
31      /* RTC period=RTCCLK/RTC_PR=(32.768 KHz)/(32767+1)=1Hz */
32      RTC_SetPrescaler(32767);
33      /* 确保上一次 RTC 的操作完成 */
34      RTC_WaitForLastTask();
35      #else
36      /* 使能 LSI */
37      RCC_LSICmd(ENABLE);
38      /* 等待 LSI 准备好 */
39      while (RCC_GetFlagStatus(RCC_FLAG_LSIRDY)==RESET) {
40      }
41     /* 选择 LSI 作为 RTC 时钟源 */
42     RCC_RTCCLKConfig(RCC_RTCCLKSource_LSI);
43     /* 使能 RTC 时钟 */
44     RCC_RTCCLKCmd(ENABLE);
45      /* 等待RTC寄存器同步，因为RTC时钟是低速的，内环时钟是高速的，所以要同步 */
46      RTC_WaitForSynchro();
47      /* 确保上一次 RTC 的操作完成 */
48     RTC_WaitForLastTask();
49      /* 使能 RTC 秒中断 */
50     RTC_ITConfig(RTC_IT_SEC, ENABLE);
51      /* 确保上一次 RTC 的操作完成 */
52      RTC_WaitForLastTask();
53      /* 设置 RTC 分频：使 RTC 周期为 1s ,LSI 约为 40 kHz */
```

```
54        /* RTC period=RTCCLK/RTC_PR=(40 kHz)/(40000-1+1)=1Hz */
55         RTC_SetPrescaler(40000-1);
56        /* 确保上一次 RTC 的操作完成 */
57        RTC_WaitForLastTask();
58    #endif
59    }
```

## 16.1.4 ESP8266 模块

ESP8266 无线 Wi-Fi 数据透传模块，是串口型的 Wi-Fi，速度不快，主要适用传输数据量比较小的场合，如开关量信息、传感器数据等，通过其使设备连接云平台是构建智能家居、远程控制的首选，也可以通过手机 APP 与 ESP8266 模块通信。ESP8266 已经集成到开发板上，Wi-Fi 的 URX 和 UTX 通过跳帽接到板子的 PB10 和 PB11，也可以选单独的 ESP8266 模块（见图 16-5）。其有三种工作模式：

（1）STA 模式：ESP8266 模块通过路由器连接互联网，手机或计算机通过互联网实现对设备的远程控制。

（2）AP 模式：ESP8266 模块作为热点，手机或计算机直接与模块连接，实现局域网无线控制。

（3）STA+AP 模式：两种模式的共存模式，即可以通过互联网控制实现无缝切换，方便操作。

**图 16-5　ESP8266 模块**

其最常用的是 AP 模式下的 AT 指令，AT 指令是以 AT 开头、回车（<CR>）结尾的特定字符串，AT 后面紧跟的字母和数字表明 AT 指令的具体功能。模块的响应通常紧随其后，格式为：<回车><换行><响应内容><回车><换行>。

常见的 AP 指令有：

### 1. AT+CWMODE=2

该指令用于将 ESP8266 设置到 AP 工作模式，如果该指令返回：OK，则表明设置 AP 工作模式成功；返回其他值，则设置失败。

### 2. AT+CWDHCP=0,1

该指令用于将 ESP8266 的 AP 工作模式下的 DHCP 功能开启，如果该指令返回：OK，则表明设置成功；返回其他值，则设置失败。

### 3. AT+RST

该指令用于在 AP 模式下重启 ESP8266 模块，如果该指令返回：OK，则表明重启成功；返回其他值，则重启失败。

### 4. AT+CWSAP="AP 热点名称"，"AP 密码"，信道号，加密方式

该指令用于设置 ESP8266 模块的 AP 热点 SSID 名称、登录密码、信道号和加密方式。如果该指令返回：OK，则表明设置成功；返回其他值，则设置失败。

### 5. AT+CWSAP?

该指令用于查看当前 ESP8266 在 AP 工作模式下的配置信息，如果该指令返回：+CWSAP："热点名称"，"热点密码"，信道号，加密方式，最大连接数，是否广播 ssid（0: 不广播，1: 广播）

OK，则表明配置 AP 信息成功；返回其他值，则配置失败。

### 6．AT+CIPAP= "xxx.xxx.xxx.xxx"

该指令用于设置 AP 热点的 IP 地址，如果该指令返回：OK，则表明设置成功；返回其他值，则设置失败。

### 7．AT+CIPAP?

该指令返回网关的 IP 信息，如果该指令返回：

+CIPAP:ip: "xxx.xxx.xxx.xxx"

+CIPAP:gateway: "xxx.xxx.xxx.xxx"

+CIPAP:netmask: "xxx.xxx.xxx.xxx"

OK 则表示读取成功；返回其他值，则读取失败。

### 8．AT+CIPMUX=1

该指令用于启动多连接，ESP8266 的 AP 工作模式最多支持五个客户端的连接，id 分配顺序是 0 ~ 4，如果该指令返回：OK，则表明设置成功；如果连接已存在，则返回 ALREAD CONNECT；返回其他值，则设置失败。

### 9．AT+CIPSERVER=1,8080

该指令用于开启 ESP8266 的服务器模式，端口号为 8080，如果该指令返回：OK，则表明设置成功；返回其他值，则设置失败。

### 10．AT+CIFSR

该指令用于查看 ESP8266 的 IP 和 MAC 地址，如果该指令返回：

+CIFSR:APIP, "192.168.2.1"

+CIFSR:APMAC, "de:4f:22:55:6f:59"

OK 则表明读取成功；返回其他值，则读取失败。（注：ESP8266 station IP 需连接上 AP，才可以查询。）

## 16.1.5　BH1750FVI 光照强度传感器

BH1750FVI 是一种用于两线式串行总线接口的数字型光照强度传感器集成电路。这种集成电路可以根据收集的光线强度数据来调整液晶或者键盘背景灯的亮度。利用它的高分辨率可以探测较大范围的光强度变化（1~65 535 lx）。其内部结构框图如图 16-6 所示。

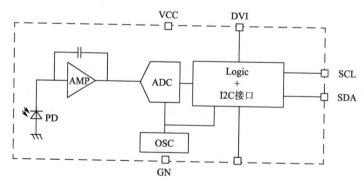

图 16-6　BH1750FVI 光照强度传感器内部结构框图

从图 16-6 结构框图可以看出,当外部光照被接近人眼反应的高精度光敏二极管 PD 探测到后,通过集成运算放大器将 PD 电流转化为 PD 电压,由模/数转换器(ADC)获取 16 位数字信号,然后通过逻辑和和 IC 界面进行数据处理与存储。OSC 为内部的振荡器提供内部逻辑时钟(典型值 320 kHz),通过相应的指令操作及时读取内部存储的光照数据。数据传输使用标准的 I2C 总线,按照时序要求进行操作。

图 16-7 为光照强度传感器模块实物电路板。

图 16-7　光照强度传感器模块实物电路板

## 16.1.6　直流电动机调速控制原理及其驱动

直流电动机通入直流电就可以转起来,而控制直流电动机,即控制电动机正反转 MCU 的 I/O 驱动能力不够,一般应选用直流电动机驱动模块来实现。这里选用 L298N 电动机驱动模块(见图 16-8)。

该驱动板可驱动两路直流电动机,使能端为高电平时有效控制,ENA=1 使能 A 电动机,ENB=1 使能 B 电动机,表 16-4 给出使能 A 电动机的控制方式及直流电动机状态表(使能 B 电动机与此类似)。

图 16-8　L298N 直流电动机驱动模块

表 16-4　驱动 A 电动机控制状态表

| ENA | IN1 | IN2 | 直流电动机状态 |
| --- | --- | --- | --- |
| 0 | × | × | 停止 |
| 1 | 0 | 0 | 制动 |
| 1 | 0 | 1 | 正转 |
| 1 | 1 | 0 | 反转 |
| 1 | 1 | 1 | 制动 |

## 16.1.7　步进电动机控制原理及其驱动

步进电动机是将电脉冲信号转变为角位移或线位移的开环控制元件。在非超载的情况下,电动机的转速、停止的位置只取决于脉冲信号的频率和脉冲数,而不受负载变化的影响,即给电动机加一个脉冲信号,电动机则转过一个步距角。这一线性关系的存在,加上步进电动机只有周期性的误差而无累积误差等特点,使得在速度、位置等控制领域用步进电动机来控制变得非常简单。

步进电动机是一种把电脉冲信号转换成角位移的电动机。其转子的转角与输入的脉冲数成正比，转子的转速与脉冲的频率成正比，转向取决于步进电动机的各相通电顺序，并且保持电动机各相通电状态就能使电动机自锁。按定子独立绕组数分为两相、三相、四相、五相、六相步进电动机（步进电动机的相数：指定子上的独立绕组数）。一般采用单极性直流电源供电。只要对步进电动机的各相绕组按合适的时序通电，就能使步进电动机步进转动。

MCU 驱动步进电动机一般需要增加额外的驱动芯片才行，最常见的芯片就是 ULN2003A，如图 16-9 所示。

ULN2003A 的作用：ULN2003 是大电流驱动阵列，多用于单片机、智能仪表、PLC、数字量输出卡等控制电路中，可直接驱动继电器等负载。输入 5V TTL 电平，输出可达 500 mA/50 V。ULN2003 是高耐压、大电流达林顿阵列，由七个硅 NPN 达林顿管组成。

ULN2003A 的每一对达林顿管都串联一个 2.7 kΩ 的基极电阻，在 5 V 的工作电压下它能与 TTL 和 CMOS 电路直

图 16-9　ULN2003A 实物图

接相连，可以直接处理原先需要标准逻辑的缓冲器。ULN2003A 是高压大电流达林顿晶体管阵列系列产品，具有电流增益高、工作电压高、温度范围宽、带负载能力强等特点，适应于各类要求高速大功率驱动的系统。

ULN2003A 内部由 8 个反相器组成，编程时注意输入与输出的电平是反向的。

### 16.1.8　原子云平台

原子云即原子云服务器，是 ALIENTEK（正点原子）推出的物联网云服务平台，它可以实现数据的远程监控、转发和管理等功能。原子云域名为 cloud.alientek.com，端口号为 59666。

原子云架构如图 16-10 所示，当用户进行远程数据传输、远程监控和远程控制等操作时，设备与服务器的通信和设备与设备的通信，都需要以服务器作为支撑。而原子云为用户提供了一个免费的物联网云服务平台，解决了用户搭建服务器的难题，用户设备可以直接通过原子云实现一对多或多对多的数据透传、数据监控和管理等功能。

图 16-10　原子云架构图

使用原子云建立起两个设备节点之间的透传关系（这里只介绍一对一的建立）：

（1）登录原子云服务器：https://cloud.alientek.com，如图 16-11 所示，输入登录信息，

如果没有账号就先注册一个账号。

（2）创建两个设备节点。如图 16-12 所示，进入"设备管理"界面，单击"新增设备"按钮开始创建设备节点。（也可以单击"批量新增"按钮，一次创建多个设备节点）。

（3）创建两个分组。如图 16-13 所示，进入"分组管理"界面，单击"创建分组"按钮开始创建分组。由于透传是在组与组之间进行的，在创建分组后，还需要将设备节点分配到对应的分组中。这里有两种方法可以将设备节点加入分组中：一是在"设备管理"界面下，选择"分组操作"命令；二是在"分组管理"界面下，选择"设备管理"命令。

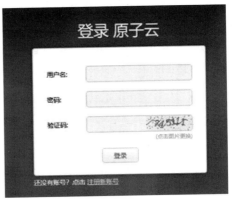

图 16-11　登录原子云界面

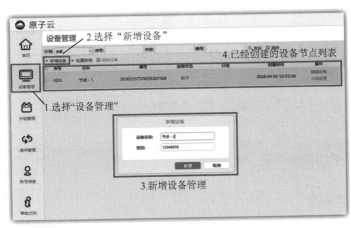

图 16-12　新增设备节点

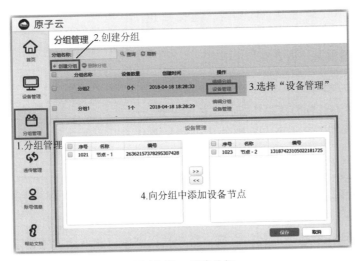

图 16-13　创建分组

（4）创建透传管理组。如图 16-14 所示，进入"透传管理"界面，单击"创建透传组"

按钮开始创建透传组。在 A 设备组和 B 设备组下，分别选择需要透传的两个设备分组，然后在列表中选中需要透传的设备节点(这里只是进行了一对一数据透传)。最后单击"保存"按钮，至此原子云就会在分组之间进行数据透传。如果在分组下面没有勾选设备节点，是不会进行数据透传的。

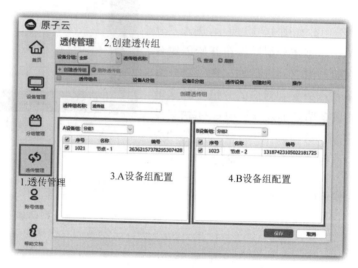

图 16-14　创建透传管理组

## 16.2　项目实施

### 16.2.1　硬件电路实现

在本项目中，STM32 芯片与 DHT22 温湿度传感器的接线图如图 16-15 所示。

DHT22 与 STM32 通过单总线相连，连接到开发板上的 PD6 引脚，满足 DHT22 通信时序即可完成通信，DHT22 通信时序请查看芯片手册。

### 16.2.2　程序设计思路

这里只讲解核心部分的代码，有些变量的设置、头文件的包含等可能不会涉及，完整的代码请参考本章配套的工程。

为了使工程更加有条理，把 DHT22 控制和液晶屏、串口相关的代码独立分开存储，方便以后移植。

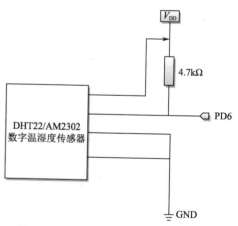

图 16-15　STM32 与 DHT22 的接线图

温湿度传感器 DHT22 进行温度、湿度数据的采集，并转化为数字量，STM32 主控与温湿度传感器 DHT22 完成数据的传输交换，将数据送到串口和液晶屏上显示出来，后期可以加入 ESP8266 模块将实时温湿度数据上传到原子云平台上或是手机 APP 上显示出来。温湿度测量仪数据采集框图如图 16-16 所示。

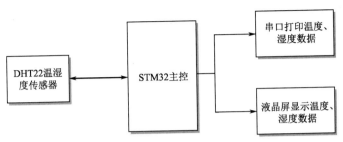

图 16-16　温湿度测量仪数据采集框图

## 16.2.3　程序代码分析

首先来看一下项目中"main.c"文件的代码，如代码清单 16-9 所示。

代码清单 16-9　"main.c"文件中的代码

```
1  /* 包含头文件 ---------------------------------------------------------*/
2  #include "stm32f10x.h"
3  #include "bsp/usart/bsp_debug_usart.h"
4  #include "bsp/systick/bsp_SysTick.h"
5  #include "bsp/AM2302/bsp_AM2302.h"
6  #include "bsp_ili9341_lcd.h"
7  /* 私有类型定义 */
8  /* 私有宏定义 */
9  /* 私有变量 */
10 AM2302_Data_TypeDef AM2302_Data;
11 void TEM_HUM_Disp(void);
12 /* 扩展变量 */
13 /* 私有函数原形 */
14 /* 函数体 */
15 /**
16  * 函数功能：主函数
17  * 输入参数：无
18  * 返 回 值：无
19  * 说    明：无
20  */
21 int main(void)
22 {
23   ILI9341_Init ();              //LCD 初始化
24   /* 调试串口初始化配置，115200-N-8-1.使能串口发送和接收 */
25   DEBUG_USART_Init();
26   printf( "AM2302 高精度温湿度传感器数据读取 \n\n");
27   SysTick_Init();
28   /* 初始化 DTT22 的引脚 */
29   AM2302_Init();
30   ILI9341_GramScan (6);
31     LCD_SetBackColor(RED);
32   /* 无限循环 */
33   while(1)
34   {
35     ILI9341_DispStringLine_EN(LINE(3),"DHT22 hum and temp TEST");
36     TEM_HUM_Disp();
```

```
37        /* 调用 AM2302_Read_TempAndHumidity 读取温湿度，若成功则输出该信息 */
38        if(AM2302_Read_TempAndHumidity(&AM2302_Data)==SUCCESS)
39        {
40            printf(" 读取 AM2302 成功 !--> 湿度为 %.1f %RH, 温度为 %.1f℃ \n",
                            AM2302_Data.humidity,AM2302_Data.temperature);
41        }
42        else
43        {
44          printf(" 读取 AM2302 信息失败 \n");
45        }
46        Delay_ms(1000);
47    }
48 }
49 void TEM_HUM_Disp()
50 {
51    char buffer1[10]="hum:",buffer2[10]="tem:";
52        int temperature=0;
53        int humidity=0;
54        humidity=AM2302_Data.humidity*10;
55        temperature=AM2302_Data.temperature*10;
56
57        buffer1[4]=humidity/100+0x30;
58        buffer1[5]=humidity%100/10+0x30;
59        buffer1[6]=0x2E;
60        buffer1[7]=humidity%10+0x30;
61        buffer1[8]=0x25;
62
63        buffer2[4]=temperature/100+0x30;
64        buffer2[5]=temperature%100/10+0x30;
65        buffer2[6]=0X2E;
66        buffer2[7]=temperature%10+0x30;
67        buffer2[8]=0x20;
68        buffer2[9]=0x43;
69        ILI9341_DispStringLine_EN(LINE(7),buffer1);
70        ILI9341_DispStringLine_EN(LINE(8),buffer2);
71 }
```

TEM_HUM_Disp() 是温湿度数据转换函数，将采集到的浮点型温度 AM2302_Data.temperature 和湿度 AM2302_Data.humidity 转换为数字字符保存到数组 buffer1 和 buffer2 里输出。bsp_ili9341_lcd.h 是液晶驱动的头文件，存放有关液晶屏的相关操作函数，比如液晶屏背景颜色 LCD_SetBackColor 的设置，液晶屏字符 ILI9341_DispStringLine_EN() 和字符串的显示函数。通过 printf() 函数可以将数据通过串口打印出来。

主函数中进行了液晶屏 LCD 的初始化、串口的初始化、DHT22 引脚的初始化、设置液晶显示的字体颜色，接着进入 while(1) 大循环，开始温湿度数据的读取、液晶屏的显示和串口的显示。

在液晶屏上显示英文字符串的函数 ILI9341_DispStringLine_EN() 的代码如代码清单 16-10 所示。

代码清单 16-10 "bsp_ili9341_lcd.c" 文件中的代码

```
1 void ILI9341_DispStringLine_EN (uint16_t line,  char * pStr)
2 {
3      uint16_t usX = 0;
4      while ( * pStr != '\0')
5      {
6        if((usX-ILI9341_DispWindow_X_Star+LCD_Currentfonts->Width)>
         CD_X_LENGTH )
7        {
8            usX=ILI9341_DispWindow_X_Star;
9            line+=LCD_Currentfonts->Height;
10       }
11     if((line-ILI9341_DispWindow_Y_Star+CD_Currentfonts->Height)>
       LCD_Y_LENGTH )
12       {
13           usX=ILI9341_DispWindow_X_Star;
14           line=ILI9341_DispWindow_Y_Star;
15       }
16       ILI9341_DispChar_EN (usX, line, * pStr);
17       pStr ++;
18       usX+=LCD_Currentfonts->Width;
19   }
20 }
```

该函数可使用宏 LINE(x) 指定文字坐标，宏 LINE(x) 会根据当前选择的字体来计算 Y 的坐标值，*pStr 表示指向显示英文字符串的首地址。

液晶屏显示当前温湿度如图 16-17 所示，串口打印温湿度数据如图 16-18 所示。

图 16-17　液晶屏显示当前温湿度

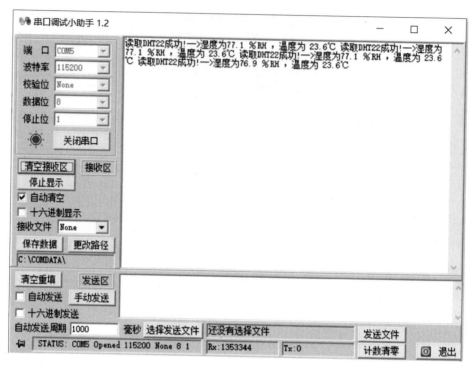

图 16-18　串口打印温湿度数据

温馨提示：关于本项目的内容，可扫描二维码观看视频。

扫码看视频

# 16.3　拓展项目 13——智能风扇控制器的设计

### 16.3.1　拓展项目 13 要求

设计并制作多功能风扇控制器，基本要求如下（实现内容可以自由组合）：

（1）使用 STM32F103ZET6 芯片自带 RTC 功能（或自由选择使用时钟模块芯片）实现万年历的显示，并在 TFT 彩屏上显示时间（和计算机时间一致）。（显示屏可选 OLED 液晶屏）

（2）RTC 时间、日期可以通过串口或者 4×4 矩阵键盘进行设置。

（3）设计 4×4 矩阵键盘输入，实现时间的调整设置，可以自由定义时间调整的按键数量。

（4）键盘输入，能够设置风扇启动和停止功能。

（5）利用温湿度传感器 DHT22 实现温度控制风扇转速的快慢。当温度高于 23 ℃时，开启温控功能，温度越高转速越快；当温度高于 38 ℃时，风扇转速不再变化。

（6）用三个按键实现风扇三种速度控制，应用 PWM 输出驱动控制。1 挡 PWM 占空比为 20%，2 挡 PWM 占空比为 50%，3 挡 PWM 占空比为 80%，并显示实际的占空比。

### 16.3.2　拓展项目 13 实施

本项目的实验原理图可参考表 16-5 引脚分配表自行设计。在之前项目的基础上，加入 RTC 时钟功能和风扇的直流电动机控制功能，需要建立相应的子模块，然后在主函数合适的位置调用就可以了。

表 16-5 项目管脚分配表

| 序号 | 控制对象 | STM32 的 GPIO 引脚分配 |
|---|---|---|
| 1 | 矩阵按键引脚分配 | 行：PB8、PB9、PB10、PB11，列：PB12、PB13、PB14、PB15 |
| 2 | 温湿度传感器引脚 | PD6 |
| 3 | 风扇控制引脚 | PC8 |

**扫码看视频**

**温馨提示**：关于本项目的内容，可扫描二维码观看视频。

# 附　　录

## 附录 A　标准 ASCII 码对照表

标准 ASCII 码对照表见表 A-1。

表 A-1　标准 ASCII 码对照表

| 十进制 | 十六进制 | 字符 | 说明 | 十进制 | 十六进制 | 字符 | 说明 |
|---|---|---|---|---|---|---|---|
| 0 | 0 | NUL（无图形） | 空字符 | 35 | 23 | # | 井号 |
| 1 | 1 | SOH（无图形） | 标题开始 | 36 | 24 | $ | 美元符号 |
| 2 | 2 | STX（无图形） | 正文开始 | 37 | 25 | % | 百分号 |
| 3 | 3 | ETX（无图形） | 正文结束 | 38 | 26 | & | 和号 |
| 4 | 4 | EOT（无图形） | 传输结束 | 39 | 27 | ' | 右单引号 |
| 5 | 5 | ENQ（无图形） | 请求 | 40 | 28 | ( | 开括号 |
| 6 | 6 | ACK（无图形） | 收到通知 | 41 | 29 | ) | 闭括号 |
| 7 | 7 | BEL（无图形） | 响铃 | 42 | 2A | * | 星号 |
| 8 | 8 | BS（无图形） | 退格 | 43 | 2B | + | 加号 |
| 9 | 9 | HT（无图形） | 水平制表符 | 44 | 2C | , | 逗号 |
| 10 | 0A | LF（无图形） | 换行符 | 45 | 2D | − | 减号 |
| 11 | 0B | VT（无图形） | 垂直制表符 | 46 | 2E | . | 句号 |
| 12 | 0C | FF（无图形） | 换页符 | 47 | 2F | / | 斜杠 |
| 13 | 0D | CR（无图形） | 回车符 | 48 | 30 | 0 | 数字 0 |
| 14 | 0E | SO（无图形） | 不用切换 | 49 | 31 | 1 | 数字 1 |
| 15 | 0F | SI（无图形） | 启用切换 | 50 | 32 | 2 | 数字 2 |
| 16 | 10 | DLE（无图形） | 数据链路转义 | 51 | 33 | 3 | 数字 3 |
| 17 | 11 | DC1（无图形） | 设备控制 1 | 52 | 34 | 4 | 数字 4 |
| 18 | 12 | DC2（无图形） | 设备控制 2 | 53 | 35 | 5 | 数字 5 |
| 19 | 13 | DC3（无图形） | 设备控制 3 | 54 | 36 | 6 | 数字 6 |
| 20 | 14 | DC4（无图形） | 设备控制 4 | 55 | 37 | 7 | 数字 7 |
| 21 | 15 | NAK（无图形） | 拒绝接收 | 56 | 38 | 8 | 数字 8 |
| 22 | 16 | SYN（无图形） | 同步空闲 | 57 | 39 | 9 | 数字 9 |
| 23 | 17 | ETB（无图形） | 接收传输块 | 58 | 3A | : | 冒号 |
| 24 | 18 | CAN（无图形） | 取消 | 59 | 3B | ; | 分号 |
| 25 | 19 | EM（无图形） | 媒介结束 | 60 | 3C | < | 小于 |
| 26 | 1A | SUB（无图形） | 代替 | 61 | 3D | = | 等于 |
| 27 | 1B | ESC（无图形） | 换码（溢出） | 62 | 3E | > | 大于 |
| 28 | 1C | FS（无图形） | 文件分隔符 | 63 | 3F | ? | 问号 |
| 29 | 1D | GS（无图形） | 分组符 | 64 | 40 | @ | 电子邮件符号 |
| 30 | 1E | RS（无图形） | 记录分隔符 | 65 | 41 | A | 大写字母 A |
| 31 | 1F | US（无图形） | 单元分隔符 | 66 | 42 | B | 大写字母 B |
| 32 | 20 | SP | 空格 | 67 | 43 | C | 大写字母 C |
| 33 | 21 | ! | 叹号 | 68 | 44 | D | 大写字母 D |
| 34 | 22 | " | 双引号 | 69 | 45 | E | 大写字母 E |

续表

| 十进制 | 十六进制 | 字符 | 说明 | 十进制 | 十六进制 | 字符 | 说明 |
|---|---|---|---|---|---|---|---|
| 70 | 46 | F | 大写字母 F | 99 | 63 | c | 小写字母 c |
| 71 | 47 | G | 大写字母 G | 100 | 64 | d | 小写字母 d |
| 72 | 48 | H | 大写字母 H | 101 | 65 | e | 小写字母 e |
| 73 | 49 | I | 大写字母 I | 102 | 66 | f | 小写字母 f |
| 74 | 4A | J | 大写字母 J | 103 | 67 | g | 小写字母 g |
| 75 | 4B | K | 大写字母 K | 104 | 68 | h | 小写字母 h |
| 76 | 4C | L | 大写字母 L | 105 | 69 | i | 小写字母 i |
| 77 | 4D | M | 大写字母 M | 106 | 6A | j | 小写字母 j |
| 78 | 4E | N | 大写字母 N | 107 | 6B | k | 小写字母 k |
| 79 | 4F | O | 大写字母 O | 108 | 6C | l | 小写字母 l |
| 80 | 50 | P | 大写字母 P | 109 | 6D | m | 小写字母 m |
| 81 | 51 | Q | 大写字母 Q | 110 | 6E | n | 小写字母 n |
| 82 | 52 | R | 大写字母 R | 111 | 6F | o | 小写字母 o |
| 83 | 53 | S | 大写字母 S | 112 | 70 | p | 小写字母 p |
| 84 | 54 | T | 大写字母 T | 113 | 72 | q | 小写字母 q |
| 85 | 55 | U | 大写字母 U | 114 | 72 | r | 小写字母 r |
| 86 | 56 | V | 大写字母 V | 115 | 73 | s | 小写字母 s |
| 87 | 57 | W | 大写字母 W | 116 | 74 | t | 小写字母 t |
| 88 | 58 | X | 大写字母 X | 117 | 75 | u | 小写字母 u |
| 89 | 59 | Y | 大写字母 Y | 118 | 76 | v | 小写字母 v |
| 90 | 5A | Z | 大写字母 Z | 119 | 77 | w | 小写字母 w |
| 91 | 5B | [ | 左方括号 | 120 | 78 | x | 小写字母 x |
| 92 | 5C | \ | 反斜杠 | 121 | 79 | y | 小写字母 y |
| 93 | 5D | ] | 右方括号 | 122 | 7A | z | 小写字母 z |
| 94 | 5E | ^ | 脱字符 | 123 | 7B | { | 左花括号 |
| 95 | 5F | _ | 下画线 | 124 | 7C | | | 垂线 |
| 96 | 60 | ` | 左单引号 | 125 | 7D | } | 右花括号 |
| 97 | 61 | a | 小写字母 a | 126 | 7E | ~ | 波浪线 |
| 98 | 62 | b | 小写字母 b | 127 | 7F | DEL（无图形） | 删除 |

# 附录 B　图形符号对照表

图形符号对照表见表 B-1。

表 B-1　图形符号对照表

| 序　号 | 名　称 | 国家标准的画法 | 软件中的画法 |
|---|---|---|---|
| 1 | 二极管 | | |
| 2 | 发光二极管 | | |
| 3 | 电位器 | | |
| 4 | 按钮开关 | | |
| 5 | 三极管 | | |
| 6 | 电阻 | | |
| 7 | 接地 | | |